수질오염 방지기술

이승석 | 박진아 지음

도서출판 동화기술

pre face
머리말

이 책은 수 처리 분야에 있어 가장 기본적인 사항들을 학생들에게 전달해 주는 것을 가장 큰 목표로 삼고 있다. 따라서 아주 넓은 분야의 많은 분량과 지식보다는 2년 동안 배우는 학생으로서 실무에 나가서 꼭 필요한 분야와 그에 맞는 지식을 전달하는데 중점을 두고, 일반적으로 수처리 기술을 익히기 위하여 반드시 필요한 사전 지식, 즉 수학적 계산, 물리적 개념 및 화학적 구성 등 실무에 필요한 가장 기본적인 사항들을 다루었다. 또한 최신에 개발된 기술과 관련 산업체들의 공통적인 요구도 반영하여 구성하였다.

이 책은 총 6개의 장(chapter)으로 구성되어 있다.

제1장에는 수질 관련 엔지니어가 반드시 알아야 할 사항들인 단위, 물리량, 물의 흐름 및 화학반응속도에 대하여 기술하였다. 기초지식이 부족한 학생들도 이 부분을 어느 정도 이해하면 후속 장의 내용 공부에 큰 문제가 없을 것으로 판단된다. 제2장에서는 처리해야 하는 물이 어떠한 특성을 가졌는지와 그 오염 정도를 나타내는 지표, 즉 수질오염 지표를 중심으로 구성하였다. 제3장에서는 수처리에 있어 가장 먼저 수행하는 예비처리와 모든 수처리 시설에 반드시 포함되는 침전공정을 다루는 물리적 처리에 대하여 기술하였다. 이후 제4장에서는 응집, 흡착, 이온교환, 중화 및 소독으로 구성된 화학적 처리에 대하여 다루었다. 제5장에서는 주로 미생물의 반응을 기초로 활성오니법을 주로 다루는 생물학적 처리에 대하여 알아보게 될 것이다. 마지막으로 제6장에서는 수처리에서 가장 기술적인 것을 요구하는 고도처리에 대한 내용으로 질소 및 인 제거 막분리, 고급산화법 및 재이용설비에 대한 내용으로 구성되어 있다.

이러한 내용으로 구성되어 있는 이 책은 다음과 같은 특징을 갖고 있다.

첫째, 내용을 장황하게 설명하기 보다는 간결하게 꼭 필요한 내용만 글로 구성하고, 그 나머지는 그림과 수식으로 대체하여 처음 수처리에 대한 공부를 하는 학생들의 편의를 도모하였다.

둘째, 수처리에 필요한 기초를 따로 두었고, 내용 중 예제를 많이 넣어 내용의 이해를 증진하고자 하였다.

셋째, 산업현장에서 많이 사용되는 공정들 중심으로 내용을 구성하였고, 꼭 알아야 한다고 판단되는 공학적 용어에 대해서는 원어(영어)의 비중을 높였다.

넷째, 물리적 처리, 화학적 처리, 생물학적 처리 단원 끝에 관련 문제들을 추가하여 수질환경산업기사 자격증 취득에 도움을 주고자 하였다.

최근 환경산업분야도 4차 산업혁명과의 연계로 새로운 분야의 산업이 발생되는 등 이전 전통적인 환경산업과 다른 양상을 보이며 비약적으로 발전하고 있는 분야가 생겨나고 있다. 수처리 분야 역시 부분적으로 최신 및 혁신기술이 도입되고 있기는 하지만 근본적인 것의 변화는 많지 않은 편이다. 따라서, 수처리 분야는 비교적 보수적이며 가장 핵심이 되는 기술들을 익히면 그 지식을 오랫동안 적용 및 응용할 수 있을 것으로 판단된다. 이러한 배경으로 이 책은 초급 엔지니어에게 필요한 수처리의 핵심기술을 담으려 노력하였다.

모쪼록 학생들이 학습하기 편하고 실질적 도움이 되는 교재가 되었으면 하고, 이 책이 나오기까지 많은 도움을 주신 분들께 깊은 감사를 표한다.

1 수 처리 기초

2 폐수

6

고도처리

index

PART 01

수 처리 기초

1. 단위
2. 유도 물리량
3. 유체의 흐름
4. 반응속도와 반응차수

단위

Unit

1.1 단위와 차원

차원(次元, dimension)이란 길이, 시간, 질량, 온도 등과 같이 측정의 기본이 되는 물리량이다. 단위(單位, unit)는 이러한 차원의 구체적 표현수단이다. 가령 cm (centimeter)와 ft (feet)는 길이의 단위이고, hr (hour)와 s (second)는 시간의 단위이다. 과거에 무차원(無次元)으로 취급하였던 양 중에는 분자량처럼 사실상 단위가 있는 것이 있다. 분자량이란 실제로 물질 1 mole의 질량이다. 이와 같이 기본적으로 무차원이 아닌 모든 수치와 단위를 함께 사용하면 다음과 같은 이득이 있다.

① 계산 중 잘못하여 거꾸로 곱하거나 나누는 일을 방지한다.
② 계산과정을 간단한 비의 형태로 나타낼 수 있어 계산기 등을 이용하여 쉽게 처리할 수 있다.
③ 공식을 외우거나 수치를 외워 대입하는 대신, 논리적으로 문제를 해결할 수 있다.
④ 사용하는 수치의 물리적 의미가 분명해진다.

단위는 대수 기호처럼 다루면 된다. 즉, 단위가 서로 같을 때에만 더하거나 뺄 수 있다. 따라서 다음 계산은 두 양의 차원 및 단위가 다르기 때문에 의미가 없다.

5 kilogram + 3 joule

한편, 다음 계산은 어떠한가?

10 pound + 5 gram

이 경우에는 두 양의 차원이 다 질량으로 같기 때문에, 단위를 한 가지(가령 pound나 gram)로 통일시킨 다음에 계산하면 된다.

단위가 달라도 곱하거나 나눌 수는 있으며 다음 식과 같이 계산에 의하여 새로운 단위 및 의미가 생성된다.

$$10\ \text{cm} \div 4\ \text{s} = 2.5\ \text{cm/s}$$
$$3\ \text{m}^2 \div 60\ \text{cm} = 3\ \text{m}^2 \div 0.6\ \text{m} = 5\ \text{m}$$

과학 및 공학에서 현재 주로 사용하고 있는 기본단위계는 세 가지로 나눌 수 있다. 이들 중 가장 보편적으로 사용되는 것은 m (meter), kg (kilogram), s (second)로 구성된 SI 단위계(System International Units) 또는 MKS 단위계이며, cm (centimeter), g (gram), s (second)의 cgs 단위계, 그리고 ft (feet), lb (pound), s (second)의 fps 단위계(영국단위계 또는 engineering unit)도 같이 사용되고 있다. 순수 과학계에서는 cgs 단위의 물리화학적 data가 많고 공학에서는 fps 단위를 사용하는 것이 편리할 때가 많아, SI 단위를 국제적으로 사용하고자 하는 많은 노력에도 불구하고 당분간 이 세 가지 단위계가 공용될 전망이다.

이러한 분류 이외에도 단위계는 기본단위(basic units)와 유도단위(derived units)로 구분된다. 기본단위는 다음과 같이 7개의 항목으로서 이 7개의 기본 단위를 사용하면 모든 물리량을 결정할 수 있다. 이 중 환경공학에서 비교적 사용되지 않는 전류(A)와 광도(cd)를 제외하면 다음 5개로 거의 모든 물리량을 결정할 수 있다.

① 길이(length)	② 질량(mass)
③ 시간(time)	④ 온도(temperature)
⑤ Mole	

* 원래 SI 규정에는 7개인데 환경공학에서 많이 쓰이지 않는 '전류(A)'와 '광도(cd)'는 제외함

한편 유도단위는 기본단위가 결합된 것으로 밀도(density), 힘(force), 압력(pressure), energy 등을 말한다.

다음 표에 MKS, cgs 및 fps 단위계에서 사용되는 기본단위의 기호를 나타내었다.

표 1.1 5개 기본단위

물리량	SI (MKS)	cgs	fps
길이	m	cm	ft
질량	kg	g	lbm
시간	s	s	s
온도	K	K	R
물질량	kgmol	gmol	lbmol

1.2 단위환산

1.2.1 기본단위의 단위환산

주어진 단위로부터 원하는 단위로 변환하는 것을 단위환산이라고 한다. 기존의 단위체계를 새로운 단위체계로 환산하기 위하여 새로운 단위와 기존의 단위와 환산관계를 이용하여 다음과 같이 하면 된다.

$$\text{새단위} = \text{기존의 단위} \times \frac{\text{새 단위의 환산값}}{\text{기존단위의 기본값}}$$

이와 같이 단위환산은 기존의 단위체계를 단위환산인자(새 단위의 환산 값/기존단위의 기본 값)를 이용하여 새로운 단위체계로 변화시키는 것을 의미한다. 예를 들어, 3 ft라는 거리를 m의 단위로 환산하기 위해서는 기존의 단위인 ft와 새로운 단위인 m와의 환산관계, 1 ft = 0.3048 m라는 환산인자를 이용하면 쉽게 해결할 수 있다.

$$\text{새단위} = \text{기존의 단위}(3\,\text{ft}) \times \frac{\text{새 단위의 환산값}(0.3048\,\text{m})}{\text{기존단위의 기본값}(1\,\text{ft})} = 0.914\,\text{m}$$

라는 새로운 단위의 결과를 얻을 수 있다. 즉, 1 ft에 대응하는 거리인 0.3048 m를 환산인자로 하여 계산한 결과이다.

1) 길이, [L]

SI에서 규정한 길이의 표준단위는 meter이며 기호 m으로 나타낸다. SI에서 정한 1 m는 빛이 진공에서 1/299,792,458초 동안 이동한 거리로 정의하였다.

$$1\ \text{m} = 100\ \text{cm} = 1000\ \text{mm}$$

$$1\ \text{km} = 1000\ \text{m}$$

$$1\ \mu\text{m} = 10^{-6}\ \text{m}$$

$$1\ \text{nm} = 10^{-9}\ \text{m}$$

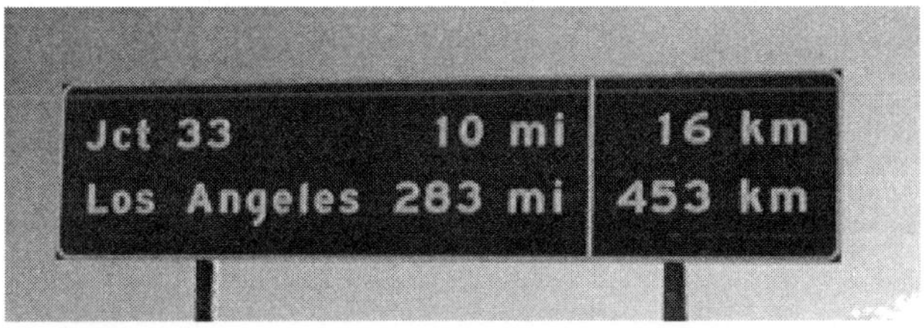

그림 1.1 SI unit와 fps unit를 동시에 나타낸 이정표

다음 표 1.2에 길이에 대하여 SI 단위와 fps 단위의 환산관계를 나타내었다.

표 1.2 길이 환산표

1 ft = 12in = 0.3048m
1in = 2.54cm
1mile = 5280 ft
1yard = 3 ft = 0.914m

다음으로 길이 및 길이에서 파생되는 단위 환산 방법을 다음 예와 같이 나타내었다.

Ex. 1) 380 ft를 m로 나타내어라.

$$\frac{380\ \text{ft}}{} \left| \frac{0.3048\ \text{m}}{1\ \text{ft}} \right. = 115.82\ \text{m}$$

Ex. 2) 100 m를 ft로 나타내어라.

100 m	1 ft
	0.3048 m

= 328.08 ft

Ex. 3) 380 ft를 in로 나타내어라.

380 ft	12 in
	1 ft

= 4560 in

Ex. 4) 8 in를 cm로 나타내어라.

8 in	2.54 cm
	1 in

= 20.32 cm

Ex. 5) 5000 ft를 km로 나타내어라.

5000 ft	0.3048 m	1 km
	1 ft	1000 m

= 1.52 km

Ex. 6) 70 mile을 km로 나타내어라.

70 mi	5280 ft	0.3048 m	1 km
	1 mi	1 ft	1000 m

= 112.65 km

Ex. 7) 키 176 cm를 ft와 in의 복합 단위로 나타내면?

1.76 m	1 ft
	0.3048 m

= 5.774 ft

0.774 ft	12 in
	1 ft

= 9.29 in

∴ 5 ft, 9 in

2) 길이의 파생단위

① 면적(area), $[L^2]$

Ex. 1) 60 m^2를 ft^2로 나타내어라.

60 m^2	1 ft^2
	0.30482 m^2

= 645.83 ft^2

Ex. 2) 60 m²를 Py로 나타내어라(1 Py = 3.31 m²).

$$\frac{60\ m^2}{} \Big| \frac{1\ Py}{3.31\ m^2} = 18.12\ Py$$

Ex. 3) 28 ft²의 면적을 m²로 나타내어라.

② 부피(volume), $[L^3]$

Ex. 1) 180 L를 m³와 ft³로 나타내어라.

$$\frac{180\ L}{} \Big| \frac{1\ m^3}{1000\ L} \Big| \frac{1\ ft^3}{0.30483\ m^3} = 6.36\ ft^3$$

Ex. 2) 35.31 ft³을 m³과 L로 나타내어라.

Ex. 3) 50 gal을 ft³, m³, 및 L로 나타내어라.

표 1.3 부피 환산표

$1\ m^3 = 1000\ L$
$cc = mL = cm^3$
$1\ gal = 3.785\ L$

3) 질량(mass), [M]

질량의 표준 단위(SI unit)는 kilogram이며 기호로 kg으로 나타낸다. 질량은 어떠한 물체의 고유한 양으로 측정하는 장소에 따라 변하지 않는다. kg은 1960년대 SI에서 새로이 정한 값이며, 보통 질량을 측정하는 데는 무게를 비교하는 방법으로 천칭을 사용한다. 이 때 표준이 되는 질량으로서 킬로그램 원기가 있다. 킬로그램 원기는 백금 90%, 이리듐 10%의 합금으로 만들어 졌으며, 지름과 높이가 39 mm의 cylinder인데 실물은 국제 도량형국에 보관되어 있다.

표 1.4 질량 환산표

$1\ lb_m = 0.454\ kg$
$1\ kg = 1000\ g$
$1\ ton = 1000\ kg$

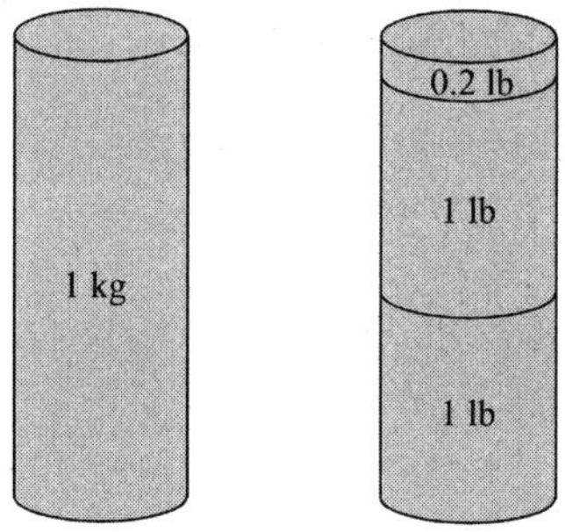

그림 1.2 1 kg과 1 lb_m의 비교

Ex. 1) 70 kg를 lb_m로 나타내어라.

$$\frac{70\ kg \mid 1\ lb_m}{\mid 0.454\ kg} = 154.19\ lb_m$$

Ex. 2) NaOH 90 lbm는 몇 kg인가?

4) 시간, [θ]

시간의 표준단위는 second 기호 s로 나타낸다. 한편 s 대신 min (minute), hr (hour), d (day), yr (year) 등을 사용해도 무방하다. 1초는 세슘(cesium, Cs) 원자 133에서 복사되는 복사선이 9,192,631,770회 진동하는 시간으로 정의하였다.

5) 온도(temperature), [T]

물질의 온도는 그 물질이 존재하는 상태(고체, 액체 , 기체)에 있는 분자들이 갖는 평균 운동에너지의 척도가 된다. 즉, 온도가 높으면 분자운동이 활발하여 에너지가 높고, 온도가 낮아지게 되면 분자의 움직임은 둔화되어 낮은 에너지 상태가 된다. 즉, 물체의 온도는 열적 상태의 척도로서 다른 물체로의 열전달 능력을 기준으로 고려한 것이다. 열적 상태는 다양한 기구로 측정할 수 있는데, 일반적으로 온도에 따라 물질의 변하는 물리적 성질(물성)을 측정함으로서 온도를 알 수 있게 된다. 가장 보편적인 온도 측정은 수은, alcohol을 투명하고 얇은 관에 채워 따뜻하고 차가운 정도에 따라 부피의 팽창 및 수축의 정도를 상대적인 수치로 나타내는 방법이다.

온도의 표준 단위는 Kelvin이며 기호 K로 나타낸다. 예를 들면, 273 K는 273 Kelvin으로 읽는다. SI 온도 단위가 정해져 있음에도 불구하고 오늘날 실제로 많이 사용되는 온도 단위는 ℃ (degree Celcius)와 °F (degree Fahrenheit)이다. 또 다른 온도 단위로서 R (Rankine)이 있다. 일반적으로 ℃는 SI 단위와 같이 사용하여도 무방하다.

이들 온도들의 상관관계를 다음 표 1.5에 나타내었다.

표 1.5 온도의 상관관계

°F = 1.8℃ + 32
K = ℃ + 273
R = °F + 460

Ex. 1) 부동액의 주성분인 ethylene glycol의 boling point (bp, 끓는점)는 199℃이다. 이 온도를 K와 °F로 나타내어라.
Answer : 472 K, 390 °F

℃ 눈금은 1 atm에서 물의 어는점을 0℃, 끓는점을 100℃로 정하고 그 사이를 100 등분하여 눈금으로 나타낸 것이다. 이에 비하여 °F 눈금은 이 두 점을 각각 32°F 및 212°F로 정하고 그 사이를 180 등분한 것이다. Kelvin 눈금은 절대온도 눈금(absolute temperature scale)이라고 하며 절대 0도를 기준점으로 택하고 있다.

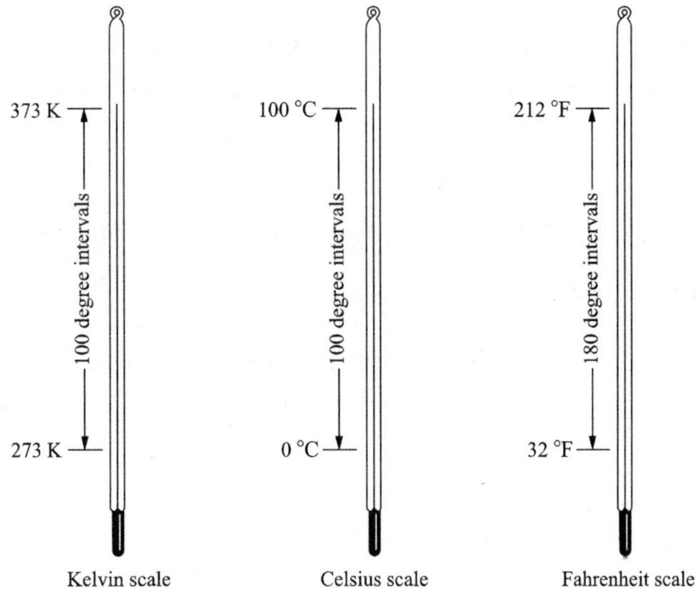

그림 1.3 Kelvin, Celcius, Fahrenheit 온도의 비교

6) 물질량

물질량(amount of substance)의 표준단위는 mole이며 기호 mol로서 나타낸다. 물질 1 mol은 어느 물질이거나 그 물질의 분자, 원자 또는 이온의 Avogadro 수만큼의 양, 즉 6.023×10^{23}개의 양을 말한다. 다시 말하여 1 mol은 (분자의 경우) 6.023×10^{23}개 분자로 된 물질량이다.

$$1\ \text{g mol} = 1\ \text{mol}$$
$$1\ \text{kg mol} = 1000\ \text{g mol} = 1000\ \text{mol}$$
$$1\ \text{lb mol} = 454\ \text{g mol} = 454\ \text{mol} = 0.454\ \text{kg mol}$$

물질량의 단위는 다음과 같이 취급할 수도 있다.

$$\text{물질량(mol)} = \frac{\text{질량(g)}}{\text{분자량}},\quad \text{물질량(lb mol)} = \frac{\text{질량(lb)}}{\text{분자량}}$$

또는

$$\text{질량(g)} = \text{분자량} \times \text{물질량(mol)}$$
$$\text{질량(lb)} = \text{분자량} \times \text{물질량(lb mol)}$$

분자량(단위 물질량의 질량)은 구성 원소의 원자량으로부터 구할 수 있다. 원자량(atomic weight)은 단소 원자 12C (양성자 6개와 중성자 6개 포함)의 질량을 정확히 12라고 정하였을 때의 상대적인 질량이다.

Ex. 1) NaOH 2 lb가 있다. NaOH의 물질량을 lb mol과 g mol로 나타내어라.

Ex. 2) NaOH 7.5 g mol의 질량(lb)을 구하라.

Ex. 3) 아황산가스 100 kg의 물질량을 lb mol과 kg mol로 나타내어라.

02 유도 물리량

앞에서 다룬 5개의 기본량 이외의 물리량은 모두 유도량이다. 어떠한 유도량이라도 이들 기본량으로부터 유도되며 그 차원은 기본량의 차원을 적절히 곱하거나 나누어서 나타낼 수 있게 된다.

보기로서 앞 장에서 다룬 넓이(면적)는 기본 단위에서 유도된 유도량의 하나로, 그 차원은 [길이^2], 즉 [L^2]이 된다. 따라서 넓이를 나타낼 수 있는 단위의 예를 들면 다음과 같다.

표 2.1 중요 유도량과 그 단위

구분 / 물리량	SI				Eng.	
	명칭	symbol	복합단위	구성단위	복합단위	구성단위
면적(area)				m^2		ft^2
부피(volume)				m^3		ft^3
속도(velocity)		v		m/s		ft/s
가속도(acceleration)		a		m/s^2		ft/s^2
밀도(density)	lo	ρ		kg/m^3		lbm/ft^3
힘(force)	Newton	N		$kg \cdot m/s^2$	lbf	$lbm \cdot ft/s^2 \cdot gc$
압력(pressure)	Pascal	Pa	N/m^2	$kg/s^2 \cdot m$	lbf/ft^2	$lbm/s^2 \cdot ft \cdot gc$
일 & 에너지 (work & energy)	Joule	J	$N \cdot m$	$kg \cdot m^2/s^2$	$lbf \cdot ft$	$lbm \cdot ft^2/s^2 \cdot gc$
동력(power)	Watt	W	J/s	$kg \cdot m^2/s^3$	$lbf \cdot ft/s$	$lbm \cdot ft^2/s^3 \cdot gc$

자^2, m^2, cm^2, mm^2, km^2, ha, in^2, ft^2 …

이러한 유도량의 단위 중에는 새로운 이름이 지어져 있는 것들도 여러 가지가 있다. 표 2.1에 나타내었다.

2.1 속도(velocity)와 가속도(acceleration)

2.1.1 속도

속도는 단위시간(t) 동안 움직인 거리(S)를 말하며, 그 정의와 주요 단위는 다음과 같다.

① 정의 : $V = \dfrac{S_2 - S_1}{t}$

② 단위 : MKS = m/s

cgs : cm/s

fps = ft/s

Ex. 1) 100 km/hr를 mph로 나타내어라(mile per hour).

100 km	1000 m	1 ft	1 mi	
hr	1 km	0.3048 m	5280 ft	= 62.14 mi/hr

Ex. 2) 5 m/s를 in/min로 나타내어라.

5 m	100 cm	1 in	60 s	
s	1 m	2.54 cm	1 min	= 11811.02 in/min

Ex. 3) 유속(volumetric flow rate) 3 L/hr를 cc/sec로 나타내어라.

3 L	1000 cc	1 hr	
hr	1 L	3600 sec	= 0.83 cc/sec

2.1.2 가속도(acceleration)

가속도는 단위시간(t) 동안의 속도(V)의 변화를 말하며, 그 정의와 주요 단위는 다음과 같다.

① 정의 : $a = \dfrac{V_2 - V_1}{t}$

② 단위 : MKS = m/s^2

cgs = cm/s^2

ps = ft/s^2

Ex. 1) 지구 평균 중력가속도 9.8 m/s^2를 ft/s^2로 나타내어라.

Ans : 32.174 ft/s^2

2.2 밀도(density)

밀도(密度)는 단위 부피당 질량으로서($\rho = \dfrac{m}{V}$), 단위는 kg/m^3, g/cm^3, lbm/ft^3 등으로, 수치와 단위를 같이 가지는 양이다. 어떤 물질의 밀도를 알려면 그 부피와 질량을 모두 측정하여야 한다. 일반적으로 고체의 부피는 대치되는 불활성 액체의 부피를 이용하여 측정한다. 예로서, 질량을 아는 고체를 질량과 부피를 아는 액체 중에 넣고 이 액체의 질량과 부피를 측정한다. 액체의 밀도(또는 비중)는 대개 비중계(hydrometer : 질량과 부피를 아는 기기를 액체 중에 담갔을 때 잠기는 깊이 측정)나 Westphal (측정 액체 속에서의 추의 무게를 물속에서의 무게와 비교)로 측정한다. 기체의 밀도는 측정이 아주 어려우며 보편적으로 사용되는 Edward 천칭은 공기를 채운 bulb의 무게와 측정기체를 채운 bulb의 무게를 비교하는 것이다.

액체와 고체의 밀도는 대개 압력에 따라 변하지 않는다. 하지만 온도에 따라서 밀도는 달라지는데 물과 ethanol의 예를 그림 2.1에 나타내었다.

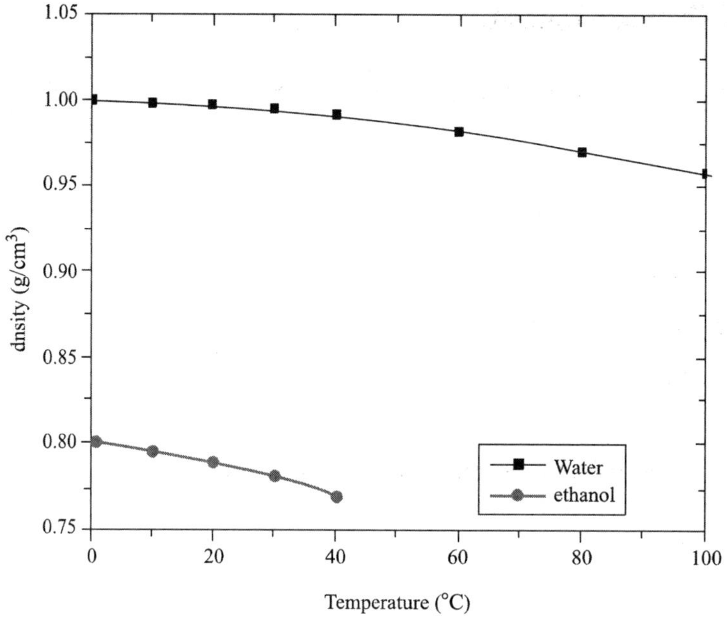

그림 2.1 물과 ethanol의 밀도와 온도의 관계

Ex. 1) 위 그림에서 온도가 증가함에 따라 ammonia water의 밀도가 작아지는 이유는?

Ex. 2) 4℃에서의 물의 밀도인 1000 kg/m³이다. 이를 g/cm³ 및 lb_m/ft^3으로 나타내어라.

$$\frac{1000\ \text{kg}}{\text{m}^3} \left| \frac{1000\ \text{g}}{1\ \text{kg}} \right| \frac{1\ \text{m}^3}{(100)^3\ \text{cm}^3} = 1\ \text{g/cm}^3$$

$$\frac{1000\ \text{kg}}{\text{m}^3} \left| \frac{1\ \text{lb}_\text{m}}{0.454\ \text{kg}} \right| \frac{(0.3048)^3\ \text{m}^3}{1\ \text{ft}^3} = 62.37\ \text{lb}_\text{m}/\text{ft}^3$$

Ex. 3) 진한 황산 1 cm³이 차지하는 질량은 1.84 g이다. 진한 황산의 밀도는 몇 lb_m/ft^3인가?
Answer : 114.76 lb_m/ft^3

Ex. 4) 휘발유(gasoline)의 밀도는 0.68 g/cm³이다. 휘발유 1 L의 질량은?
또한 휘발유 18 kg의 부피는 몇 L인가?

Ex. 5) 휘발유(gasoline)는 탄소와 수소로 만으로 구성된 탄화수소(hydrocarbon)이다. 이러한 탄화수소는 물 분자와 결합력이 전혀 없어 서로 섞이지 않는다. 위 예제의 결과를 이용하여 휘발유가 물에 뜨는 이유를 설명하라.

2.2.1 비중(specific gravity, sp gr.)

비중은 두 가지 물질의 밀도 비로 무차원의 변수이다. 즉, 비중은 기준 물질의 밀도에 대한 측정 물질 A의 밀도의 비이다.

$$\text{sp gr.} = \text{specific gravity} = \frac{(\text{g/cm}^3)_A}{(\text{g/cm}^3)_{ref}} = \frac{(\text{kg/m}^3)_A}{(\text{kg/m}^3)_{ref}} = \frac{(\text{lb/ft}^3)_A}{(\text{lb/ft}^3)_{ref}}$$

액체와 고체일 때는 기준 물질이 대개 물이다. 이때 비중은 물의 밀도에 대한 측정 물질의 밀도의 비가 된다. 기체의 비중은 주로 공기를 기준 물질로 나타내지만 다른 기체를 기준 물질로 사용하기도 한다. 일반적 계산에서는 액체의 밀도가 압력에 따라 변하지 않는다고 보아도 무방하지만, 온도에 따라 상당히 변하므로(그림 2.1 참조) 정확한 비중을 나타내야 할 때는 밀도를 측정한 온도를 명시하여야 한다. 만약, sp gr. $= 0.73 \frac{20^\circ}{4^\circ}$ 라고 하면 기준물질의 온도가 4℃이고 측정물질의 온도가 20℃일 때 그 비중이 0.73임을 나타낸다.

Ex. 1) Ethanol (C_2H_5OH)의 비중이 0.789이다. 밀도를 다음 단위로 각각 구하라.
(a) kg/m^3 (b) g/cm^3 (c) lbm/ft^3

Ex. 2) 98% 황산의 비중이 1.84이다. 이 황산 150 g을 취하려면 몇 mL가 필요한가?

Ex. 3) 강철의 비중이 7.9이다. 직육면체형 강철 4000 lb의 부피를 m^{3}과 ft^{3}으로 나타내어라.

2.3 힘(force)

Newton의 운동 제2법칙에 따르면 힘 f는 질량 m과 가속도 a의 곱으로 정의된다.

$$F = ma \ (\text{mass} \times \text{acceleration})$$

힘의 표준 단위는 kg·m/s^{2}이다. 그러나 이 복합단위의 새 이름을 지어서 newton이라 부르고 기호 N으로 나타낸다.

$1\text{ N} = 1\text{ kg} \cdot 1\text{ m/s}$

즉, 1 N의 힘은 1 kg의 질량이 1 m/s^{2}의 가속도를 가질 때의 힘이다.

Ex. 1)

질량 20 kg의 물체가 50 m/s^{2}의 가속도로 움직이고 있다. 이 물체에 작용하고 있는 힘을 구하라.

Answer : $f = ma = 20\text{ kg} \cdot 50\text{ m/s}^2 = 1000 = 1000\text{ kg m/s}^2 = 1000\text{ N} = 1\text{ kN}$

Ex. 2)

1565 kg의 자동차가 주행 중 20초 동안 30 km/hr에서 120 km/hr로 가속되었다. 이 때 자동차에 작용하는 힘을 구하라.

Answer : 1956.25 N

1 dyne
1 dyne의 정의 : 질량 1 g의 물체가 1 cm/s^{2}로 가속될 때 받는 힘 $\Rightarrow$ $1\text{ dyne} = 1\text{ g} \cdot 1\text{ cm/s}^2$ $\Rightarrow$ $1\text{ N} = 10^5\text{ dyn}$

2.3.1 질량(mass)과 무게(weight)

중력가속도 g에 의하여 물체에 작용하게 되는 힘을 무게라고 한다. 힘과 무게는 같은 개념의 유도량으로 다음 식과 같이 나타낼 수 있다.

$$f = ma = mg$$

지구의 중력가속도는 지구상의 위치에 따라 다소 차이가 있다. 따라서 같은 질량의 물체라도 지구상의 위치에 따라 그 무게, 즉 이에 작용하는 힘이 달라질 수 있다. 위도 45°의 해수면(sea level)에서의 중력가속도를 표준 중력가속도라고 정의하며 그 값은 다음과 같다.

$$g = 9.80665\text{ m/s}^2 = 980.665\text{ cm/s}^2 = 32.174\text{ ft/s}^2$$

Ex. 1)

질량이 70 kg인 사람이 지구 표면에 가하는 힘(즉, 무게)은 몇 N인가?

Answer : $70\text{ kg} \times 9.8\text{ m/s}^2 = 686\text{ N}$

힘 또는 무게의 단위로 lb_f 또는 kg_f 등이 많이 사용되어 왔으며 아직도 자주 쓰이고 있다. 1 lb_f의 정의는 질량 1 lb_m의 물체가 지구 중력장에서 받는 힘이다. 즉,

$$1\,\text{lb}_\text{f} = \frac{1\,\text{lb}_\text{m} \times 32.174\ \text{ft/s}^2}{g_c}$$

여기서, g_c는 중력가속도 32.174를 곱하여 주었기 때문에 이 수치를 1 lb_f로 보정하기 위한 보정 인자이다. 따라서 g_c의 수치는 32.174이며 단위는 $\dfrac{\text{lb}_\text{m}\ \text{ft}}{\text{lb}_\text{f}\ \text{s}^2}$이다.

반면, 1 kg_f는 질량 1 kg의 물체가 지구 중력가속도로 가속될 때 받는 힘을 말한다. 즉,

$$1\ \text{kg}_\text{f} = 1\ \text{kg} \times 9.8\ \text{m/s}^2 = 9.8\ \text{N}$$

로 보통 편의상 9.8 N을 1 kg_f로 정의한다.

Ex. 2) 4℃의 물 2 m^3의 무게를 N, kg_f 및 lb_f의 단위로 구하라. 이곳의 중력가속도는 9.2 m/s^2이다.

Ex. 3) 중력가속도가 9.8 m/s^2인 지점에서 물체에 작용하는 힘이 5 kg_f이라면 이 물체의 질량은 얼마인가?

2.4 압력(pressure)

압력은 단위 면적당 받는 힘이다(pressure = force/area, $P = F/A$). 따라서 압력의 표준 단위는 N/m^2이다. 이 복합단위에도 새로운 이름을 붙여 그 이름을 Pascal이라 부르고 기호 Pa로서 나타낸다. 즉,

$$1\ \text{N/m}^2 = 1\ \text{Pa (pascal)}$$

지구의 표면은 대기가 둘러싸고 있어서 이 대기에, 즉 공기분자에 중력가속도가 작용하여 지구 표면에 힘을 미치게 되고 이 힘은 1 m^2당 약 1.013×10^5 N이 된다(그림 2.2 참조). 이 힘으로 인한 압력을 대기압력(atmospheric pressure) 또는 간단히 대기압(atmosphere)라고 한다. 대기압은 위치에 따라 달라질 수 있으며 표준 대기압을 1 atm이라고 한다. 또한 그림 2.3에 나타난 것처럼 Torricelli 실험에 의하면 이 대기압에 의하여 상승된 수은 기둥의 높이

는 760 mm에 해당된다. 즉, 1 atm = 760 mmHg = 760 torr가 된다. 이를 포함하여 보편적으로 사용되는 압력 단위 및 그 환산 값을 표 2.1에 나타내었다.

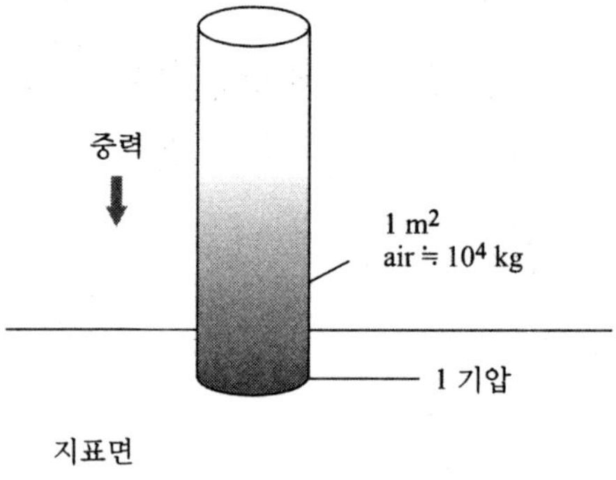

그림 2.2 대기로 인해 지구 표면에 작용하는 압력

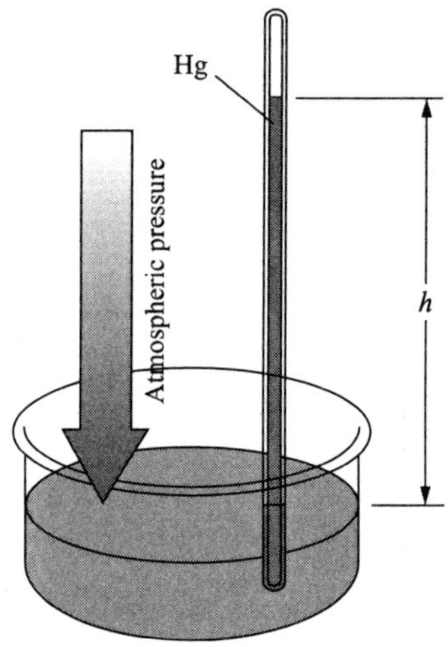

그림 2.3 Torricelli의 수은 barometer 실험

표 2.2 압력 환산표

$$1\ \text{atm} = 1.013 \times 10^5\ \text{N/m}^2 = 1.013 \times 10^5\ \text{Pa} = 14.7\ \text{psi}\ (\text{lb}_f/\text{in}^2)$$
$$= 760\ \text{mmHg} = 760\ \text{torr} = 10.33\ \text{mH}_2\text{O}$$

※ psi (pound per square inch)

Ex. 1) 2.3 atm을 Pa, N/m^2, psi, mmHg, torr로 나타내어라.

Ex. 2) 35 psi를 inHg로 나타내어라.

Ex. 3) 970 hecto pascal을 atm으로 나타내어라.

Ex. 4) 1 atm를 kg$_f$/cm^{2}으로 변환하라.

1 atm	1.013×10^5 N	1 kg$_f$	1 m^2	= 1.03 kg$_f$/cm^2
	1 atmm^2	9.8 N	100^2 cm^2	

정지하고 있는 유체(물 또는 공기와 같이 흐르는 물질)에 중력가속도가 작용하여 생기는 힘에 의하여 그 밑면에 미치는 압력, 즉 정지 유체의 압력을 생각해보자. 그림 2.4와 같이 높이가 h이고 밑면의 넓이가 A인 원기둥에 밀도 ρ인 유체가 가득 차 있다고 가정하자.

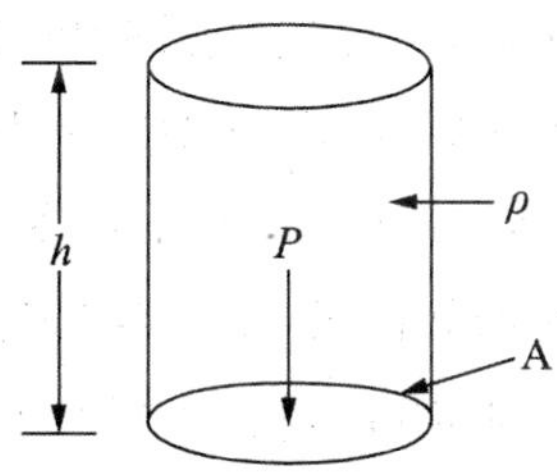

그림 2.4 정지 유체의 압력

이 정지 유체의 질량은 $m = \rho V = \rho A h$ 이고, 중력가속도에 의한 힘은 $f = mg = \rho A h g$ 가 된다. 따라서 이 유체가 밑면에 미치는 압력은 $P = f / A = \rho A h g / A = \rho g h$ 이다.

Ex. 5) 위 식에서 $\rho g h$ 의 단위가 압력단위임을 증명하라.

Answer :

kg	m	m	$= \text{kg} \cdot \frac{\text{m}}{\text{s}^2} \cdot \frac{1}{\text{m}^2} = \frac{\text{N}}{\text{m}^2} = \text{Pa}$
m^3	s^2		

Ex. 6) 호수 수면으로부터 10 m 깊은 곳의 압력을 구하라. 이 때 대기압은 760 mmHg이며 중력가속도는 9.8 m/s^{2}이고 호수물의 비중은 0.9982이다.

Ex. 7) 산소 통에 달린 압력계가 4.2 kg$_f$/cm^{2}를 가리키고 있다. 그 곳의 대기압이 1 atm이라고 하면 산소통 안의 절대압력을 psi와 Pa로 구하라.

2.5 일(work), 열(heat), 에너지(energy)

물체가 이동하는 방향으로 일정한 힘 f를 가하여 거리 l만큼 움직였을 때 한 일(work) W는 다음과 같다.

$$W = f \times l$$

즉, 일의 정의는 힘 × 거리(힘이 작용한 거리)가 되고 표준 단위는 N · m이나 이를 다시 joule이라 새로 이름을 붙여 기호 J로 나타낸다. 즉,

$$1\,\mathrm{J} = 1\,\mathrm{N} \cdot \mathrm{m}$$

에너지는 간단히 말하면 일을 할 수 있는 능력이라 할 수 있다. 에너지는 여러 형태로 변환 될 수 있다. 지상에 도달하는 태양에너지(빛 에너지)의 일부는 녹색식물에 의하여 화학에너지로 변환된다. 이 화학에너지는 또한 여러 경로를 통하여 다른 형태의 에너지로 변화된다. 과거의 식물들이 퇴적되어 생성된 것으로 추정되는 화석연료(fossil fuel)를 태우면 그 화학에너지가 열의 형태로 바뀌어 방출되며, 이 열로 수증기를 발생시켜 터빈(turbine)을 돌려 기계적 에너지로 변환시켜 일을 하게 된다. 터빈의 회전으로 기계적 에너지는 다시 전기에너지로 바꿀 수 있으며, 이를 가정에 송전하면 다시 빛 또는 열에너지로 변환된다.

에너지가 한 형태에서 다른 형태로 변환될 때는 열(heat) 또는 일(work)의 형태를 취한다. 따라서 일과 열을 이동 중의 에너지(energy in transit)라고도 한다. 결국 에너지, 일, 열은 다 같은 차원의 유도량으로 모두 표준단위는 N · m, 즉 J이다.

환경공학에서 자주 사용되는 에너지는 대체로 다음과 같다.

① 기계적 에너지(mechanical energy) → 일, 운동에너지, 위치에너지
② 열에너지(thermal energy) → 열(heat)
③ 화학적 에너지(chemical energy) → 화학반응에 의하여 생기는 열
④ 전기에너지(electrical energy)

에너지는 직접 측정할 수 있는 방법이 없다. 따라서 다른 측정 가능한 양의 값에 기초하여 간접적으로 평가하여야 한다.

기계적 에너지의 한 형태인 운동에너지(kinetic energy)는 운동을 하는 물체가 그 운동으로 인하여 갖게 되는 에너지이다. 질량 m인 물체가 속도 v로 움직이고 있을 때 이 물체의

운동에너지는 다음 식으로 정의된다.

$$\mathrm{KE} = \frac{1}{2}mv^2$$

기계적 에너지의 또 다른 형태로서 위치에너지를 들 수 있다. 이 에너지는 물체가 포텐셜장(potential field, 중력장, 자기장 등)에서 처한 위치로 인하여 갖게 되는 에너지이기 때문에 potential energy라고도 한다. 질량 m인 물체가 중력장에서 기준면보다 높이 h만큼 위에 있을 때 이 물체의 위치에너지는 다음과 같이 정의된다.

$$\mathrm{PE} = m \cdot g \cdot h$$

Ex. 1) 운동에너지와 위치에너지의 단위가 MKS 단위계에서 J임을 증명하라.

Answer : $\mathrm{KE} = \frac{1}{2}mv^2 \rightarrow \mathrm{kg} \cdot \frac{\mathrm{m}^2}{\mathrm{s}^2} = \mathrm{N} \cdot \mathrm{m} = \mathrm{J}$

$\mathrm{PE} = m \cdot g \cdot h \rightarrow \mathrm{kg} \cdot \frac{\mathrm{m}}{\mathrm{s}^2} \cdot \mathrm{m} = \mathrm{N} \cdot \mathrm{m} = \mathrm{J}$

Ex. 2) 1000 kg의 자동차가 95 km/hr로 움직이고 있을 때 운동에너지를 구하라.

Ex. 3) 질량이 65 kg인 사람이 해발 820 m의 산에 있다. 해수면 기준으로 이 사람의 위치에너지를 구하라. 단 높이에 따른 중력가속도 변화는 무시한다.

Ex. 4) L · atm은 에너지의 단위인가?

Ex. 5) fps 단위계에서는 일의 단위를 $\mathrm{lb_f} \cdot \mathrm{ft}$로 사용한다. 1 J은 몇 $\mathrm{lb_f} \cdot \mathrm{ft}$인가?

Answer :

$1\ \mathrm{kg \cdot m}$	$1\ \mathrm{lb_m}$	$1\ \mathrm{ft}$	$\mathrm{lb_f \cdot s^2}$	$= 0.2246\ \mathrm{lb_f}$
$\mathrm{s^2}$	$0.454\ \mathrm{kg}$	$0.3048\ \mathrm{m}$	$32.174\ \mathrm{lb_m \cdot ft}$	

$1\ \mathrm{N \cdot m}$	$0.2246\ \mathrm{lb_f}$	$1\ \mathrm{ft}$	$= 0.737\ \mathrm{lb_f \cdot ft}$
	$1\ \mathrm{N}$	$0.3048\ \mathrm{m}$	

열(heat)의 표준 단위는 일과 마찬가지로 J이지만, 관습적으로 다음 단위들이 많이 쓰이고 있다.

1 cal = 4.184 J
1 BTU = 252 cal = 1055 J = 778 $\mathrm{lb_f \cdot ft}$

여기서, cal는 15℃ 물 1g을 1℃ 올리는데 필요한 열량을 말하며, BTU는 British Thermal Unit의 약자로 아직까지 많이 쓰이고 있는 단위이다.

2.6 동력(power)

단위 시간에 한 일을 일률 또는 동력이라고 한다. 이 유도량의 표준 단위는 J/s이다. 이 단위에도 새 이름이 지어져 있어서 watt라고 하며 기호 W로 나타낸다.

동력의 관습적인 단위는 마력(horse power)이며 다음과 같은 관계가 성립한다.

$$1 \text{ hp (horse power)} = 746 \text{ W}$$

03 유체의 흐름

3.1 유체의 흐름

3.1.1 유속의 표현

다음과 같이 물이 가득 차 있는 입구의 지름이 같은 두 개의 관에 1분에 1 kg의 물을 유입시켰을 때(1 kg/min) 1분 동안 유출되는 물의 양을 계산해보면, 밀도가 변함이 없다면 어떠한 모양의 관이라도 또는 단면적이 변하더라도 1 kg/min으로 변함이 없음을 알 수 있다. 관 내부를 흐르고 있는 유체(fluid)의 유속은 다음과 같이 두 가지로 나타낼 수 있다.

① 부피유속(volumetric flow rate)

$Q = u \cdot A = \mathrm{m^3/s}$

여기서, u : 유체의 평균속도

A : 관의 단면적

② 질량유속(mass flow rate)

$m = \rho \cdot Q = \rho \cdot u \cdot A = \mathrm{kg/s}$

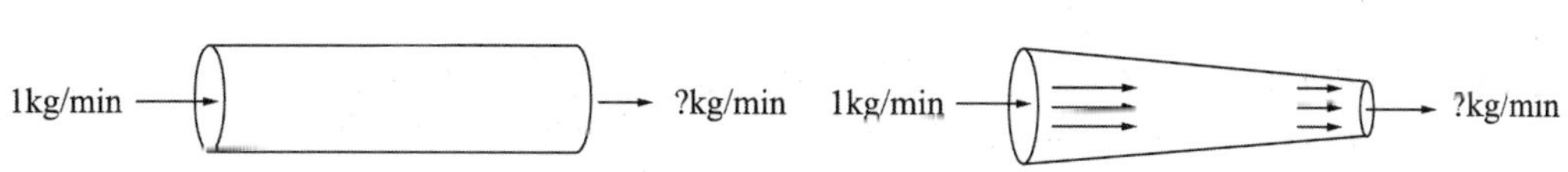

그림 3.1 관의 모양에 따른 유량

Ex. 1) 비중 0.98의 액상 혼합물이 한 시간 동안 500 m^3 수송되는 공정이 있다. 이 공정에서 30분 동안 이동된 유체의 양은 몇 kg인가?

Ex. 2) 비중 0.79의 액체가 평균속도 3 m/s로 내경 2 in pipe로 흐르고 있을 때 질량유속은?

Ex. 3) 안지름이 2.5 cm인 원통형 관에 밀도가 0.67 g/cm^3인 액체가 7 g/s의 속도로 흐르고 있다. 이 조건에서 ① 부피유속(cm^3/s), ② 평균속도(cm/s)는?

3.1.2 유체 흐름의 미시적 해석

흐르는 유체의 거동은 고체 벽의 영향을 받고 안 받고에 따라 아주 달라진다. 유체가 고체 벽을 지나서 흐를 때 고체와 유체의 계면에서는 마찰에 의하여 유체가 고체에 부착된 형태이므로 경계면에서의 유체 속도는 0이 된다. 계면에서 떨어지면 유체는 임의의 속도를 갖게 된다. 계면에서 일정한 거리에 있는 유체의 속도가 항상 같을 때 이 유체는 정상상태(steady state)로 흐르고 있다고 말한다.

유체의 흐름이 마치 종잇장 미끄러지듯이 계면과 평행하게 흐르고 축방향으로는 흐르지 않을 때 이 유체는 층류(laminar flow)를 이룬다고 말한다. 유체가 정상상태에서 층류로 흐를 때 속도의 변화는 그림 3.2와 같이 나타난다. 세로축은 고체 벽면으로부터 수직거리 y이며 가로축은 그 거리에서의 속도 u이다. $y = 0$일 때, 즉 고체벽면에서의 유체의 속도 $u = 0$이며 y가 커질수록 속도는 커지게 된다.

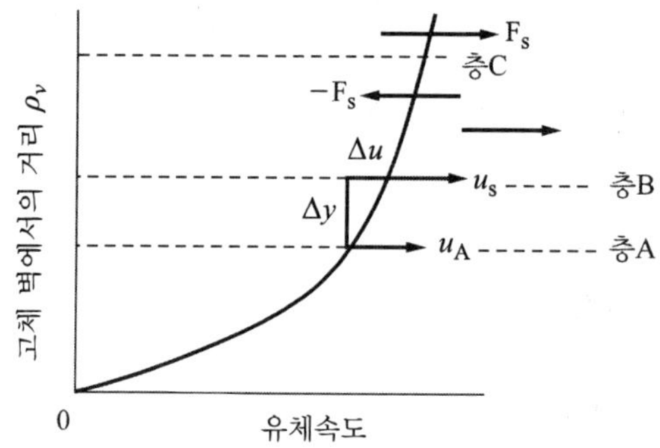

그림 3.2 유체의 속도 분포

Ex. 1) 거리에 따른 속도 증가율은 $\Delta u/\Delta y$로 표시할 수 있다. 고체벽으로부터 멀어질수록 속도 증가율은 증가하는가 또는 감소하는가? 이를 그래프로 나타내면 그림 3.3과 같다.

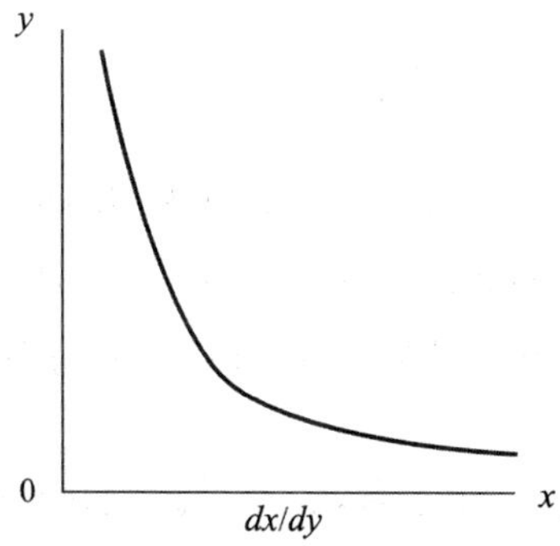

그림 3.3 거리에 따른 속도 증가율

3.1.3 뉴턴의 법칙과 점도

그림 3.4와 같이 두 평행판 사이에 가득 찬 유체의 움직임 알아보기 위해 밑판에 힘 F를 가하여 판이 속도 Δu로 움직이는 경우를 고려해보자.

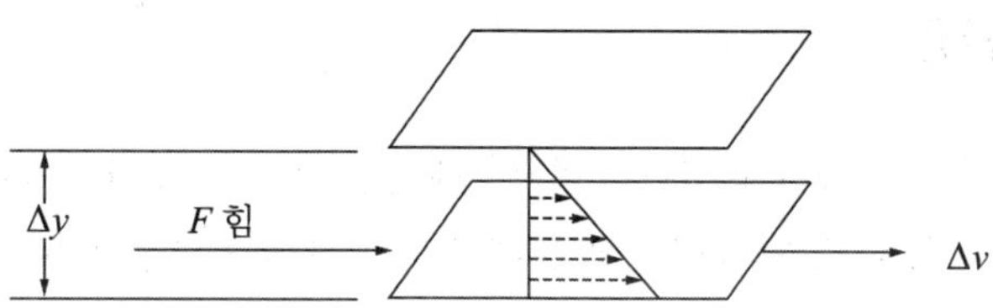

그림 3.4 두 평행판 사이 유체의 전단 모형

앞 절에서 유체의 속도는 관이나 판의 표면으로부터의 거리에 따라 변하는 것을 알 수 있었다. 실험에 의하면 유체에 작용하는 힘(F)은 속도차(Δu, m/s)와 면적(A, m^2)에 비례하고 거리(Δy, m)에 반비례하는 것이 밝혀졌다. 이를 수식으로 표현하면

$$F \propto A\,\frac{\Delta u}{\Delta y} \quad \text{또는} \quad \frac{F}{A} \propto \frac{\Delta u}{\Delta y}$$

가 된다. 위 식에서 비례관계인 ‘ $\propto$ ’을 ‘ = ’으로 변환시키기 위해서는 적절한 비례상수만 넣어주면 된다. 즉,

$$\frac{F}{A} = \mu\,\frac{\Delta u}{\Delta y}$$

또는

$$\frac{F}{A} = \tau = \mu \frac{\Delta u}{\Delta y}$$

와 같은 형태로 쓸 수 있고 이 식을 뉴턴의 점도법칙(Newton's law of viscosity)라고 한다.

위 식에서 τ (tau)는 전단응력(shear stress), 즉 유체가 외부 힘에 의하여 모양이 바뀔 때 변형에 대응되는 힘이다. 또한 위 식에서 μ (myu)는 비례상수로서 점도(viscosity)라고 한다.

Ex. 1) 점도의 단위가 kg/m · s 또는 Pa · s 또는 N · s/m^2임을 증명하라.

점도의 단위로는 kg/m · s 또는 Pa · s 이외에도 cgs 단위인 g/cm · s를 사용하는데, 1 g/cm · s를 1 poise라고 부르며 1 p로 표시한다. 또한 poise의 1/100을 centi-poise (cp)라고 하며 실험실에서 많이 사용하고 있다.

Ex. 2) 20℃에서 물의 점도는 1×10^{-3} N · s/m^2이다. 이를 p와 cp로 나타내어라.

3.1.4 층류와 난류

유체 흐름의 상태를 조사하기 위하여 1883년 레이놀즈(Osborne Reynolds)는 장치를 고안하여 실험을 수행하였다. 수평한 유리관에 유체가 흐르게 하고 그 입구에 잉크가 흐를 수 있는 노즐을 장치하여 유량의 변화에 따른 잉크의 흐름을 살폈다. 이 실험결과 유리관을 흐르는 유체의 속도가 작을 때는 잉크는 일직선 모양으로 흐르며 어느 속도 이상이 되면 잉크가 관 전체에 퍼져버리는 현상이 나타났다.

처음의 경우는 유체가 층을 이루어 흐르며 각각의 층간에 서로 섞이지 않는다는 것을 추론할 수 있다. 이러한 흐름을 층류(laminar flow)라고 한다. 반면에 두 번째 경우처럼 유체가 어떤 속도 이상이 되면 유체는 소용돌이를 이루면서 흐르기 때문에 잉크가 관 전체에 퍼지게 된다. 이러한 경우를 난류(turbulent flow)라고 한다. 층류와 난류에 대하여 다시 한 번 정리하면 다음과 같이 요약할 수 있다.

- 층류(laminar flow) : 소용돌이가 없이 층을 이루며, 마치 유체 층이 서로 미끄러지듯 흘러 흐름 방향과 수직 방향으로 유체의 혼합이 없는 흐름
- 난류(turbulent flow) : 유속이 증가하면 유체 층 간 혼합 및 소용돌이가 발생하는 흐름 형태

층류와 난류의 구분 및 층류에서 난류로의 변화는 유속뿐만이 아니라 유체의 밀도, 점도 및 유로의 모양 등에 영향을 받는다. 이러한 변수들을 결합하면 유체 흐름 형태를 판가름 할 수 있는 새로운 변수, 즉 Reynolds Number를 얻을 수 있다.

원형 관에 밀도가 ρ, 점도가 μ, 유속 u의 유체가 직경 D인 관 내로 흐를 때 Reynolds Number는 다음과 같이 나타낼 수 있다.

$$Re = \frac{\rho D u}{\mu}$$

Reynolds Number는 단위가 없는 수, 즉 무차원변수이다. 따라서 어떤 단위를 사용하더라도 단위계만 통일하면 같은 값을 얻을 수 있다. 표면이 매끈한 원관인 경우, Reynolds Number가 2100 이하이면 층류를 이루며 4000보다 크면 완전 난류를 형성하고 2100~4000 사이에서는 층류에서 난류로 전이하는 현상을 보인다. 이를 정리해보면 표 3.1과 같다.

표 3.1 Reynolds Number와 유체의 흐름 형태

Reynold Number	Flow Pattern	특 징
Re < 2100	층류 (laminar flow)	유체의 흐름은 평행으로 흐르면서 흐름방향 이외에 교차류나 소용돌이가 존재하지 않아 분자 scale의 혼합이 거의 없는 상태
2100 < Re < 4000	전이류 (transition flow)	층류에서 난류로 변화가 일어나는 영역
Re > 4000	난류 (turbulent flow)	유속이 빠르며 유체의 흐름이 불규칙 적이며 소용돌이 등에 의하여 분자 scale의 강한 혼합현상이 나타나는 영역

Ex. 1) 30℃ 물이 내경 3 in 유리관을 3 ft/s의 속도로 흐르고 있다. 이 유체의 흐름이 난류인지 층류인지 확인하라. 단, 30℃에서의 물의 점도는 0.801 cp이다.

Ex. 2) 비중 0.8, 점도 0.008 cp인 액체가 내경 1 in관을 7 ft/s로 흐르고 있다. 이 유체의 흐름이 난류인지 층류인지 확인하라.

Ex. 3) 다음의 경우에서 이 유체의 흐름이 난류인지 층류인지 확인하라.

	case 1	case 2
D	1 ft	2 mm
u	1 m/s	3 cm/s
ρ	12.5 kg/m^3	25 lb/ft^3
μ	2×10^{-6} cp	2×10^{-6} cp

3.2 유체의 물질수지 및 에너지수지

3.2.1 유체의 물질수지

한 공정 또는 계(system)를 대상으로 하여 계로 들어가는 물질의 질량과 계 내에서 생성되는 질량의 합은 계 내에서 축적되거나 계로부터 나오는 물질의 질량과 같아야 한다. 따라서 유체의 흐름을 하나의 계로 선정 시 질량보존의 법칙에 의하여 다음과 같은 물질수지(material balance)가 성립된다.

input + generation = output + accumulation

만약 계 내에 화학반응이 없으면

input = output + accumulation

또한 계 내에 축적이 없으면 물질 수지식은

input = output

의 간단한 형태가 되며 특히 이와 같이 계 내에 축적이 없는 system을 정상상태(steady state, 시간에 따라 변화가 없는 상태)라고 한다.

물질 수지식과 같이 질량보존의 법칙을 사용하여 유체 흐름에 있어 중요한 관계식인 연속방정식(continuity equation)을 유도할 수 있다. 아래 그림은 비압축성(흐름에 있어 밀도가 변하지 않는 상태) 유체가 정상상태로 흐를 때 단면적이 A_1 및 A_2인 tube의 일부를 나타낸 것이다. 이 때 각 section의 속도를 각각 u_1, u_2라고 하고 tube의 벽을 통하여 물질의 유입 및 유출은 없는 것으로 한다.

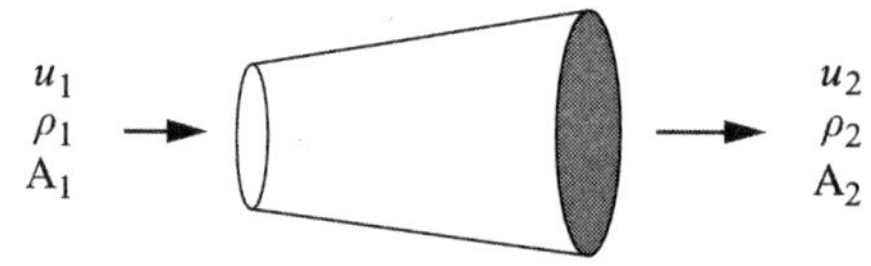

그림 3.5 물질수지 변수들과 관내 유체의 흐름

이 때 시간 Δt 동안 단면적 A_1을 통하여 흐른 유체의 부피는 단면적 A_1에 유체가 움직인 거리를 곱하여 주면 된다. 즉, A_1을 통하여 흐른 유체의 부피 $= A_1 \times u_1 \cdot \Delta t$가 된다. 또한 A_1을 통하여 흐른 유체의 질량 $= \rho \cdot V = \rho \cdot A1 \cdot u1 \cdot \Delta t$가 된다.

이와 유사하게 A_2를 통하여 흐른 유체의 부피 $= A_2 \times u_2 \cdot \Delta t$가 되며 A_2를 통하여 흐른 유체의 질량 $= \rho \cdot V = \rho \cdot A_2 \cdot u_2 \cdot \Delta t$가 된다.

이 system은 정상상태이므로 input = output인 관계가 성립된다. 즉,

$$\rho \cdot A1 \cdot u1 \cdot \Delta t = \rho \cdot A_2 \cdot u_2 \cdot \Delta t$$

또는

$$\rho \cdot A_1 \cdot u1 = \rho \cdot A_2 \cdot u_2$$

따라서 밀도, 단면적, 속도의 곱은 항상 일정한 값을 갖게 된다. 즉

$$m = \rho \cdot u \cdot A = \text{constant}$$

로 표현할 수 있으며 이를 유체의 연속 방정식(continuity equation)이라고 한다.

한편 비압축성 유체에서는 밀도가 일정하므로

$$A_1 \cdot u_1 = A_2 \cdot u_2$$

로 표현 가능하다.

Ex. 1) 비중 0.98의 액상 혼합물이 한 시간 동안 500 m^3 수송되는 공정이 있다. 이 공정에서 30분 동안 이동된 유체의 양은 몇 kg인가?

Ex. 2) 비중 0.79의 액체가 평균속도 3 m/s로 내경 2 in pipe로 흐르고 있을 때 질량유속은?

Ex. 3) 안지름이 2.5 cm인 원통형 관에 밀도가 0.67 g/cm^3인 액체가 7 g/s의 속도로 흐르고 있다. 이 조건에서 ① 부피유속(cm^3/s), ② 평균속도(cm/s)는?

Ex. 4) 단면적이 변하는 pipe 내에서 물이 흐르고 있다. 이 pipe의 한 지점에서 단면적이 0.08 m^2이고 속도가 4 m/s일 때 다음 물음에 답하라.
① Pipe의 단면이 다음과 같을 때 각각의 속도를 구하라.
ⓐ 0.06 m^2 ⓑ 0.112 m^2
② 이 pipe의 출구에서 1초 동안 배출되는 유체의 부피는?

3.2.2 유체의 에너지 수지(Bernoulli's equation)

Bernoulli 방정식이라 불리는 유체의 에너지 수지식은 흐르는 유체의 압력, 속도 그리고 높이(위치)와 관련된 식이다. 그림 3.6.과 같이 같은 시간에 단면 a와 c에 놓여 있는 유체를 생각하여보자. 이 때 각각의 단면은 A_1 및 A_2이고 Δt의 시간이 경과하면 각각 b와 d 위치로 이동하며 그 움직인 거리를 Δs_1과 Δs_2라고 하자.

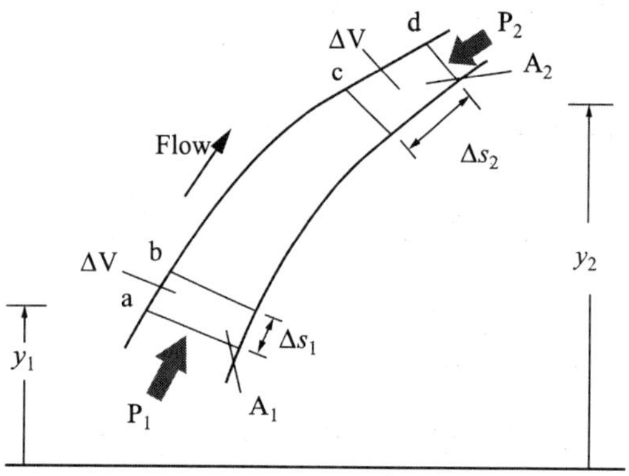

그림 3.6 에너지 수지 변수와 관내 유체의 흐름

먼저 시간 Δt 동안 유체에 하여진 일(work)을 계산하기로 한다. 일 = 힘 × 거리이므로 유체에 작용하는 힘을 규명하여야 한다. 단면 a에 작용하는 힘은 $P_1 \cdot A_1$이고 단면 c에 작용하는 힘은 마찬가지로 $P_2 \cdot A_2$가 되지만 방향은 반대이다. 즉, a에 작용하는 힘은 흐름 방향이고 c에 작용하는 힘은 흐름의 반대 방향이기 때문이다. 또한 유체에 하여진 일은 각각 $P_1 \cdot A_1 \cdot \Delta s_1$ 및 $P_2 \cdot A_2 \cdot \Delta s_2$이고 역시 방향은 서로 반대이다. 따라서 Δt 동안 유체에 하여진 실질적인 일(net work)은

$$W = P_1 A_1 \Delta S_1 - P_2 A_2 \Delta S_2 = (P_1 - P_2) \Delta V$$

가 된다.

다음으로 유체의 흐름에서 운동에너지(kinetic energy, $\mathrm{K_E} = \frac{1}{2}mu^2$)와 위치에너지(potential energy, $\mathrm{P_E} = mgh$)의 변화를 생각해보자. Δt 동안 a에서 b로 움직인 유체의 부피는 $A_1 \Delta S_1$이고 질량은 $\rho A_1 \Delta S_1$이다. 따라서 이때의 운동 에너지는 $1/2\rho(A_1 \Delta S_1)u_1^2$이다. 또한 유사하게 Δt 동안 c에서 d로 움직인 유체의 운동 에너지는 $1/2\rho(A_2 \Delta S_2)u_2^2$이다.

따라서 운동에너지의 변화량은

$$\Delta K_E = \frac{1}{2\rho}(A_2\Delta S_2)u_2^2 - \frac{1}{2\rho}(A_1\Delta S_1)u_1^2 = \frac{1}{2}\rho\Delta V(u_2^2 - u_1^2)$$

이다. 이와 유사하게 위치에너지의 변화량을 구할 수 있다. Δt 동안 a와 b 사이의 위치에너지는 $mg_{y1} = \rho\Delta Vgy_1$이고 c와 d 사이에서는 $mgy_2 = \rho\Delta Vgy_2$가 된다. 따라서 위치에너지 변화량은

$$\Delta P_E = \rho\Delta Vg(y_2 - y_1)$$

이 된다.

전체적인 에너지 변화량(일)과 내부적인 운동 및 위치 에너지를 조합하면

$$(P_1 - P_2)\Delta V = \frac{1}{2}\rho\Delta V(u_2^2 - u_1^2) + \rho\Delta Vg(y_2 - y_1)$$

또는

$$(P_1 - P_2) = \frac{1}{2}\rho(u_2^2 - u_1^2) + \rho g(y_2 - y_1)$$

가 된다. 이를 다시 정리하면

$$P_1 + \rho g y_1 + \frac{1}{2}\rho u_1^2 = P_2 + \rho g y_2 + \frac{1}{2}\rho u_2^2$$

또는

$$\frac{P_1}{\rho} + g y_1 + \frac{1}{2}u_1^2 = \frac{P_2}{\rho} + g y_2 + \frac{1}{2}u_2^2$$

가 된다. 이를 좀 더 일반적인 형태로 표현하면

$$\frac{P_1}{\rho} + gy + \frac{1}{2}u^2 = \text{constant}$$

가 되며 이 식을 유체 흐름에 있어 에너지 수지식인 Bernoulli 방정식이라고 한다.

Ex. 1) 집으로 공급되는 물이 내경 2 cm인 pipe를 통하여 4×10^5 Pa (약 4기압)으로 유입되고 있다. 이 물을 내경 1 cm pipe를 통하여 5 m 높이에 있는 욕실로 공급하고자 한다. 집으로 유입되는 물의 속도가 4 m/s일 때 욕실에 공급되는 물의 속도와 압력을 구하라.

3.3 Bernoulli 식의 응용

지배 방정식 : $\dfrac{P_1}{\rho} + gy_1 + \dfrac{1}{2}u_1^2 = \dfrac{P_2}{\rho} + gy_2 + \dfrac{1}{2}u_2^2$

1) 유체 정역학 ; 깊이에 따른 유체의 압력 변화

그림 3.7과 같이 정지하고 있는 유체를 고려하여보자. 이 경우 모든 유체의 속도는 없는 상태, 즉 $u_1 = u_2 = 0$인 상태이다. 따라서

$$\frac{P_1}{\rho} + gy_1 = \frac{P_2}{\rho} + gy_2$$

가 되고 이를 정리하면

$$P_1 - P_2 = \rho g(y_2 - y_1) = \rho g h$$

가 된다.

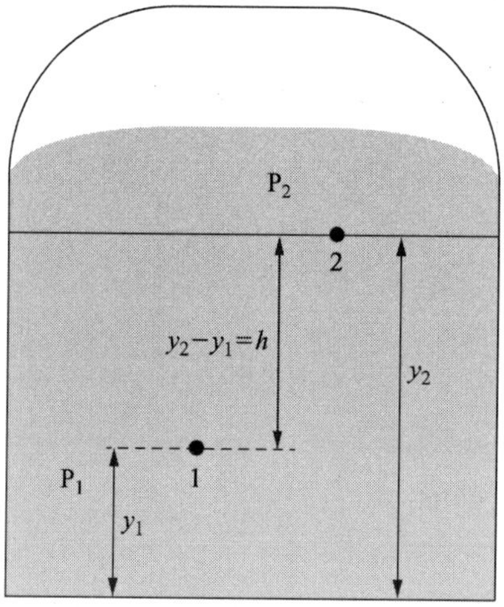

그림 3.7 물의 깊이와 압력

2) 유체 유출속도(speed of efflux)

그림 3.8과 같이 단면적이 A_1이고 밀도가 ρ인 액체가 h 높이만큼 차있는 tank를 생각해 보자. Tank의 액상 상부의 공기압은 P이고 액상은 단면적이 A_2인 orifice를 통하여 유출되고 있고 상층부 수면에서의 속도를 u_1, orifice를 통하여 유출되는 속도를 u_2라고 하자. 또한 point 2에서의 압력은 대기 중으로 배출되기 때문에 대기압인 Pa라고 할 수 있다. Point 1을 기준점으로 하여 point 1과 2에 대하여 Bernoulli 방정식을 적용하면

$$\frac{P}{\rho} + gh + \frac{1}{2}u_1^2 = \frac{P_a}{\rho} + \frac{1}{2}u_2^2$$

또는

$$u_2^2 = u_1^2 + 2\frac{P - P_a}{\rho} + 2gh$$

가 된다. 만약 위 그림에서 tank가 open 되어 있다면(대기에 open 되어 있다면)

$$P = P_a \text{ 그러므로 } P - P_a = 0$$

또한 위 그림에서 볼 수 있듯이 $A_1 \gg A_2$이다. 따라서 연속방정식(continuity equation)에 의하여 $u_1^2 \ll u_2^2$이 된다. 즉 u_1^2은 u_2^2에 비하여 매우 작기 때문에 무시할 정도가 되면

$$u_2 = \sqrt{2gh}$$

가 되고 이를 유체의 Torricelli의 유출속도라 한다.

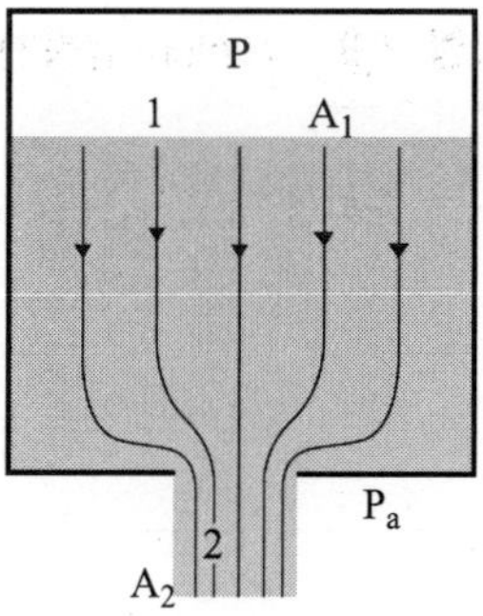

그림 3.8 물 높이에 따른 유출 속도

3) Rocket 추진

위 유출속도 그림에서 tank 내에는 고압의 gas로만 채워져 있는 것으로 가정하자. 이때도 역시 $A_1 \gg A_2$이기 때문에 $u_1^2 \ll u_2^2$이 되어 u_1^2은 무시할 정도가 된다. 따라서

$$u_2^2 = 2\frac{P - P_a}{\rho} + 2gh$$

가 된다. 하지만 rocket에서 $2gh$ 항은 압력 항에 비하면 상당히 작아 무시할 정도가 되어

$$u_2 = \sqrt{2(P - P_a)/\rho}$$

가 되고 이것이 rocket 추진에 필요한 연료(gas)의 유출 속도이다.

4) Venturi 유량계

그림 3.9는 유량을 측정하기 위하여 산업적으로 보편적으로 사용되는 Venturi 유량계를 나타낸 것이다. 수평으로 설치된 Venturi 유량계에 Bernoulli 식을 적용하면

$$\frac{P_1}{\rho} + \frac{1}{2}u_1^2 = \frac{P_2}{\rho} + \frac{1}{2}u_2^2$$

가 된다.

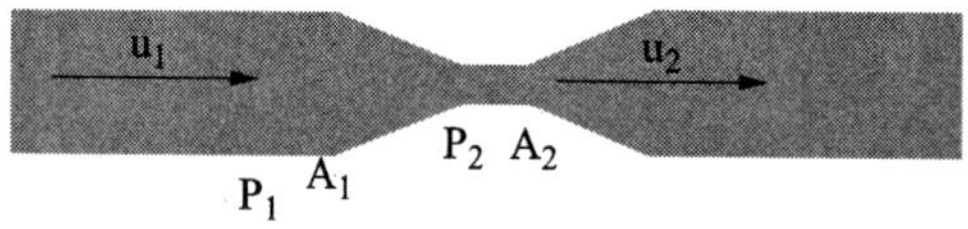

그림 3.9 Venturi 유량계

Ex. 1) 그림 3.9에서 pipe를 흐르는 유체의 속도 u_1을 구하라.

04 반응속도와 반응차수

Reaction rate & Reaction order

속도(또는 rate)라는 단어는 여러 가지 의미를 갖는다. 차를 운행할 때 이의 속도는 일정 시간 동안 주행한 거리라는 것은 익히 잘 알고 있다. 또는 욕조에 물이 채워질 때의 속도는 L/min 등으로 생각할 수 있을 것이다. 모든 경우에 있어서 속도(rate)란 단위 시간 동안의 고려하고 있는 물리량의 변화이다. 화학반응(미생물 반응 포함)에 있어, 반응속도(rate of reaction)는 화학반응 중에 한 물질의 농도가 얼마나 빨리 변화하는지를 표현한 것이다. 즉, 화학반응에 있어 일정 시간동안 한 물질의 생성 또는 소멸되는 양을 농도로 표현한 것이다. 시간 간격 Δt 동안의 평균반응속도(average rate)는 이때의 농도 변화 ΔC를 시간 간격 Δt로 나누어주면 된다. 즉,

$$\text{average reaction rate } r = \frac{\Delta C}{\Delta t}$$

화학반응에 있어 반응속도 r의 단위 보통 mol/l s의 단위를 갖는다.

Ex. 1) 보통 화학반응은 반응하고자 하는 분자 간의 충돌로 인해 반응이 일어난다. 화학반응에 있어 어떤 물질은 상당히 빨리 반응하고 어떤 물질들은 그 반응속도가 상당히 늦다. 반응속도에 영향을 주는 인자들 5개를 들고 그 이유를 설명하라.

① 반응물의 성질(nature of reactants)
② 농도(concentration)
③ 온도(temperature)
④ 촉매(catalyst)
⑤ 반응 표면적(surface area)

반응 차수(reaction order)란 말 그대로 반응이 진행되는 속도에 관련된 것으로 반응물의 농도와 어떠한 관련이 있는지를 말하여 준다. 여기에서 논의할 반응은 비가역(irreversible) 반응이며 동일한 상(phase)에서 반응물과 생성물이 편중됨이 없이 고르게 분산된 형태로 존재한다고 가정한다. 비가역 반응에서는 역반응이 없기 때문에 반응물의 대부분이 생성물로 전환하게 된다. 비가역 반응에서는 화학 양론적(stoichiometric)인 양의 반응물 거의 모두가 생성물로 전환하게 된다. 수처리 공학에 있어서의 거의 모든 반응은 비가역적인 반응이라 가정하여도 무방하다.

A (반응물) + B (반응물) → C (생성물)인 반응에서 C의 생성속도 r은 다음과 같이 표현할 수 있다.

$$r\,(\text{mol/L s}) = k[\text{A}]^m\,[\text{B}]^n$$

여기서, m : 반응물 A의 반응차수
n : 반응물 B의 반응차수
$m+n$: 반응전체의 반응차수
k : 속도 상수(rate constant)

4.1 반응차수의 결정

화학반응에 있어 반응차수는 이론적으로 구해지는 것이 아니고 여러 번의 실험을 거쳐야만 결정할 수 있다. 다음 examples들은 단계적으로 반응차수를 결정하는 방법들을 알려준다.

Ex. 1) A + B → C 반응에 있어 다음과 같은 실험을 통하여 초기 반응속도(initial rate)를 측정하였다. 이 실험 data를 사용하여 다음을 구하라.

Experiment number	[A] (M)	[B] (M)	Initial rate (M/s)
1	0.100	0.100	4.0×10^{-3}
2	0.100	0.200	4.0×10^{-3}
3	0.200	0.100	16.0×10^{-3}

(a) 각 반응물의 반응 차수
(b) 속도 상수 k값과 단위
(c) [A] = 0.050 M과 [B] = 0.100 M일 때 반응속도

Ex. 2) A + 2B → products로 되는 반응에서 다음과 같은 결과를 얻었다. 각 반응물에 대한 반응차수와 속도상수를 구하라.

Experiment	$[A]_\ell$/M	$[B]_\ell$/M	Initial rate (Ms^{-1})
1	0.100	0.100	4.00×10^{-8}
2	0.100	0.200	4.00×10^{-8}
3	0.400	0.100	6.40×10^{-7}

Ex. 3) 어떤 반응이 $[H^+]$ 의존성이 있는 것을 확인하였다. $[H^+]$에 따라 반응속도가 다음과 같이 변화할 때 다음을 구하라.

$[H^+]$ (M)	0.0500	0.100	0.200
Initial rate (M/s)	6.4×10^{-7}	3.2×10^{-7}	1.6×10^{-7}

(a) $[H^+]$에 대한 반응 차수
(b) $[H^+]$ = 0.400 M일 때 속도

4.2 반응차수의 해석

보통 환경 분야의 수 처리에 수반되는 화학반응(미생물 반응 포함)의 반응차수는 0, 1 및 2차 반응인 경우가 많다.

4.2.1 0차 반응(Zero-order reaction)

반응이 반응물 또는 생성물의 농도에 전혀 무관하게 진행되는 것을 0차 반응이라고 하며, 이 경우에는 반응물 농도의 감소가 시간에 따라 비례하게 된다. 다음과 같이 하나의 반응물이 하나의 생성물로 전환되는 반응을 고려해보자.

A (반응물) → B (생성물)

반응물 A의 농도를 C로 표시하면 A가 시간에 따라 감소하는 속도는 다음과 같은 식으로 표현할 수 있다.

$$-\frac{dc}{dt} = k = -r$$

여기서, $\frac{dc}{dt} = r$: 시간에 따른 A 농도의 변화(mol/L s)

k : 속도 상수(mol/L s)

이 식을 적분 가능하도록 정리하면

$$\int_{C_o}^{C} dC = -k\int_{0}^{t} dt$$

여기서, C : 시간 t 에서의 A의 농도(mol/L)

C_o : 반응 시작의 A의 농도(mol/L)

t : 시간(s)

이 식을 적분하면

$$[C]_{Co}^{C} = -kt \quad \text{또는} \quad C - C_o = -kt$$

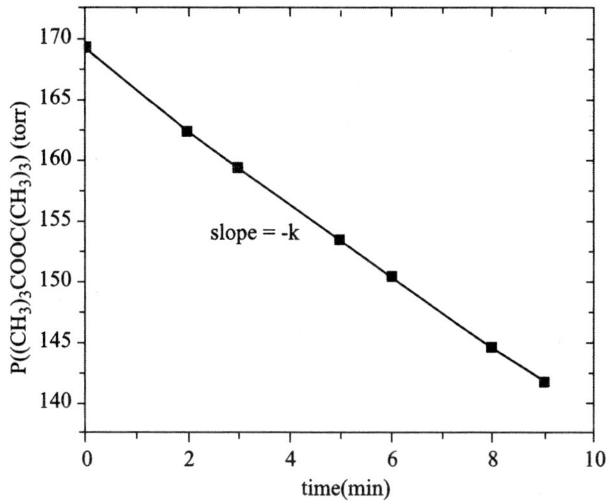

반응 : $(CH_3)_3COOC(CH_3)_3(g) \rightarrow 2(CH_3)_2CO(g) + C_2H_6(g)$

그림 4.1 0차 반응에서 시간에 따른 반응물의 농도

이를 다시 정리하면

$$C = C_o - kt$$

위 식은 $y = b + mx$ 로 표현되는 직선의 방정식 형태이다. 따라서 위 식을 graph로 그리면 그림 4.1과 같은 직선이 형성되는 것을 알 수 있다. 만약 반응물의 data를 graph로 나타내었을 때 직선이 형성되면 이는 0차 반응이라는 것을 알 수 있고, 그 기울기는 반응속도 상수 k가 된다.

4.2.2 1차 반응(1st order reaction)

반응속도가 하나의 반응물의 농도에 비례할 경우 이를 1차 반응이라고 한다. 다시 하나의 반응물이 하나의 생성물로 전환되는 경우를 생각해보자. 시간에 따른 반응물의 A의 농도를 C라고 하면 시간에 따라 A가 소멸되는 것은 다음과 같이 나타낼 수 있다.

$$-\frac{dc}{dt} = kC = -r$$

여기서, $\frac{dc}{dt} = r$: 시간에 따른 A 농도의 변화(mol/L s)

k : 속도 상수(L/s)

C : A의 농도(mol/L)

위 식을 적분할 수 있도록 다시 정리하면

$$\int_{C_o}^{C} \frac{dC}{C} = -k \int_{0}^{t} dt$$

이를 정적분 하면

$$\ln[C]_{Co}^{C} = -kt$$

$$\ln C - \ln C_o = -kt$$

이 식을 다시 정리하면

$$\ln C = \ln C_o - kt$$

위 식을 log graph에 그리게 되면 역시 $y = b + mx$ 형태의 직선을 얻을 수 있다. 이러한 graph의 전형적인 예를 그림 4.2에 나타내었다.

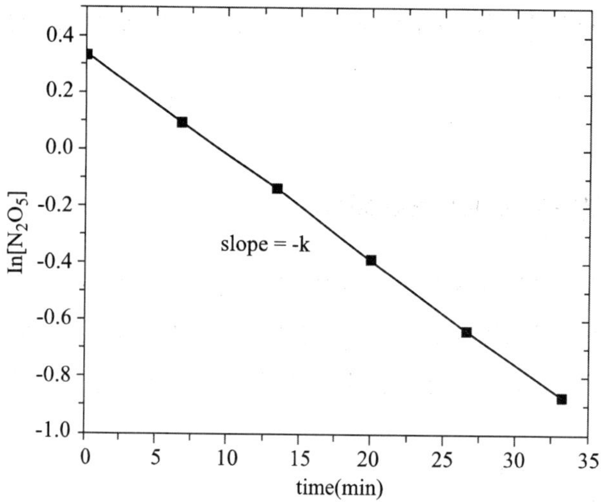

반응 : $2N_2O_5(g) \rightarrow 4NO_2(g) + O_2(g)$

그림 4.2 1차 반응에서 시간에 따른 반응물의 농도

위 식은 또한 다음과 같이 나타낼 수 있다.

$$\frac{C}{C_o} = e^{-kt}$$

4.2.3 2차 반응(2nd order reaction)

반응물이 생성물로 전환될 때 반응물의 제곱에 비례하는 경우가 있다. 이러한 형태의 반응을 2차 반응이라고 한다. 다시 하나의 반응물이 하나의 생성물로 전환되는 다음과 같은 경우를 생각해보자.

2A (반응물) → P (생성물)

시간 t에 따른 A의 농도를 C라고 표현할 때 A의 소멸 속도는 2차 반응의 경우 다음과 같이 표현된다.

$$-\frac{dc}{dt} = kC^2 = -r$$

여기서, $\frac{dc}{dt} = r$: 시간에 따른 A 농도의 변화(mol/L s)

k : 속도 상수(L/mol s)

C : A의 농도(mol/L)

식을 적분하면 다음과 같은 결과를 얻을 수 있다.

$$\frac{1}{C} = \frac{1}{C_o} + kt$$

x축을 t로 하고 y축을 $1/C$로 했을 때 이것 역시 $y = b + mx$ 형태의 직선이 얻어지게 되고 그 예를 그림 4.3에 나타내었다.

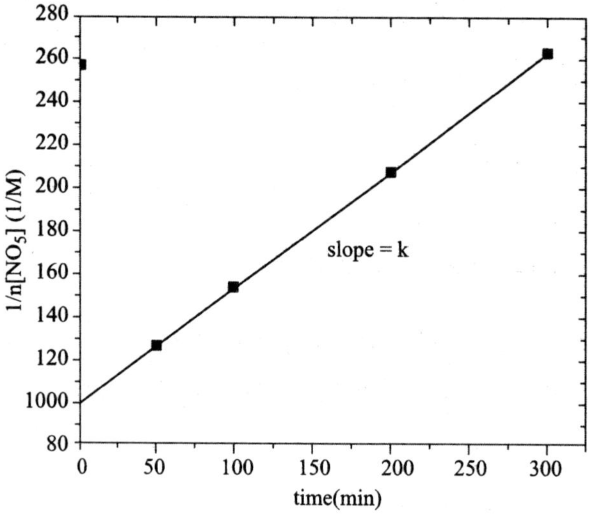

반응 : $2NO_2(g) \rightarrow 2NO(g) + O_2(g)$

그림 4.3 2차 반응에서 시간에 따른 반응물의 농도

다음은 반응차수의 결정 및 반응속도에 영향을 주는 인자에 관한 실험을 나타내었다.

4.3 반응차수의 결정

반응차수를 결정하기 위하여 다음과 같은 반응을 고려하기로 한다.

$$NH_4^+(aq) + NO_2^-(aq) \rightarrow N_2(g) + 2H_2O(l)$$

이의 반응 속도식은

$$r = k[NO_2^-]^m\,[NH_4^+]^n$$

으로 나타낼 수 있으며 반응속도식 중 m 및 n을 구하기 위하여 실험을 수행하여 다음과 같은 결과를 얻었다.

실험	초기 NO_2^- 농도(M)	초기 NH_4^+ 농도(M)	초기 반응속도(M/s)
1	0.01	0.20	5.4×10^{-7}
2	0.02	0.20	10.8×10^{-7}
3	0.04	0.20	21.5×10^{-7}
4	0.06	0.20	32.3×10^{-7}
5	0.20	0.0202	10.8×10^{-7}
6	0.20	0.0404	21.6×10^{-7}
7	0.20	0.0606	32.4×10^{-7}
8	0.20	0.0808	43.3×10^{-7}

Ex. 1) 위 결과에서 1~4번 실험과 5~8과의 특징 및 차이점은?

Ex. 2) 위 결과에서 1~4번 실험결과를 통하여 m, 즉 $[NO_2^-]$의 반응차수를 구하라.

Ex. 3) 위 결과에서 5~8번 실험결과를 통하여 m, 즉 $[NH_4^+]$의 반응차수를 구하라.

Ex. 4) 속도 상수 k 값을 구하라.
Answer : 2.7×10^{-4} L/mol s

Ex. 5) $[NH_4^+]$ = 0.1 M, $[NO_2^-]$ = 0.1 M일 때의 반응속도는?
Answer : 2.7×10^{-6} Lmol /L s

4.4 반응차수에 따른 반응속도 계산

A (반응물) → product (생성물)인 반응에 있어 A의 농도 $[A] = C$라 하고 초기 A의 농도를 C_0라고 할 때 다음과 같은 식이 성립된다. 여기서, C_t는 시간 t일 때의 A의 농도이다.

구분	속도식	농도, 시간 관계식
0차 반응	$r = kC^0 = k$	$C_t = C_o - kt$
1차 반응	$r = kC$	$\ln C_t = \ln C_o - kt$
2차 반응	$r = kC^2$	$\frac{1}{C_t} = \frac{1}{C_o} + kt$

Ex. 1) 농도가 C인 기질을 제거하기 위하여 반응기를 설계하고자 한다. 초기 농도의 90%를 제거하기 위하여 다음 조건에서 요구되는 회분식(batch) 반응기의 체류 시간은? 단, 속도 상수의 수치는 모두 0.35로 가정한다.

① 이 반응이 0차 반응인 경우($k = 0.35$ mol/L hr, $C_0 = 1$ mol/L)

② 이 반응이 1차 반응인 경우($k = 0.35$ hr^{-1})

③ 이 반응이 2차 반응인 경우($k = 0.35$ L/mol hr, $C_0 = 1$ mol/L)

Ex. 2) 특정 수질오염물질의 농도가 300 mg/L이고 이 오염물질의 반감기(농도가 반으로 줄어드는데 소요 시간)가 10 days일 때 1차 반응인 경우 3일 후 오염물질의 농도는?

Ex. 3) $2N_2O_5 \rightarrow 4NO_2 + O_2$인 반응이 있다. 이 반응은 N_2O_5에 대하여 1차 반응이며 k 값이 6.82×10^{-3} s^{-1}일 때 다음을 구하라.

(a) 초기 N_2O_5를 500 mL 부피에 0.5 mol을 넣어 반응시켰을 때 3분 후 남아있는 N_2O_5의 양은?

(b) 반응기에 N_2O_5가 0.1 mol이 될 때까지 소요되는 시간은?

Ex. 4) 어느 반응이 2차 반응이며 반응물이 50% 줄어드는데 450 min.이 소요되었다. 초기 농도가 1.35 M일 때 k는?

Ex. 5) 반감기가 5일인 1차 반응에 따르는 물질이 95% 소모되는 시간(days)은?

Ex. 6) 세균 수 1000마리/mL인 물을 염소 소독한 결과 80%를 사멸하는데 10 min이 소모되었다. 35분 소독 후 남아 있는 세균의 수는? (소독 공정은 1차 반응에 따른다. : Chick's law)

Ex. 7) 정상상태로 운전되는 Continuous Stirred Tank Reactor (CSTR)에 유입되는 유량(Q)이 1 m^3/hr, 유입 오염물질 농도가 100 mg/L이며 1차 반응에 의하여 반응 후 반응기를 통과한 오염물질의 농도를 20 mg/L로 유지하기 위한 반응기의 부피는? (속도 상수 0.5 hr^{-1})

4.5 반응속도에 영향을 주는 인자 : 농도

이 실험에서는 반응물의 농도가 반응속도에 어떠한 영향을 주는 지에 대해서 알아보고자 한다. 이 실험에서 사용할 반응물로는 다음 두 가지 solution (용액)이 사용된다.

- solution A : KIO_3 [potassium iodate]용액(IO_3^- source)
- solution B : HSO_3^-와 전분(starch)

반응은 다음과 같이 두 step으로 진행된다.

- initial step

  $IO_3^- + 3HSO_3^- \rightarrow I^- + 3SO_4^{2-} + 3H^+$

- second step (이 반응은 HSO_3^-가 거의 소진되었을 때 일어난다)

  $5I^- + IO_3^- + 6H^+ \rightarrow 3I_2 + 3H_2O$

위 두 번째 반응에서 생성된 iodine (I_2)은 전분 존재 시에 파란색으로 변한다. 용액이 파란색으로 변했다고 하는 것은 거의 모든 HSO_3^-가 거의 소진되었다는 것을 나타낸다.

실험방법 1 다음과 같은 두 가지 solution을 제조한다.

① solution A : 2 g의 KIO_3 (potassium iodate) 1000 mL 물에 녹인다.

② solution B : 0.4 g의 sodium bisulfite, 1 M 황산 5 mL, 4 g의 전분을 물에 녹여 1000 mL가 되게 한다.

* solution B 제조법 : 적당량의 물(약 50 mL)로 전분 slurry를 만든다. 그 후 이 slurry에 끓는 물 900 mL를 부어 교반해준다. 이후 용액이 투명해지면 방냉하고 여기에 sodium bisulfite와 황산을 넣어주어 물로 1000 mL를 맞추어 준다.

실험방법 2 반응은 각기 다른 KIO_3 (solution A) 농도로 5번 수행할 것이다. 각각의 반응 실험에 사용될 반응물의 농도는 다음과 같다.

실험 No.	solution B (mL)	Wate r(mL)	Solution A (mL)	Total (mL)
1	30	10	60	100
2	30	20	50	100
3	30	30	40	100
4	30	40	30	100
5	30	50	20	100

위 표에서 보면 알 수 있듯이 각 반응의 부피는 100 mL로 일정하지만 KIO_3 (solution A) 농도는 점차로 줄어든다.

실험방법 3 Cylinder를 사용하여 solution B와 물을 No.1 실험에 맞게 준비 한 후 자석 교반기에 올려진 250 mL beaker에 넣은 후 교반을 시작한다. 그 후 다른 cylinder를 사용하여 No.1 실험에 맞게 solution A를 준비하고, 순간적으로 beaker에 넣어준 직 후 초시계를 사용하여 시간을 재기 시작한다.

실험방법 4 용액을 완전히 넣어준 직후부터 반응액이 파랗게 변할 때까지 시간을 측정한다.

실험방법 5 이와 같은 방법으로 No. 2~5의 반응을 반복한다.

개념 문제

1. 위 실험에서 각 반응마다 전체 부피를 일정하게 한 이유를 설명하라.

2. 다음 표를 작성하라.

실험 No.	A의 mole (mol)	전체부피 (mL)	A의 농도 (mol/L)	반응시간 (sec)	반응시간역수 (1/t) (1/sec)	반응속도 (mol/L s)
1		100				
2		100				
3		100				
4		100				
5		100				

* KIO_3 [potassium iodate]의 분자량 : 214.02 g/mol

3. 위 표에서 A의 농도를 X축으로 하고 반응시간을 Y축으로 하여 graph를 작성하라.

4. 위 표에서 A의 농도를 X축으로 하고 반응속도를 Y축으로 하여 graph를 작성하라.

5. 이상으로 얻은 결론을 간략하게 기술하라.

PART 02

폐수

05 폐수 특성

Wastewater characterization

5.1 폐수

5.1.1 폐수 발생원

인간의 활동으로 인하여 발생되는 폐기물 중 상당부분을 차지하는 것이 폐수이며 폐수의 양과 오염정도는 아주 많은 요인에 의하여 영향을 받는다. 보통 폐수는 가정, 회사 및 공공기관 등에서 배출되는 폐수(하수)와 공장 등에서 발생하는 산업폐수로 구분된다. 폐수 발생원별로 좀 더 세분화하면 표 5.1과 같다.

표 5.1 폐수 발생원

폐수 발생원
가정 생활하수(Domestic wastewater)
회사, 기관 등의 하수(Wastewater from institution)
산업 폐수(Industrial wastewater)
하수관 유입수(Infiltration into sewers)
우수(Stormwater)
침출수(Leachate)

국내 폐수 총 발생량은 2014년 기준 16,256,450 m^3/day이며 산업폐수는 2013년 기준 5,229,000 m^3/day[2] 정도이다. 이 중 최근 몇 년간의 산업폐수 발생동향을 그림 5.1에 나타내었다.

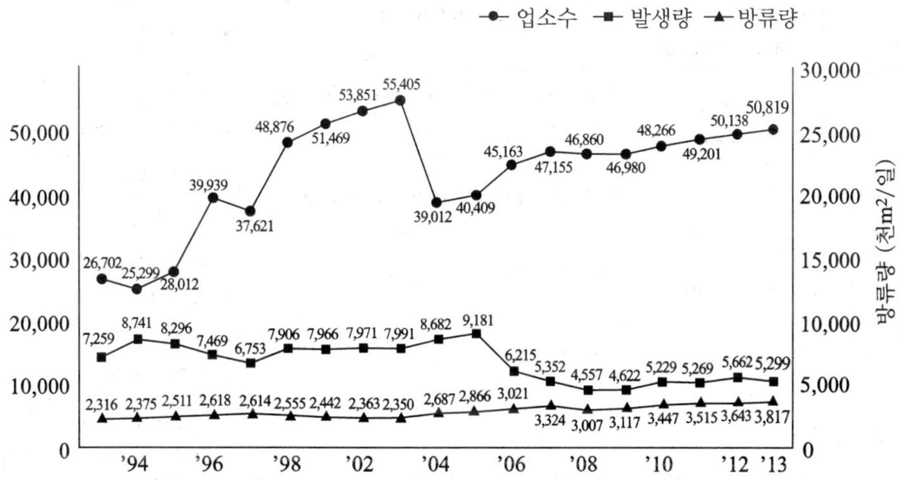

자료 출처 : 1) 2014 하수도 통계, 환경부
2) 2015 환경통계 연감, 환경부
3) 산업폐수의 발생과 처리, 환경부

그림 5.1 국내 폐수 발생량

5.1.2 폐수 구성성분

폐수를 구성하고 있는 성분들을 몇 가지 범주로 나타내어 표 5.2에 나타내었다. 폐수를 구성하고 있는 성분들은 발생원, 발생량, 발생장소 등에 따라 상당한 편차를 보일 수 있다.

표 5.2 폐수 구성성분

폐수 내 구성성분		주요 물질	영향
미생물(microorganism)		bacteria, virus, protozoa, pathogen	• 식중독 등
유기물 (organics)	분해성 유기물 (biodegradable oranic materials)	carbohydrate, protein, fat	• 물속 산소 고갈 • 냄새 유발
	기타 유기물	detergents, pesticide, oil and grease, solvent	• 독성물질 • 먹이사슬 생물학적 축적
영양소(nutrients)		nitrogen, phosphorous, ammonium	• 부영양화 • 산소고갈
무기물 (inorganics)	중금속 (heavy metal)	Hg, Pb, Cd, Cr, Cu, Ni	• 독성물질 • 먹이사슬 생물학적 축적
	기타 무기물	acid & base	• 부식 • 수생태계 파괴
열(thermal effect)			• 산소농도 변화 • 수중 미생물 활동변화
냄새(맛) (ordor & taste)		H_2S	• 독성 효과

06 오염물질 분석

Wastewater characterization

6.1 고형물질(solids)

물속에 포함된 고형물질을 표현하는 방법 및 용어는 다양하며 다음과 같이 정의할 수 있다.

- TSS = Total Suspended Solids
  = 1.58 μm 유리 섬유에 걸러진 고형물질 질량(mg/L)
- VSS = Volatile Suspended Solids
  = TSS를 500℃로 연소 시 증발된 고형물질 질량(mg/L)
- FSS = Fixed Suspended Solids
  = TSS를 500℃로 연소 후 잔류량(mg/L)
- TSS = VSS + FSS
- TS = Total Solids
  = 물 증발시킨 후, 104℃에서 건조 후 잔류하는 고형물질 질량(mg/L)
- TDS = Total Dissolved Solids
  = glass fiber filter를 통과한 액상을 증발시킨 후, 104℃에서 건조 후 잔류하는 고형눌질 질량(mg/L)
- TS = TSS + TDS

그림 6.1 SS 측정 시험 장비

Ex. 1) 다음 실험결과로부터 TS, TSS, VSS, FSS 및 TDS를 mg/L로 구하라. 매 실험 시 시료의 양은 50 mL이다.

- 빈 증발접시 질량 = 53.5433 g
- 105℃로 증발 후 증발접시 + 잔류물 = 53.5793 g
- GF/C filter 질량 = 1.5433 g
- 여과 후 105℃로 건조된 GF/C filter + 잔류물 = 1.5553 g
- 건조된 GF/C filter + 잔류물을 550℃로 연소 후 남은 잔류물 = 1.5531 g

6.2 Biochemical Oxygen Demand (BOD)

6.2.1 기본 개념

Ex. 1) 다음을 정의하라.

① 유기물(organics)

② 무기물(inorganics)

Ex. 2) 다음을 조사하라.

① aerobic bacteria (호기성 bacteria)

② 호기성 bacteria의 new cell growth (세포증식)을 나타내는 개략적 화학식

수중 생물에게 필요한 산소는 용존산소(Dissolved Oxygen, DO) 형태로 존재한다. Gas 상태의 산소는 대기(atmosphere)로부터 aeration 또는 diffusion (확산)을 통하여 그리고 수중에서 수생식물 또는 조류(algae)의 광합성(photosynthesis)에 의하여 하전에 전달된다. 하천 내 동물들과 일부 식물들은 에너지 재생을 위한 호흡(respiration)에서 산소를 소모한다. 건강한 하천에서는 수생 생물들에 의하여 소비되는 산소 소모속도보다 보충되는 산소 흡수속도가 더 빠르다. 어떤 하천에서는 호기성 bacteria들이 많은 양의 유기물질들을 분해하는데 산소가 많이 소모되어 산소의 소모속도가 보충속도(흡수속도)보다 빠르게 된다. 이 결과 줄어든 용존산소 양을 생물화학적 산소 요구량(Biochemical Oxygen Demand, BOD)이라 한다.

비가 오면 토양에 있던 유기물질들이 빗물에 의하여 하천 또는 강으로 유입된다. 또한 수생생물들이 죽을 경우 하천에 추가적인 유기물들이 축적된다. 이후 bacteria 또는 기타 미생물(microorganism)들이 이러한 유기물을 분해하게 된다. 건강한 하천의 경우 이러한 유입 또는 축적이 용존 산소 level에 큰 영향을 주지는 못한다. 한편 유기물 분해과정에서 생성되는 nitrate(NO_3^-) 또는 phosphate(PO_3^-)와 같은 영양염류 성분은 조류 또는 수생식물의 생장을 촉진시킨다. 분해되는 유기물 양이 너무 많은 경우 용존산소의 level은 심각하게 내려간다. 아주 분해되는 유기물이 많은 경우 용존산소의 양은 90%까지 감소할 수 있다. 이런 경우 BOD가 상당히 높은 수치를 나타내고 상류에 분해 유기물양이 비교적 적은 곳에서는 포화 용존산소 농도에 비하여 10～20% 감소하는데 이런 경우 BOD가 낮게 나타난다.

등급	매우좋음	좋음	약간좋음	보통	약간나쁨	나쁨	매우나쁨
	Ia	Ib	II	III	IV	V	VI
상태 (캐릭터)						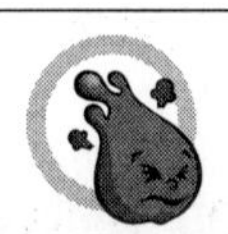	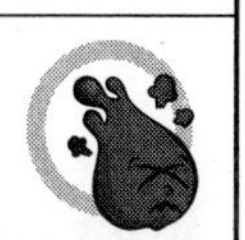
기준	1 이하	2 이하	3 이하	5 이하	8 이하	10 이하	10 초과

그림 6.2 생물화학적 산소 요구량(BOD) (mg/L)

6.2.2 BOD 개요 및 측정

공장 폐수를 제외한 폐수 및 하수의 유기물 성분은 탄수화물, 단백질 및 지방이 대부분이다. 이러한 유기물은 대부분 C, H로 구성되어 있으며 소량의 O와 N이 포함되어 있다. 물속에 용해된 이러한 유기물들이 수중 호기성 bacteria에 의하여 다음과 같이 분해된다.

$$\text{Organic matter (C, H, O, N)} \xrightarrow[\text{bacteria}]{\text{DO}} CO_2 + H_2O + NH_3 + \text{Energy}$$

이러한 분해과정에서 발생된 energy의 약 60% 이상은 미생물 증식에 필요한 energy원으로 사용된다.

Energy + Organics → New Cell Growth
↘ 호흡 & 운동

미생물의 유기물 소비에 따른 산소 소모량을 생물화학적 산소 요구량(BOD)이라 한다. BOD는 기밀 용기에 넣은 시료가 일정한 환경에서 일정 시간동안 소비한 산소량을 구하여 측정한다. 표준법에는 300 mL의 BOD 병을 사용하여 시료를 20℃에서 5일 동안 배양한다.

물 20℃에서 산소의 포화 농도는 약 9 mg/L이므로 이 이상의 산소를 소모하는 시료에 대해서는 산소가 포화된 물로 희석하여 측정해야만 한다. 희석된 시료의 BOD는 다음과 같이 계산한다.

$$BOD = \frac{DO_I - DO_F}{P}$$

여기서, DO_I와 DO_F는 각각 초기와 나중의 용존산소 농도(mg/L)이고 P는 300 mL 병에 있는 시료의 분율이다.

P = mL of wastewater sample / 300 mL

여러 가지 희석에 따른 BOD 범위는 다음 표 6.1과 같다.

표 6.1 BOD 희석배율

주입 폐수량(mL)	BOD 범위	주입 폐수량(mL)	BOD 범위
0.02	30,000～105,000	5	120～420
0.05	12,000～42,000	10	60～210
0.1	6,000～21,000	20	30～105
0.2	3,000～10,500	50	12～42
0.5	1,200～4,200	100	6～21
1	600～2,100	300	0～7
2	300～1,050		

Ex. 1) BOD 범위가 50~200 mg/L로 예상되는 폐수가 있다. 정확한 BOD 측정을 위하여 다음과 같은 3 set의 실험을 수행하여 초기 DO와 5일 20℃에서 배양 후 DO가 다음 표와 같이 측정되었다. 이 폐수의 BOD를 결정하라.

주입폐수 (mL)	DOI (mg/L)	DO_5 (mg/L)	산소소모량 (mg/L)	P	BOD (mg/L)
5	9.2	6.9			
10	9.1	4.4			
20	8.9	1.5			

6.2.3 BOD의 구분

1) C-BOD (Carbonaceous BOD, 1단계 BOD)

탄소화합물을 호기성 조건에서 미생물에 의하여 분해시키는데 필요한 산소량

$$\text{Carbohydrate} + O_2 \xrightarrow{\text{bacteria}} CO_2 + H_2O$$

$$\text{Protein} + O_2 \xrightarrow{\text{bacteria}} CO_2 + H_2O + NH_4^{+}$$

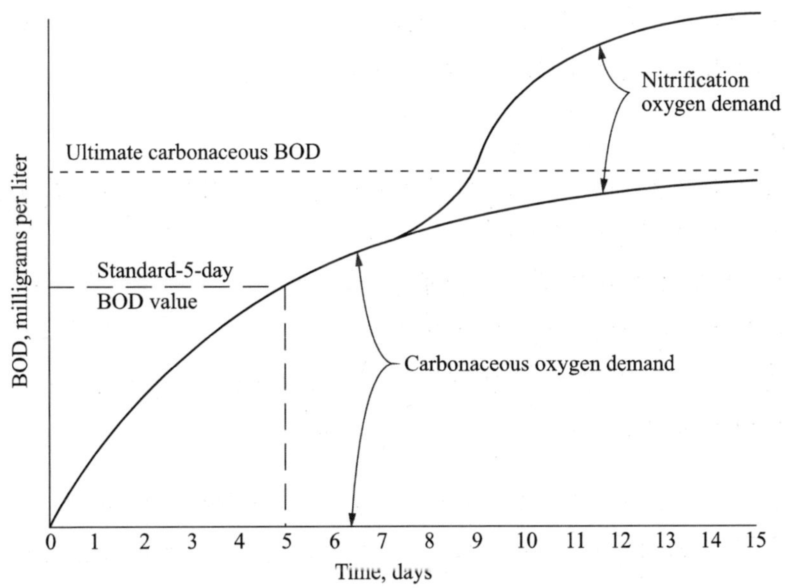

그림 6.3 Carbonaceous BOD와 Nitrogeneous BOD

2) N-BOD (Nitrogeneous BOD)

질소화합물을 호기성 조건에서 미생물에 의하여 분해시키는 데 필요한 산소량

$$2NH_4^+ + 3O_2 \xrightarrow{\text{Nitrosomonas}} 2NO_2^- + 2H_2O + 4H^+$$

$$2NO_2^- + O_2 \xrightarrow{\text{Nitrobacter}} 2NO_3^-$$

그림 6.3은 BOD병 내에서 일반적인 산소 소비 형태를 나타낸 것이다.

6.2.4 BOD의 예측

1) BOD 측정의 장 · 단점

BOD는 수질오염상태를 가장 잘 나타내는 지표로서 가장 보편적이고 신빙성 있는 자료로 활용된다. 이러한 BOD는 수질오염지표로 다음과 같은 장단점을 갖고 있다.

① 장점

- 생물학적으로 활성을 나타내는 물질이 안정화되는 속도에 관한 정보를 얻을 수 있다.
- 유기물질로 인한 수질 오염도, 생물학적 처리 대상의 농도, 호기성 처리 시 산소 요구량, 폐수처리 효율 등을 알 수 있다.

② 단점

- 배양기간 내 생물분해 가능한 유기물의 양만을 포함하므로 생물학적 분해 불가능한 물질 파악이 어렵다.
- 미생물의 질과 농도에 따라 BOD 값이 달라진다.
- 독성 물질에 의하여 영향을 받는다.
- 측정결과를 얻는데 오랜 시간이 소요된다(5 days).
- N-BOD 등으로 오차 가능성이 많다.

BOD_5는 단지 5일 동안의 산소 소비량을 나타낸다. 앞 그림에서 나타낸 것처럼 5일 동안에 모든 유기물이 분해되지는 않는다. 따라서 물속에 녹아있는 전체 유기물 또는 어느 시간 동안의 BOD는 다른 방법을 통하거나 예측하여야만 한다. 이를 수학적으로 구할 수 있는데

물에 녹아 있는 유기물의 양을 L이라고 표현하면 미생물에 의한 유기물 소비 속도는 유기물의 양에 비례한다. 이를 수학적으로 나타내면 다음과 같다.

$$\frac{dL}{dt} = -kL$$

여기서, L : 유기물의 양(mg/L)
k : 반응상수(day^{-1})

이 식을 정리하면 나타내면 다음과 같다.

$$\frac{dL}{L} = -k\,dt$$

따라서 위 식을 적분하면

$$\int_{L_O}^{L_t} \frac{dL}{L} = -k\int_0^t dt$$

$$\ln\frac{L_t}{L_O} = -kt$$

$$L_t = L_O\,e^{-kt}$$

이 식에서 L_O는 초기 유기물의 양(mg/L)이고 L_t는 시간 경과 후의 유기물 양(mg/L)을 나타낸다. $L_O - L_t$는 초기 유기물 양에서 일정시간 지난 후의 유기물 양을 빼준 것이다. 즉, 분해된 유기물의 양을 나타낸 것으로 이는 소모된 산소 양, 즉 이 시간 동안의 BOD를 나타낸다.

$$L_O - L_t = \mathrm{BOD_t}$$

$$\mathrm{BOD_t} = L_o - L_t = L_o - L_o\,e^{-kt} = L_O(1-e^{-kt})$$

여기서, $\mathrm{BOD_t}$는 일정시간 경과 후의 BOD이고 L_O는 도달할 수 있는 최고의 BOD, 즉 $\mathrm{BOD_u}$가 된다.

$$\mathrm{BOD_t} = \mathrm{BOD_u}(1 - \mathrm{e}^{-\mathrm{kt}})$$

Ex. 1) 폐수의 BOD_5는 20℃에서 150 mg/L이다. k값은 023/day로 알려져 있다. BOD_8은 얼마인가?

Ex. 2) 어느 폐수의 최종 BOD가 400 mg/L이며, k값이 0.2/day일 때 다음 물음에 답하시오.
① BOD_2는 얼마인가?
② BOD_5는 얼마인가?

Ex. 3) 5일 BOD가 243 mg/L이고 k가 0.2 day^{-1}인 폐수가 있다. 다음 각 물음에 답하시오.
① 최종 BOD (BOD_u)는 얼마인가?
② 최종 BOD의 99.9%에 도달하려면 며칠이 소요되겠는가?

Ex. 4) 어떤 하수의 BOD를 분석한 결과 20℃에서 2일 BOD는 120 mg/L, 4일 BOD는 160 mg/L 이었다. 다음 물음에 답하시오.
① k를 구하시오.
② BOD_5를 구하시오(단, mg/L).

6.3 Chemical Oxygen Demand (COD)

6.3.1 기본개념

Ex. 1) 다음을 정의하라
① 산화-환원 반응(oxidation-reduction reaction)
② 산화제(oxidant)

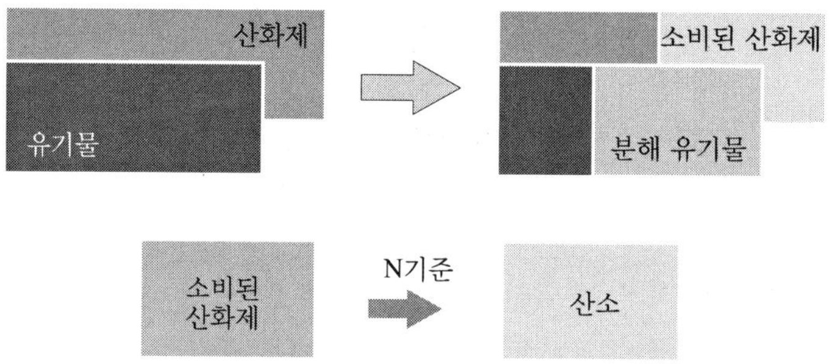

그림 6.4 COD 측정원리

화학적 산소 요구량(COD)은 산성인 조건에서 산화제인 permanganate (MnO_4^-) 또는 dichromate ($Cr_2O_7^{2-}$) ion이 sample 내 유기물 분해에 소비된 양을 측정하여 이에 대응되는(N 농도 기준)산소(O_2)의 양을 mg/L로 나타낸 것이다.

이러한 산화제를 이용한 실험실적 COD test는 실제 산소를 사용한 유기물 분해 산화반응[1])에 따르지 않기 때문에 화학양론적(stoichiometric) 이론값에 근거한 ThOD [2])와 같을 수는 없다.

표 6.2 ThOD, COD 및 BOD 관계(ThOD를 100으로 할 경우)

ThOD	100
COD_{cr}	80
COD_{Mn}	60
BOD_{20}	
N-BOD 포함	65
C-BOD	55
BOD_5	
N-BOD 포함	58
C-BOD	52

6.3.2 COD_{Mn} 측정

그림 6.5와 같이 시료를 산성(H_2SO_4) 조건에서 과망간산칼륨(potasium permanganate, $KMnO_4$) 용액을 넣어 30분간 끓인다. Pink 빛의 시료를 냉각 후 수산나트륨(sodium oxalate $Na_2C_2O_4$, 옥살산나트륨) 용액을 넣어 무색으로 변화시킨 후 다시 과망간산칼륨 용액으로 연한 pink 빛이 될 때까지 역적정하여 시료 내 수산나트륨의 사용량(=과망간산칼륨 사용량)을 산소로 환산한다. 이때 관여하는 반응은 다음과 같다.

---

1) 유기물 분해 산화반응 : organics (CHN) $+ xO_2 \rightarrow yCO_2 + zH_2O + pNH_3$
$x,\ y,\ z,\ p$ = 화학양론적 계수(stoichiometric coefficient)

2) Theoretical Oxygen Demand (ThOD) : 위 화학식에 따른 이론적 산소 요구량

① $2MnO_4^{-} + 5C_2O_4^{2-} + 16H^{+} \Leftrightarrow 12Mn^{2+} + 10CO_2 + 8H_2O$

② $2KMnO_4 + 3H_2SO_4 \rightarrow K_2SO_4 + 2MnSO_4 + 3H_2O + 5O$

$$\text{COD (mgO/L)} = (b-a) \times \frac{1,000}{V} \times 0.2$$

여기서, a : 공시험 적정에 소비된 0.025 N $KMnO_4$량(mL)

b : 시료의 적정에 소비된 0.025 N $KMnO_4$량(mL)

V : 시료의 양(mL)

(a) 공시험

증류수 100 mL ⇒ 300 mL flask

(b) 시료

시료 5 mL + 증류수 95 mL ⇒ 300 mL flask

⬇

H_2SO_4 (1+2) 10 mL 가함

⬇

5×10^{-3} M (0.025 N) $KMnO_4$ 10 mL 가함

⬇

수욕상(100℃)에서 30분간 가열(water bath 수면이 sample의 수면보다 높게)

⬇

0.0125 M (0.025 N) $Na_2C_2O_4$ 10 mL 가함(미홍색 → 무색)

⬇

60~80℃ 유지하면서 5×10^{-3} M (0.025 N) $KMnO_4$로 역적정(무색 → 미홍색)

그림 6.5 COD_{Mn} 측정방법

6.3.3 이론적 산소 요구량(Theoretical Oxygen Demand, ThOD)

이론적 산소 요구량은 주어진 유기물이 화학양론적으로 완전히 산화되는데 필요한 산소의 양이다. 이는 순전히 계산에 의하여 얻어지는 값으로 mg/L로 나타낸다. 폐수 내 유기물의 성분을 완전히 분석하였을 때 실질적으로 사용 가능하지만 실제의 경우 성분분석을 완벽하게 하기는 거의 불가능하다. 따라서 ThOD의 사용은 한정적이지만 BOD 및 COD의 참고자료로 사용된다.

6.3.4 ThOD의 계산

가장 간단한 예로 lactose (CH_2O)가 1,000 mg/L인 물의 ThOD는 다음과 같은 방법으로 구할 수 있다(물 1 L 기준).

① 해당물질과 산소와의 화학식을 구성한다.

$CH_2O + O_2 \rightarrow CO_2 + H_2O$

② 해당물질의 질량을 mol로 전환한다.

$$\frac{1\ \text{g}}{} \left| \frac{\text{mol}}{30\ \text{g}} \right. = 0.0333\ \text{mol}$$

③ 해당물질과 반응하는 산소를 mol로 구한다.

이 경우 1 : 1 반응이기 때문에 필요 산소는 0.0333 mol

④ mol로 구한 산소의 양을 질량으로 전환한다.

$$\frac{0.0333\ \text{mol}}{} \left| \frac{32\ \text{g}}{\text{mol}} \right| \frac{1000\ \text{mg}}{1\ \text{g}} = 1067\ \text{mg}$$

$\therefore$ ThOD = 1067 mg/L

Ex. 1) 다음 경우의 ThOD를 구하라.

① alcohol (C_2H_5OH)가 1000 mg/L 함유된 물(2087 mg/L)

② glucose ($C_6H_{12}O_6$) 150 mg/L 함유된 물 (160 mg/L)

③ glycine ($CH_2(NH_2)COOH$) 200 mg/L 함유된 물 (298.7 mg/L)

$C_2H_5NO_2 + \_\_O_2 \rightarrow \_\_CO_2 + \_\_H_2O + \_\_HNO_3$

6.4 영양염류(nutrients)

6.4.1 질소(nitrogen)

총 질소(total nitrogen)는 다음과 같이 질소 형태에 따라 4가지를 포함하고 있다.

① 유기성 질소(organic nitrogen) : 유기물의 형태로 존재하는 것으로 주로 단백질 (protein), 요소[urea, $CO(NH_2)_2$] 또는 이들의 분해된 형태이다. 주로 수생 생물의 사체 또는 배설물 등에서 기인한다.

② 암모니아성 질소(NH_3-N, ammonia nitrogen) : 물속에서 ammonia (NH_3) 또는 ammonium ion (NH_4^+) 형태로 존재하는 질소 화합물로, NH_3 또는 NH_4^+ 농도는 다음 반응식에 따라 pH에 의하여 결정된다.

$$NH_3 + H_2O \underset{\text{pH 7 이상}}{\overset{\text{pH 7 이하}}{\rightleftarrows}} NH_4^+ + OH^-$$

단백질 또는 요소 형태의 유기성 질소가 수중에 유입되면 bacteria의 분해에 의하여 암모니아성 질소 형태로 쉽게 변환이 된다.

③ 아질산성 질소(NO_2-N, nitrite nitrogen) : 유기물 분해로 생성된 암모니아성 질소는 호기성 조건에서 bacteria에 의하여 단계적으로 nitrite nitrogen (NO_2^-) 그리고 nitrate nitrogen (NO_3^-)로 산화된다.

$$2NH_4^+ + 3O_2 \xrightarrow{\text{Nitrosomonas}} 2NO_2^- + 2H_2O + 4H^+$$

④ 질산성 질소(NO_3-N, nitrite nitrogen) : nitrite nitrogen (NO_2^-)은 비교적 불안정한 물질로 다름과 같은 반응에 따라 쉽게 nitrate nitrogen (NO_3^-)로 산화된다.

$$2NO_2^- + O_2 \xrightarrow{\text{Nitrobacter}} 2NO_3^-$$

이러한 질소화합물의 연속적인 변환으로 여러 형태의 질소화합물의 농도는 폐수의 오염 후 경과시간(age)을 알 수 있는 지표(indicator)로 활용된다. 즉, 폐수에 암모니아성 질소 농도가 높은 경우 시간 경과가 오래 되지 않은 것을 나타내며 질산성 질소 농도가 높은 경우 폐수는 상당히 안정화 된 것을 알 수 있다.

6.4.2 인(phosphorus)

인은 질소와 마찬가지로 조류 및 생물 성장에 있어 필수적인 요소이다. 최근 녹조, 적조 등의 algal bloom 때문에 하수 및 폐수처리에 있어 인의 양을 조절하는 것이 초미의 관심사가 되고 있다.

물속에서 인은 다음과 같은 세 가지 형태로 존재한다.

① Orthophosphate : PO_4^{3-}, HPO_4^{2-}, $H_2PO_4^-$, H_3PO_4 등으로 이 형태로 생물의 대사 활동에 사용

② Polyphosphate : $Na_3(PO_3)_6$ 등으로 두 개 이상의 인 원자, 산소 등으로 구성된 화합물로 수중에서 비록 느리기는 하지만 orthophosphate로 변환된다.

③ Organic phosphate : 단백질 또는 이의 분해물에 결합하고 있는 인 화합물

Phosphate는 토양에 일부 포함되어 있으며 농업용 비료에 상당량이 포함되어 있다. 또한 phosphate는 동물의 배설물에도 존재하여 토양에 포함되어 있다. 비로 인하여 씻겨 나오는 것이 하천으로 유입되는 phosphate의 상당부분을 차지한다. 각 가정에서 배출되는 phosphate는 세제 또는 음식물에 포함되어 있다.

물속에서 phosphate는 사람에게 해를 끼칠 독성은 없지만 수생 생태계에는 큰 영향을 줄 수 있다.

PART 03

물리적 처리

07 예비 처리

Preliminary treatment

대부분의 폐수 처리 공정은 그림 7.1과 같이 예비처리, 1차 처리, 2차 처리 및 3차 처리 등으로 구성되어 있다. 이 중 예비 처리(preliminary treatment)와 침전(settling)이 주가 된 1차 처리를 보통 물리적 처리(physical treatment)라고 한다.

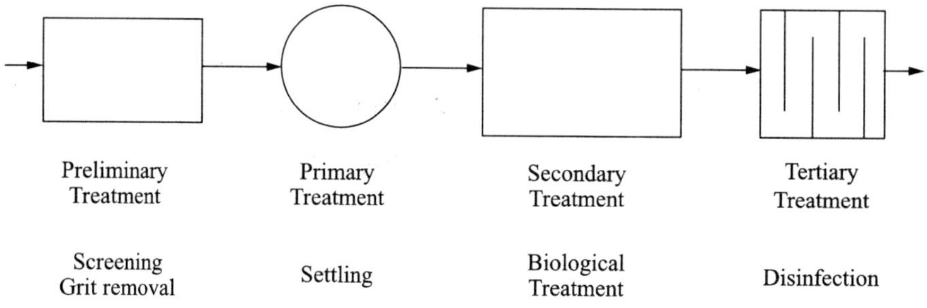

그림 7.1 수처리 공정

예비 처리는 물리적 처리를 포함하고 있으며 후속 공정의 물의 흐름을 원활하게 하여 전체공정의 효율을 높이는 역할을 한다. 수 처리에 있어 주된 예비 처리 공정은 다음과 같다.

① Screening

주로 coarse screen과 fine screen 공정으로 이루어져 있으며 기계적으로 작동하여 부유 또는 현탁되어 있는 섬유조각, plastic, 모래, 자갈 또는 금속 물질 등의 물질들을 제거하는 공정이다. 물에서 제거된 고형물질들은 추가적인 파쇄 및 분쇄 과정을 거쳐 처리된다.

② 침사(grit removal)

모래, 토사 등의 물질을 물의 흐름으로부터 제거하는 것으로 grit 세척 및 보관 시설도 포함되어 있는 공정이다. Grit의 제거는 후속 공정의 수로 등에서 모래 등이 축적되어 물의 흐림이 방해 받는 것을 방지해 주고 펌프 및 기타 고가의 기기에 유입되지 않도록 한다. 또한 고형물질 양이 줄어 sludge 탈수공정의 효율성도 높일 수 있다.

③ 기름 제거

유입 폐수에 기름성분(oil, grease 및 fat)이 많은 경우 부상(flotation) 및 skimming 공정을 통하여 제거하여야 한다. 기름 성분이 과도하게 후속 공정으로 유입될 경우 기름 성분들이 응집되어 scum을 형성하여 conveyor 또는 기계장치에 축적될 수 있기 때문에 제거 공정이 필요하다.

④ 유량조절

유입 폐수의 양, 유기물 및 영양염류 함량 및 기타 요인을 감안하여 공정에 유입되는 양 조절이 필요하다.

하수 또는 폐수에는 섬유조각, plastic, 모래, 자갈 또는 금속 물질 등이 관을 통하여 유입될 수 있다. 비록 폐수 전체에서 이러한 물질들이 차지하는 부분은 작더라도 후속 공정에 악영향을 줄 뿐 아니라 고가의 장비에 치명적인 문제를 야기하기 때문에 반드시 제거하여야 한다.

7.1 Screening

7.1.1 Screening 목적 및 특징

Screening은 폐수 내에 있는 현탁 또는 부유되어 있는 고형물질을 bar rack 또는 screen을 사용하여 흐름과 분리하는 공정이다. Screen의 간격(opening)이 작을수록 걸러지는 물질들이 많아지며 또한 많이 걸러질수록 유기성 부패 물질도 많아지게 된다.

Screening의 목적은 다음과 같다.

- 후속 공정의 기계장치에 영향을 줄 수 있는 고형물질 제거
- 전체 폐수처리 공정에 영향을 주거나 방해할 수 있는 물질들의 제거
- 배출구 또는 유입조에서 보기 흉한 부유물질 제거

Screening을 통하여 걸러지는 물질들은 주로 섬유조각, 종이, plastic, 나뭇가지 및 나뭇잎이대부분이지만 지역 및 시기에 따라 내용물을 달라진다. 또한 screen을 통하여 모여지는 고형물질의 양도 screen의 형태, opening size, 하수 집수 system 및 지역적 위치에 따라 달라지며 하수관 내 물의 속도 분포에도 많은 영향을 주게 된다. Screen에 걸러지는 물질들의 물리적 성질들을 예측하기는 어렵지만 다음의 data가 전형적인 범위를 나타낸다.

- 밀도 : 600～900 kg/m^3
- 수분함량 : 75～90%
- 유기물함량 : 65～95%

7.1.2 Screen의 종류

Screen의 종류는 openning, 즉 screen 내 간격 크기에 따라 coarse, fine 및 microscreen으로 나뉜다. 또한 구동 방식에 따라 여러 형태의 screen이 사용되고 있으며 다음과 같이 정리할 수 있다.

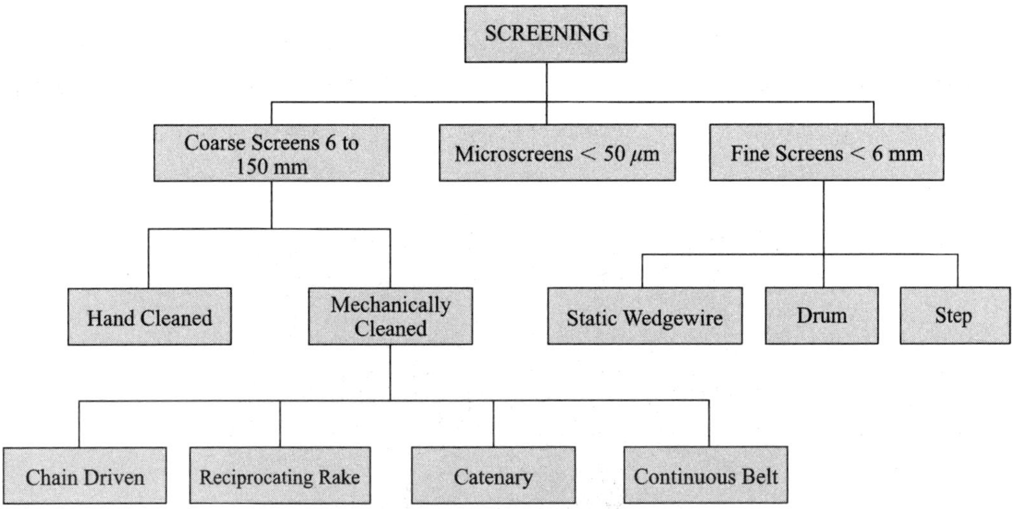

그림 7.2 Screen의 종류

1) 봉 스크린(Coarse bar screen)

봉 스크린은 보통 간격이 3 inches (75 mm) 정도로 나무와 같은 비교적 큰 물질들이 유입되지 못하도록 하는 기능을 가진다.

그림 7.3 Mechanical bar sceen

2) Travelling fine screen

Fine travelling screen은 주로 bar rack screen 후단에 위치하며 opening은 3/8 ~ 1/2 inches (10 ~ 13 mm) 정도로 조그만 고형물, 나뭇잎, 나무껍질 등을 제거하는데 사용한다.

그림 7.4 Fine travelling screen

7.1.3 유속과 Head loss

Screen 후단의 침사지에서 원활히 모래 등이 suspension 되기 위하여 최저 0.4 m/s 유속 유지되어야 한다.

1) Head loss

Screen 통과 전후의 energy 손실을 물 높이로 환산, 즉 lead loss 값이 크면 energy 손실이 큰 것을 의미한다.

2) Head loss 식

① Bar screen

$$h_L = \frac{(V_b^2 - V_a^2)}{2g} \cdot \frac{1}{0.7}$$

여기서, h_L : head loss (m)

V_a : screen 상류 물의 속도(m/s)

V_b : screen에서의 물의 속도(m/s)

g : 중력가속도

0.7 : 보정계수

② Fine travelling screen

$$h_L = \frac{1}{C(2g)} \cdot \left(\frac{Q}{A}\right)^2$$

여기서, h_L : head loss (m)

C : screen 보정계수

Q : 유량(m^3/hr)

A : 물에 잠긴 screen 면적(m^2)

Ex. 1)

Bar screen으로 접근하는 물의 속도가 0.64 m/s이고 bar (봉)의 폭 10 mm이고 opening의 폭이 30 mm일 때 다음을 구하라.
① screen opening에서의 속도(m/s)
② head loss (m)

7.2 침사지(Grit chamber)

침사지는 모래, 자갈, 돌, 토양, 재, 커피가루, 곡물껍질 및 기타 고밀도 유기물, 무기물을 제거하기 위한 장치이다.

폐수처리에 있어 침사지의 목적은 다음과 같다.

- 기계 장치의 마무 방지
- 관 및 수로 내 침전물 양 저하
- 침전조 및 소화조 청소 횟수 감소

침사지에서 수집되는 grit의 특징은 다음과 같다.

- 0.004～0.04 m^3 grit/m^3 폐수 정도의 농도
- 고체 함량 : 35～80%
- Volatile 성분 함량 : 1～55%
- 평균밀도 : 1.6 g/cm^3

7.2.1 침사지 속도조절

Grit의 최적 침전속도는 0.3 m/s인 것으로 밝혀졌다. 이 속도에서는 유기물을 제외한 0.2 mm 이상의 입자는 모두 침전 가능한 것으로 알려졌다. 침사지에서 일정한 속도로 유지하기 위해서는 모든 흐름조건에서 속도가 0.3 m/s가 되도록 channel을 설치하여야 한다. 이는 flume에 의하여 조절되는 parabolic channel 또는 sutro weir에 의하여 조절되는 channel에 의해서 가능하게 된다.

가장 이상적인 형태인 포물선(parabolic) 형태 단면 channel에서는 모든 지점에서 유량은 단면적에 비례하기 때문에 flume을 통한 깊이 조절로 항상 일정한 속도를 유지할 수 있다.

일정 속도를 유지하기 위한 또 다른 형태로 수로 끝에서 sturo weir로 조절되는 사각형(rectangular)의 channel이다. Weir는 그림 7.6과 같이 특수한 형태로 생겼으며 유량 변화에 상관없이 항상 일정한 속도를 유지할 수 있다. 이 weir는 다음 식에 따라 유량이 산출된다.

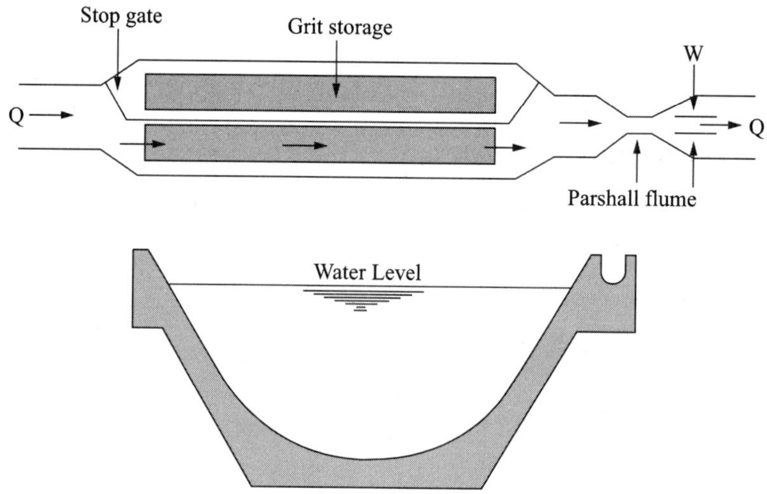

그림 7.5 Grit settling chamber with parshall flume

$$Q = \frac{1}{2} C \sqrt{2g}\, b \pi h$$

여기서, Q : 유량(m^3/s)

h : theoretical crest에서 수면까지의 높이(m)

b : weir 상수

C : weir 계수(보통 0.104)

또한 여기서 b는 다음 식에 의하여 결정된다.

$$Z = \frac{b}{2\sqrt{X}}$$

여기서, X : theoretical crest에서 판의 곡면까지 수직거리(m)

Z : opening center에서 판의 곡면까지 거리(m)

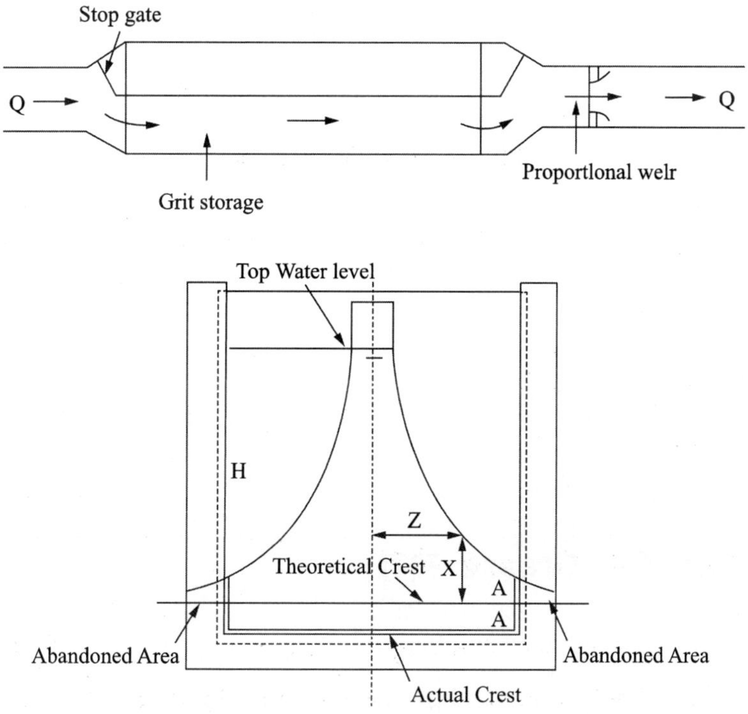

그림 7.6 Grit settling chamber with proportional weir

7.2.2 이상적 침전지

원활한 침전을 위하여 충분한 체류시간이 필요하다. 그림 7.7은 침전속도가 V_s인 입자의 침전궤적을 나타내었다. 이 입자는 입구에서 높이 h인 수면에서 출발하여 시간 t 동안 침전조 바닥까지 도착하여 제거된다. 수평속도 V는 어느 입자에 동일하게 적용되므로 h 높이에서 출발하면 이 입자보다 침전속도가 큰 입자(즉, 입자 size가 더 큰 입자)는 100% 제거되고 이 입자보다 작은 침전속도를 갖는 입자는 침전되지 않는다. 따라서 침전속도 V_s는 100% 침전을 위한 최소 속도이다.

이 그림에서 $V_s = \frac{h}{t}$ 또는 $t = \frac{h}{V_s}$이 되고, $V = \frac{L}{t}$이기 때문에 100% 침전 가능한 이론적 침전조 길이(theoretical length) $L = Vt$가 된다.

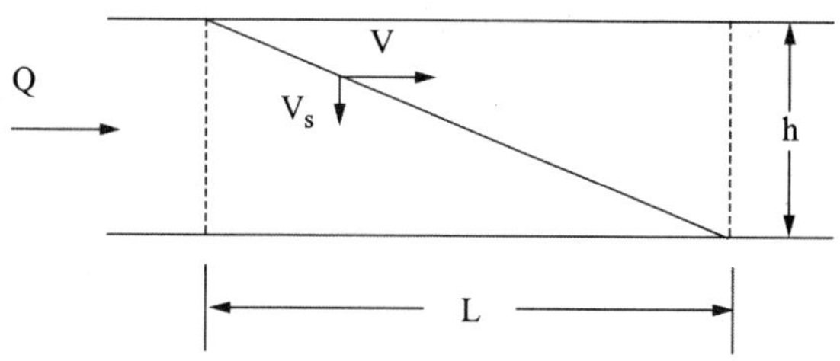

그림 7.7 Ideal grit chamber

Ex. 1) $h = 0.61$ m, $V_s = 21$ mm/s, $V = 0.3$ m/s일 때 이론적 침전조 길이 L을 구하라.

7.3 Fat, Oil, Grease 제거

Fat, oil 및 grease는 음식물류의 주된 구성성분이다. Fat는 화학적으로 볼 때 alcohol기가 포함되어 있는 ester 또는 glycerol과 지방산(fatty acid)의 결합체 등이다. 이들은 여러 가지 용매(solvent : ether, ethanol, acetone 및 hexane 등)에 용해되는 공통적 성질을 갖고 있지만 물에는 거의 녹지 않는다. 지방산 glyceride는 상온에서 액상으로 존재하는데 이때를 oil이라고 하며, 온도 및 기타 조건 변화에 따라 고체형태로 존재할 때를 fat 또는 grease라고 한다.

이들의 화학구조는 매우 유사하며 탄소, 수소 및 산소로 구성되어 있다.

Grease는 온도가 충분히 낮은 경우 대부분 고체형태로 존재하며 폐수 내 있는 것은 동물 또는 식물에서부터 유래된다. 이들은 입자(particle) 형태 또는 다른 suspended solid와 결합된 형태로 존재한다. 가정 폐수에 포함된 grease는 주로 butter, fat는 육류, oil은 식물성 기름 등에서 배출된다. 처리되지 않은 가정 하수의 경우 이들의 농도는 50~150 mg/L 정도이다.

7.3.1 특성과 영향

Fat, oil 및 grease는 물에 용해되지 않는 특성 때문에 미생물에 의하여 분해되는 속도는 상당히 느리다. 이 중 fat는 가장 안정한 화합물로 bacteria에 의해 거의 분해되지 않는다. 이들은 입자 상태보다는 폐수 내 suspended solid와 결합된 형태로 존재하며 예비처리 공정에서 제거해 주지 않으면 후속 생물학적 처리 공정의 효율을 떨어뜨리게 된다.

Fat, oil 및 grease는 쉽게 분해되지 않기 때문에 이들의 수집 및 처리 공정에서 많은 문세를 야기할 수 있다. 만약 fat와 grease가 제거되지 않은 채로 방류되면 하천 생태계 교란과 보기 좋지 못한 부유물질 및 박막(film) 등을 형성할 수 있다. Fat와 oil의 장치 표면 등을 coating하는 성질로 생물학적 반응성을 저하시키고 장치의 유지에 문제를 야기한다. Grease는 sludge 또는 scum 등을 이송하는 관 내부를 coating하여 이송하는데 있어 문제를 발생시키기도 한다.

7.3.2 제거 기술

Grease 제거는 고-액 분리 기술인 반면 oil 제거는 액-액 분리기술이다. 이 성분들은 물보다 밀도가 낮기 때문에 부상(flotation) 기술이 고-액 및 액-액 분리 공정에 가장 효율적이다. 다음과 같은 세 가지 형태가 보편적으로 사용된다.

- Natural flotation : 밀도차가 충분하여 자연적으로 분리가 가능할 때 사용된다.
- Aided flotation : 외부 요인을 적용하여 입자가 좀 더 잘 부상할 수 있도록 한다.
- Induced flotation : 원래 물보다 밀도가 높은 물질들을 인위적으로 gas (보통 공기) 또는 bubble과 결합하게 하여 밀도를 낮추어 부상할 수 있도록 한다.

08 침전

Sedimentation

8.1 수 중 불순물

환경적 측면에서 보면 물속에서 물질들은 다음과 같은 세 가지 형태로 존재할 수 있다.

① 현탁 또는 부유물질(suspended Substance)
② Colloid 물질(colloidal Substance)
③ 용해물질(dissolved Substance)

이들 물질들의 size 분포 및 적절한 처리 방법은 그림 8.1과 같다. 이 중 현탁성분 제거를 위한 방법으로 침전(sedimentation)또는 부상(flotation)이 보편적으로 사용된다.

그림 8.2와 같이 물질에 따라 침전 또는 부상이 일어나는 근본적 원인은 입자와 물의 밀도차이에 기인한다.

수 처리에 있어 침전공정은 반드시 수반되며 보통 2개의 이상의 침전조가 있으며 구체적 명칭은 다음과 같다.

① 침사조 : 작은 입자, 모래 및 토사 제거
② 1차 침전조(primary clarifier) : floc을 포함한 SS (suspended solid)의 제거
③ 2차 침전조(final clarifier) : 생물학적 floc의 제거

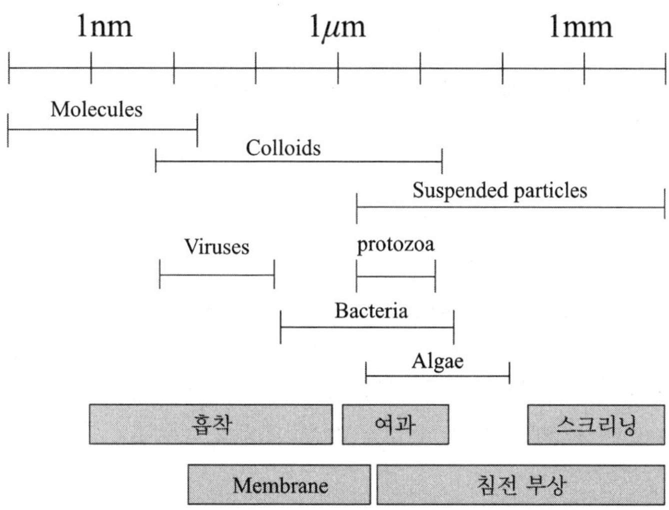

그림 8.1 수중 입자 size 및 처리방법

그림 8.2 침전(sedimentation)과 부상(flotation)

8.2 침전이론(Stoke's Law)

물속에서 입자(particle)의 운동(침전의 경우 아래 방향으로의 운동)은 물과 입자 사이의 밀도 차이를 필요로 한다. 이와 동시에 중력 등과 같은 외적인 힘에도 영향을 받게 되지만 침전속도(아래 방향으로 운동하는 속도)에 가장 큰 영향을 주는 요인은 물과 입자 사이의 밀도 차이다. 만일 입자와 물 사이의 밀도 차가 크면 클수록 침전속도는 증가하고 공정은 보다 효과적이고 밀도차가 작으면 작을수록 침전공정은 시간이 많이 소요된다. 만약 물의 밀도와 입자의 밀도가 같은 경우, 입자는 유체 속에서 정지하여 침전이 일어나지 않게 된다.

질량 m인 입자가 유체 속에서 움직인다고 가정해보자. 이 경우 입자를 중심으로 다음과 같이 세 가지 힘이 작용하게 된다.

① 중력(F_g)

② 중력과 반대 방향으로 부력(F_b)

③ 입자의 운동 방향과 반대인 항력(마찰력, F_D)

그림 8.3에서 완전한 구(sphere)형 입자가 속도 u로 움직일 때, 입자에 작용하는 힘의 합(알짜 힘, net force)은 다음과 같이 표시할 수 있다.

힘의 합 = 중력 − 부력 − 마찰력

$$F_t = F_g - F_b - F_D$$

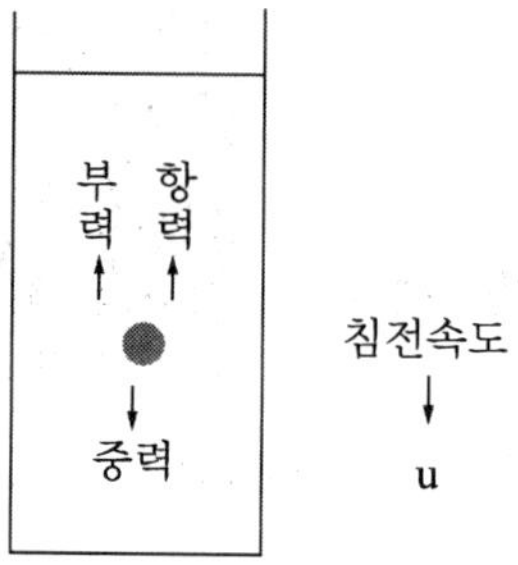

그림 8.3 침전 시 작용하는 힘

8.2.1 중력(Gravitational force)

입자의 중력은 다음과 같이 정의된다.

$$F_g = mg$$

여기서, m : 입자의 질량

g : 중력가속도

입자의 질량은 항상 변하기 때문에 질량을 직접적으로 사용하기보다 변하지 않는 물질의 성질인 밀도를 사용하는 것이 더 효율적이다. 즉, $\rho_s = \frac{m}{V}$ 에서 $m = \rho_s V$가 된다. 여기서, V는 구형입자의 부피이다. 구형입자 부피는 다음과 같이 표현된다.

$$V = \frac{4}{3}\pi\left(\frac{D_p}{2}\right)^3 = \frac{\pi}{6}D_p^3$$

따라서, $m = \rho_s \cdot \frac{4}{3}\pi r^3 = \rho_s \cdot \frac{4}{3}\left(\frac{D_p}{2}\right)^3 = \rho_s \cdot \frac{\pi}{6}D_p^3$가 되어 중력은 다음과 같이 표현된다.

$$F_g = \rho_s \cdot \frac{\pi}{6}D_p^3 \cdot g$$

8.2.2 부력(Buoyancy)

Archimedes 원리에 따라 부력은 다음과 같이 정의된다.

$$F_b = \rho_L V g$$

여기서, ρ_L : 물의 밀도

V : 입자의 부피

따라서, 부력은 중력과 비슷하게 다음과 같이 표현된다.

$$F_b = \rho_L \cdot \frac{\pi}{6}D_p^3 \cdot g$$

8.2.3 마찰력

유체가 입자 표면에 가해주는 힘, 즉 항력을 구하기 위하여 흐름방향으로 입자의 맨 앞부분을 2지점으로 하고 그 상류는 1지점으로 가정하면 다음과 같은 Bernoulli 방정식이 성립된다.

$$\frac{P_1}{\rho} + gZ_1 + \frac{1}{2}u_1^2 = \frac{P_2}{\rho} + gZ_2 + \frac{1}{2}u_2^2$$

높이가 동일하다고 가정하면

$$\frac{P_1}{\rho} + \frac{1}{2}u_1^2 = \frac{P_2}{\rho} + \frac{1}{2}u_2^2$$

의 형태로 되고 2지점의 속도 u_2는 고체 표면이므로 0으로 생각할 수 있다. 따라서

$$\frac{P_2 - P_1}{\rho} = \frac{1}{2}u_1^2$$

또한 1지점의 유체 속도 u_1은 실제 침전 공정에서 입자의 침전속도가 되기 때문에 $u_1 = u$로 표시할 수 있다.

$$\therefore \ P_2 - P_1 = \frac{1}{2}\rho u^2$$

이 된다. 압력으로부터 힘을 구하기 위해서는 압력이 작용하는 단면적을 곱해주면 되므로 ($\because \ P = F/A$)

$$F = (P_2 - P_1)A = \frac{1}{2}\rho u^2 A$$

이 된다.

하지만 입자, 즉 구 표면에 작용하는 압력은 평면이 아니기 때문에 계산상의 난점이 있다. 계산의 편의상 압력이 작용하는 단면적(A_p)을 평면이라고 가정하면

$$A_p = \pi r^2 = \frac{\pi}{4}D_p^2$$

$$\therefore \ F = (P_2 - P_1)\frac{\pi}{4}D_p^2 = \frac{1}{2}\rho u^2 \frac{\pi}{4}D_p^2$$

하지만 여기서 사용한 단면적은 실제 압력이 작용한 면적이 아니라 편의상 가상적으로 정한 것이다. 따라서 실제 구 표면에 작용한 힘과는 차이가 있기 때문에 이를 보정해줄 필요가 있다. 위에서 구한 식에 보정계수 C_D를 넣어주면 비록 C_D 값이 미지수이기는 하지만 실제 구 표면에 작용하는 힘, 즉 마찰력으로 생각할 수 있다.

$$F_D = C_D \cdot \frac{1}{2}\rho u^2 \frac{\pi}{4}D_p^2$$

위 식은 C_D 값을 포함하고 있으며 계산을 위해서는 C_D 값을 알아야 한다. 이 값은 이론적으로 구할 수 있는 값이 아니고 실험을 통해서만 구할 수 있다. 보통 C_D와 입자의 NRe ($\frac{D_P u \rho_L}{\mu}$)의 함수이며 입자의 N_{Re}가 증가할수록, 즉 입자의 속도가 커질수록 C_D 값은 다른 양상을 보이게 된다. 이 중 $N_{Re} < 2$인 경우 C_D 값은 N_{Re}에 반비례하는 현상을 보이는데 이를 수치화 하면 다음과 같다.

$$C_D = \frac{24}{N_{Re}} = \frac{24\mu}{\rho D_P u} \quad (N_{Re} < 2)$$

이를 앞에서 유도한 $F_D = C_D \cdot \frac{1}{2}\rho u^2 \frac{\pi}{4} D_p^2$에 대입하면

$$F_D = \frac{24\mu}{\rho D_P u} \cdot \frac{1}{2}\rho u^2 \frac{\pi}{4} D_p^2 = 3\pi\mu D_p u$$

가 되고 이 범위를 creeping flow region 또는 Stoke's law region이라고 한다.

8.2.4 입자에 작용하는 힘

중력에서 부력과 마찰력을 빼주면 입자에 순수하게 작용하는 힘을 나타낼 수 있다. 입자에 순수하게 작용하는 힘 F_{net}은 속도를 가지므로 $F_{net} = m \cdot a$로 나타낼 수 있다.

$$\therefore \; F_{net} = \rho s \frac{\pi}{6} D_p^3 \cdot a = \rho s \frac{\pi}{6} D_p^3 \cdot \left(\frac{du}{dt}\right)$$

이상 구해진 입자에 작용하는 힘을 $F_{net} = F_g - F_b - F_D$에 대입하면

$$\rho s \frac{\pi}{6} D_p^3 \cdot a = \rho s \frac{\pi}{6} D_p^3 g - \rho L \frac{\pi}{6} D_p^3 g - 3\pi\mu D_p u$$

$$\rho s \frac{\pi}{6} D_p^3 \cdot a = \frac{\pi}{6} D_p^3 g(\rho_S - \rho_L) - 3\pi\mu D_p u$$

또한 양변을 $\rho s \frac{\pi}{6} D_p^3$으로 나누면

$$a = \frac{dv}{dt} = \frac{(\rho_s - \rho_L)}{\rho_s} g - \frac{3 \cdot 6\pi\mu D_P u}{\rho_s \pi D_P^3}$$

이 되고 이를 다시 정리하면

$$a = \frac{(\rho_s - \rho_L)}{\rho_s} g - \frac{18 \mu u}{\rho_s D_P^2}$$

가 된다.

Ex. 1) 위 식에서 다음 중 불가능한 경우는?
① $a > 0$ ② $a = 0$ ③ $a < 0$

구형 입자가 침전 시 위 식의 중력과 부력 항(우변 제1항)은 침전속도 u와 관계없이 일정하지만, 마찰력(우변 제2항)은 u에 따라 증가하기 때문에, 입자의 침전속도가 증가하면 제2항이 제1항과 같아질 때까지 증가하게 된다. 이 때 우변의 합이 0이 되어, $a = \frac{dv}{dt} = 0$, 침전 속도가 더 이상 증가하지 않는 정상상태에 도달하게 된다. 이 속도를 입자의 종말 침전속도(terminal settling velocity) u_t 라고 하며 이 값은 침강 장치 설계에 있어 중요한 자료가 된다. 따라서 종말 침강 속도는 위 식에서 $a = \frac{dv}{dt} = 0$일 때의 값이 되므로 다음 식을 얻을 수 있다.

$$\frac{(\rho_s - \rho_L)}{\rho_s} \cdot g = \frac{18 \mu u}{\rho_s D_P^2}$$

따라서 최종침전속도(terminal settling velocity) u는

$$u = \frac{(\rho_S - \rho_L) g D_P^2}{18 \mu}$$

이 식을 Stoke's Law라고 한다.

Ex. 2) 다음 입자의 침전속도(m/h)를 Stoke식에 의하여 계산하시오.
- 입자 직경 : 1×10^{-2} cm
- 입자 비중 : 2.5
- 물의 비중 : 1.0
- 수온 : 4℃
- 물의 점도 : 1.31×10^{-2} g/cm · sec

Ex. 3) 유기물의 직경이 2.0×10^{-3} cm이고, 비중이 3인 입자가 물속에서 침전할 때 최종 침전속도(m/h)는? (단, 입자의 Stokes law가 적용되며 점도는 1.8×10^{-2} g/cm · sec이다)

Ex. 4) 지름 0.1 mm, 비중 2.65인 모래의 침전속도(m/hr)를 구하시오(단, 입자는 Stoke의 법칙을 따르고 물의 점도는 12×10^{-2} g/cm · sec).

Ex. 5) 수온이 20℃인 폐수 내의 SS 비중이 2.1, 직경이 0.02 mm인 입자를 완전히 제거하는 데 요구되는 침전지의 체류 시간(hr)은 얼마인가? (단, 침전지의 수심은 2.8 m이며, 20℃에서 폐수의 밀도는 0.998 g/cm^3, 점도는 10.15×10^{-3} g/cm · sec, 입자의 유동은 스토크 법칙에 준한다)

Ex. 6) 비중 2.6, 직경 0.015 mm의 입자가 수중에서 자연 침전할 때의 속도가 0.56 m/hr이었다. 입자의 침전속도가 Stokes의 법칙에 따른다고 할 때 동일한 조건에서 비중 1.2, 직경 0.030 mm인 입자의 침전속도(m/hr)는 얼마인가?

Ex. 7) 비중 1.5, 직경 0.05 mm, 침강속도 0.45 m/min인 어떤 입자가 있다. 다른 조건이 동일한 때, 비중의 2.5, 직경이 0.03 mm라면 침강속도(cm/min)는 얼마인가?

8.3 이상적 침전조(Ideal settling basin)

8.3.1 직육면체형 침전조(Rectangular settling basin)

다음 그림 8.4와 같이 임의의 입자가 V_s로 침전하는 직육면체형 침전조를 고려해볼 때 두 가지 시간을 유추할 수 있다.

- 침전시간(settling time) : t_S

$$V_s = \frac{H}{t_s} \Rightarrow t_s = \frac{H}{V_s}$$

- 체류시간(detention time) : t_r

$$V = \frac{L}{t_r} \Rightarrow t_r = \frac{L}{V}$$

또한 $V = \dfrac{Q}{HW}$

위 식에서 V는 물의 흐름속도, H는 침전조의 높이, W는 침전조의 폭이다.

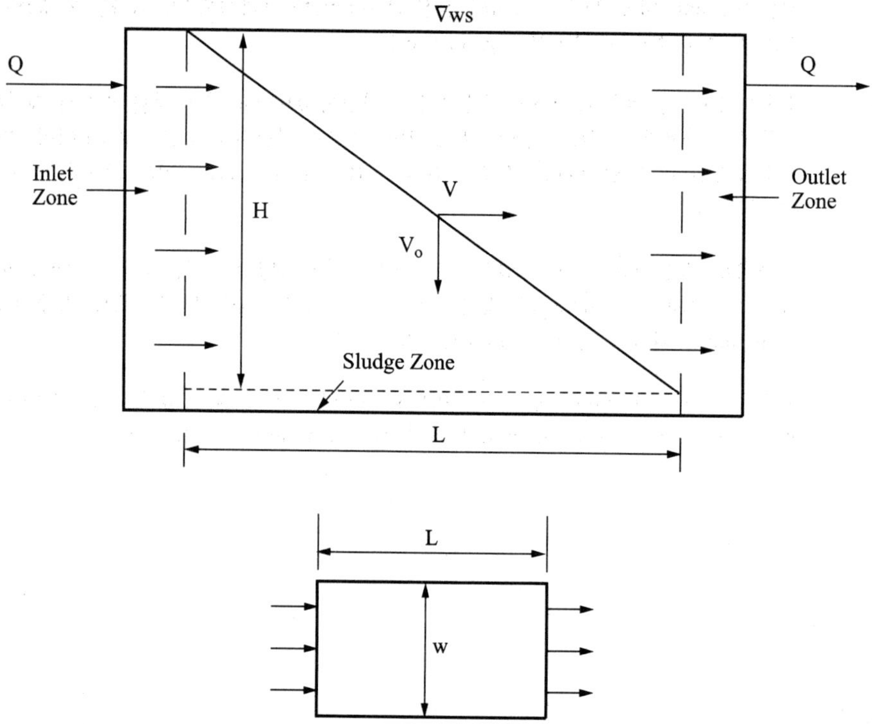

그림 8.4 Rectangular settling tank

이 두 시간을 비교 시 다음과 같은 세 가지 경우가 생길 수 있다.

- $t_r < t_S$ ⇒ 침전 불가능
- $t_r = t_S$ ⇒ 침전 가능
- $t_r > t_S$ ⇒ 침전 가능

따라서 모든 입자가 100% 침전할 수 있는 조건은 $t_r \le t_S\,(V_O \le V_S)$이다.

이 중 최소 조건은 $t_r = t_S$인 경우로 이때의 침전속도를 다음과 같이 $V_O\,(V_O = V_S)$로 하였을 때 100% 침전 가능한 최소 속도 V_O

$$t_S = t_r$$

$$\frac{H}{V_O} = \frac{L}{V}$$

$$\therefore\ V_O = \frac{HV}{L} \quad \text{또한} \quad V = \frac{Q}{HW}$$

$$\therefore \; V_O = \frac{H\left(\frac{Q}{HW}\right)}{L} = \frac{Q}{LW} = \frac{Q}{A}$$

여기서, V_O를 수면적부하 또는 overflow rate라고 한다.

8.3.2 원형 침전조(Circular settling tank)

보통 원형 침전조는 중심으로 유입되며 침전이 진행되면서 물은 바깥 방향으로 흘러 유출된다.

그림 8.5에서 임의의 반지름 r에서

$$V = \frac{Q}{2\pi r H}$$

$$\text{침전물 curve의 기울기} = \frac{dh}{dr} = \frac{V_s}{V}$$

100% 침전 가능한 조건은(V_O)

$$\frac{dh}{dr} = \frac{V_o}{V} = \frac{V_o \, \pi r H}{Q}$$

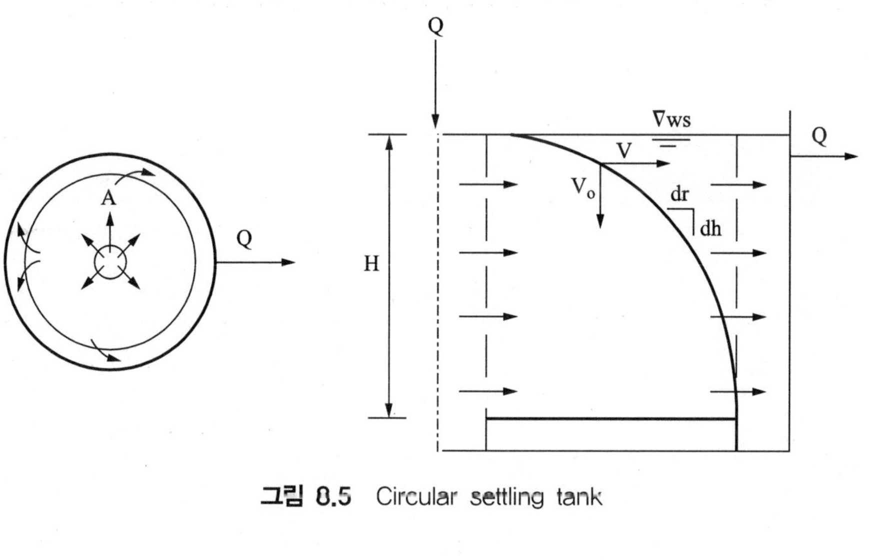

그림 8.5 Circular settling tank

이를 그림 8.5 전체로 적분하면

$$\int_0^H dh = \frac{V_o 2\pi H}{Q} \int_{r_1}^R r\,dr$$

$$H = \frac{V_o 2\pi H}{Q} \frac{r^2}{2} \Big| = \frac{HV_o 2\pi}{Q}(R^2 - r_1^2)$$

$$\therefore\ H = \frac{H V_o}{Q} A$$

$$\therefore\ V_o = \frac{Q}{A}$$

즉, 직육면체형 침전조와 동일한 결과가 나오게 된다.

Ex. 1) Tank 위 면적 100 m^2의 침전지로 유량 1000 m^3/day의 폐수를 침전처리하고 있다. 이 침전지를 이상적 침전지(100% 제거)라 할 때 다음을 구하라(단, 폐수의 비중은 1, 입자의 비중은 2이며 폐수의 점도는 0.11 kg/m · s이다).
① 완전제거 가능 입자 중 최소 입자의 침강 속도(m/day)
② 완전제거 가능 입자 중 최소 입자의 지름(mm)

Ex. 2) 지름 10 m 깊이 3 m인 원형 침전 tank에 유량 120 m^3/hr로 처리하고자 한다. 이 침전 tank로 100% 제거할 수 있는 입자의 침전속도(cm/s)와 최소 입자의 지름(mm)을 구하라(단, 입자의 비중은 1.5, 물의 비중은 1이며 물의 점도는 0.01 g/cm · s이다).

8.4 침전형태

침전물의 농도, 형태, 성질 및 공정 특성에 따라 4가지 형태로 나눌 수 있고, 그 특징들은 다음과 같다.

표 8.1 침전형태

형태	특징	현상
Type I settling Discrete settling (독립침전)	입자가 서로 반발 또는 결합하지 않고 단독적으로 침전하는 형태	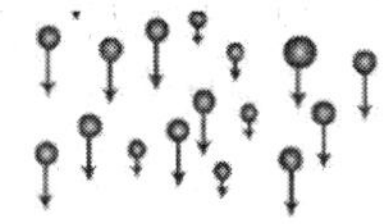 농도 : ~200 mg/L
Type II settling Flocculant settling (응집침전)	입자간 충돌로 서로 결합하여 침전하는 형태	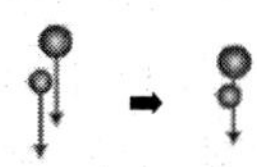 농도 : ~200 mg/L
Type III settling Zone settling (지역침전)	부유물의 농도가 큰 경우 집합체로 침전하는 형태로 부유물과 상부에 액체간 뚜렷한 경계면이 생김.	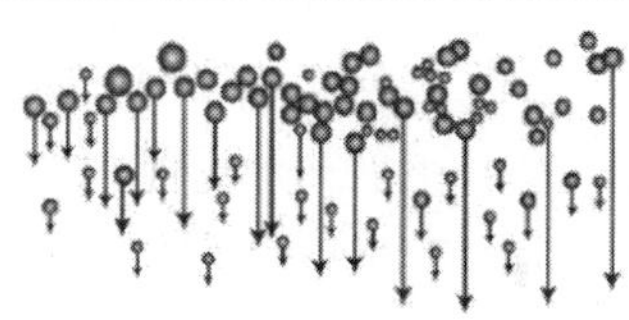 농도 : ~1,200 mg/L
Type IV settling Compression settling (압축침전)	침전이 계속됨에 따라 침전지 바닥에 압축된 입자들 층이 형성된 상태	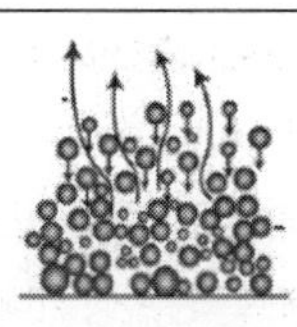 농도 : ~3,000 mg/L

개념 문제

1. 하수처리장의 스크린 설치에 대한 설명 중 옳지 않은 것은?

㉮ 우수용 스크린은 침시지 후방에 설치한다.
㉯ 오수용 스크린은 침사지 전방에 설치한다.
㉰ 스크린을 인력으로 청소 시 수평에 대하여 ∠45～60°로 한다.
㉱ 스크린을 기계로 청소 시 수평에 대하여 ∠90°이상으로 해야 한다.

풀이 스크린의 설치 각도는 기계식인 경우에는 크게(70° 전후), 인력 식은 작게(45～60°) 한다. 대부분은 침사지 전방에 설치하고 우수용 스크린은 침사지 후방에 설치한다.

2. Screen 설치부에 유속한계를 0.6 m/sec 정도로 두는 이유는?

㉮ By pass를 사용하고자 함이다.
㉯ 모래의 퇴적현상 및 부유물이 찢겨나가는 것을 방지하기 위함이다.
㉰ 유지류 등의 scum을 제거하기 위함이다.
㉱ 용해성 물질을 물과 분리하기 위함이다.

풀이 스크린 설치부의 유속은 평균 0.6 m/sec 정도, 최대 2 m/sec로 유지한다. 스크린 통과유속이 너무 크게 되면 스킬ㄴ에 걸린 부유물이 찢겨나가고 수두 손실이 크며 유속이 너무 느리면 고형물이 침전하여 퇴적하게 된다.

3. 침사지의 목적이 아닌 것은?

㉮ 폐수로부터 모래, 자갈 등을 제거한다.
㉯ 폐수 중 콜로이드 물질을 제거한다.
㉰ 펌프의 손상이나 관의 누적을 방지한다.
㉱ 비중이 큰 물질을 제거한다.

풀이 폐수 내의 자갈, 모래 중금속 등 무거운 입자들은 침전지, 소화조에 침전되어 쌓이면 기체를 마모시키거나 관을 폐색시키는 해작용을 하므로 제거되어야 한다. 이를 제거하기 위해 설치되는 시설이 침사지(grit chamber)이다.

4. 하수처리장의 전처리 광정에서 grit가 제거되지 않는다면 그 후의 처리과정에서 생길 수 있는 가장 문제가 되는 점은?

㉮ 아무런 문제가 안 생긴다. ㉯ 펌프와 파이프가 막힌다.
㉰ 활성슬러지에 독성을 끼친다. ㉱ 침전효율이 나빠진다.

5. 침사지에서 침강성 입자를 제거하고자 할 때 입자의 침강 속도를 감소시키는 것은?
㉮ 폐수의 밀도가 작을 때 ㉯ 폐수의 점성이 클 때
㉰ 부유물 입자 밀도가 클 때 ㉱ 부유물 입자의 크기가 클 때

풀이 폐수의 점도가 클수록 침전속도는 감소한다.

6. 다음은 최초 침전지의 관리에 대한 기술이다. 옳지 않은 것은?
㉮ 침전시간이 길면 침전효율은 좋으나 그 시간을 초과하면 제거율은 더 증가하지 않는다.
㉯ 침전 슬러지를 부패시키지 않기 위해서는 침전 슬러지를 연속적으로 뽑아내야 한다.
㉰ 유입수의 SS가 높으면 제거효율은 향상하는 경향이 있다.
㉱ 유입수의 수질에 따라서는 최초 침전지를 사용하지 않는 편이 처리 효율을 좋게 할 수도 있다.

풀이 유입수의 수질에 따라 1차 침전지를 사용하지 않아도 되지만 사용하는 것이 처리효율을 좋게 한다.

7. 일차침전지의 관리에 대한 기술 중 옳지 않은 것은?
㉮ 침전시간이 길수록 침전효율이 좋아지지만 어느 시간을 넘으면 그다지 증가하지 않는다.
㉯ 슬러지의 제거는 일반적으로 침전 슬러지가 부패하지 않도록 연속적으로 한다.
㉰ 유입수의 SS가 높아지면 제거 효율을 상승하는 경향이 있다.
㉱ 유입수의 수질에 따라서 일차침전지를 사용하지 않는 편이 처리효율을 좋게 할 수도 있다.

8. 일차침전지의 목적에 해당하는 것은?
㉮ 침전 가능한 부유물질을 제거한다. ㉯ 클로이드와 용존 고형물지를 제거한다.
㉰ 용존 유기물을 제거한다. ㉱ 약품을 투입하여 강제 침전시킨다.

풀이 1차 침전지(primary sedimentation tank) 폐수 내의 침전 가능한 고형물질을 침전 제거시킨다. 이미 고형물질 내에 포함된 BOD도 함께 제거된다. 즉, 1차 침전지에서 주로 SS는 50%, BOD는 30% 정도 제거된다.

9. 도시 하수의 일차침전지에서 제거되는 부유성 고형물질(SS) 제거율은 대략 얼마인가?
㉮ 10% ㉯ 30% ㉰ 60% ㉱ 93%

풀이 도시 하수 처리 시 일차침전지에서 제거되는 SS는 50~60% 정도이다.

10. 폐수 중 부유 물질 제거와 콜로이드 물질 제거를 위한 처리방법이 못되는 것은?

㉮ 화학산화 ㉯ 여과
㉰ 부상분리 ㉱ 응집과 흡착

풀이 화학적 산화는 Fe^{2+}, Mn^{2+}와 같은 수용성 금속이온을 산화시켜 불용성 수산화물로 제거하는 것으로 수처리 공정이다.

11. 부유물질을 제거하기 위한 전처리 과정으로 불필요한 사항은?

㉮ 자연침전 ㉯ 양품응집
㉰ 부상분리 ㉱ 염소주입

풀이 SS는 주로 자연침전(=독립침전), 응집침전(=응결침전), 부상분리 등으로 제거한다. 정수처리장에서 염소주입은 살균이 목적이나 폐수처리 시에는 살균 외에 냄새제거, 부식통제, BOD제거 등의 목적에 사용된다.

12. 보통 침전지에서 부유물질의 침전속도가 작게 되는 경우는? (단, 기타 물리적 조건은 같은 것으로 한다)

㉮ 처리수의 밀도가 작을수록 ㉯ 처리수의 점도가 클 경우
㉰ 부유물질 입자의 입경이 클 경우 ㉱ 부유물질 입자의 밀도가 클 경우

풀이 침전속도 $u_t = \dfrac{(\rho_S - \rho_L)\, g\, D_P^2}{18\mu}$

13. 최초 침전지의 표면적을 A, 유입유량을 Q라고 할 때 제거대상 입자가 잘 침전하려면 입자의 침전속도와 V_s와는 어떤 관계가 있어야 하는가?

㉮ $Q/A > V_S$ ㉯ $Q/A < V_S$
㉰ $Q/A = V_S$ ㉱ $Q/A \geq V_S$

풀이 입자를 100% 제거할 수 있는 조건은 $V_S \geq \dfrac{Q}{A}$이다.
∴ $V_S \geq \dfrac{Q}{A}$일수록 입자가 잘 제거된다.

14. 공형 침전지에서 침전효율은 다음 어느 사항에 의해 좌우되는가?

㉮ 유량 ㉯ 침전지 깊이
㉰ 침전지 표면적 ㉱ 유속

풀이 $E = \frac{V_S}{Q/A} = \frac{V_S \cdot A}{Q}$

∴ 침전효율은 침전지의 수면적(A)에 비례한다.

15. 부상분리에 의한 폐수처리를 적용할 수 없는 산업장은?

㉮ 유지 제조업 ㉯ 도료업

㉰ 금속광업 ㉱ 석유 정제공업

16. 부상(浮上)에 의한 처리 시 응집이 목적으로 하는 효과가 아닌 것은?

㉮ 세균수의 감소 ㉯ 색과 맛의 제거

㉰ 부유물의 제거 ㉱ 용존산소의 증가

17. 폐수 처리용 급속여과에 관한 다음의 기술 중 틀린 것은?

㉮ 급속여과층의 역류 작용은 기계적 저지 작용 및 사입 응착물에 의한 저지 작용이다.

㉯ 급속여과는 응집 침전 및 여과조작에 충분한 숙련이 요구된다.

㉰ 완속용 여사보다는 큰 입도의 여사를 사용한다.

㉱ 급속여과는 일반적으로 저오탁도(柢牾濁度)의 원수에 적합하다.

풀이 급속여과는 고탁도의 원수처리에 적합하다.

① 완속여과 : 유효경(0.3 ~ 0.45 mm), 사층의 두께(70 ~ 90 cm)

② 급속여과 : 유효경(0.45 ~ 0.7 mm), 사층의 두께(60 ~ 70 cm)

18. 급속모래여과(rapid sand filter)의 특징이 아닌 것은?

㉮ 여과작용은 주로 여과, 응결 등으로 이루어진다.

㉯ 여과속도는 통상 120 m/day 이상이다.

㉰ 도시급수를 위해 사용되지 않는 여과시설이다.

㉱ 역세척은 하루 한 번 이상 실시한다.

풀이 급속모래여과법은 도시 급수를 위한 정수시설이다.

1. 완속모래여과(slow sand filter)

① 저탁도(30 ~ 50 mg/L 이하)의 원수여과에 적합하다.

② 시공비가 많이 든다.

③ 넓은 부지 면적이 필요하다.

④ 고탁도이거나 심하게 오염된 원수에는 부적합하여 사용이 줄어드는 실정이다.

⑤ 여과율 : 10 m/d 이하(보통 3 ~ 6 m/d)

⑥ 사층의 두께 : 70～90 cm

2. 급속모래여과(rapid sand filter)

① 도시 급수를 위한 정수처리 시설로서 많이 이용된다.
② 원수에 응집제 및 약품을 첨가하여 floc을 형성시켜 여과속도를 촉진시킨다.
③ 고탁도에 적합하다.
④ 여과율 : 100～200 m/d (150 m/d)
⑤ 사층의 두께 : 50～70 cm
⑥ 모래층의 정화기능이 저하되면 압력수로 역세척하여 재생을 한다.

19. 폐수처리에서 여과법은 통상 무엇을 제거하기 위하여 이용되는가?

㉮ pH ㉯ 용해성 유기물
㉰ SS ㉱ 페놀

20. 폐수처리에서의 여과처리방법은 다음 중 어느 것을 처리하는 것인가?

㉮ 용해성 유기물질 ㉯ 철이온
㉰ 페놀 ㉱ 부유물질

21. 급속여과장치에 있어서 여과의 손실수두(損失水頭)에 영향을 미치지 않는 인자는?

㉮ 여과면적 ㉯ 입자지름
㉰ 여액의 점도 ㉱ 여과속도

풀이 여과의 손실수두에 영향을 미치는 인자에는 여액의 점도, 입자의 직경, 여과속도, 여지의 깊이가 있다. 여액의 점도가 클수록, 입자의 직경이 작을수록, 여과속도가 빠를수록 수심이 깊을수록 손실수두의 값을 커진다.

22. 모래여과 시 여과속도에 영향을 주지 않는 인자는?

㉮ 여과지 표면적 ㉯ 모래입자 크기
㉰ 물의 점성도 ㉱ 모래층의 두께

정답

1. ㉱ 2. ㉯ 3. ㉯ 4. ㉯ 5. ㉯ 6. ㉱ 7. ㉱ 8. ㉮ 9. ㉰ 10. ㉮
11. ㉱ 12. ㉯ 13. ㉯ 14. ㉰ 15. ㉰ 16. ㉱ 17. ㉱ 18. ㉰ 19. ㉰ 20. ㉱
21. ㉮ 22. ㉮

계산 문제

1. Ca^{++}경도가 200 mg/L인 경우 CaF_2층을 통해 25℃의 물이 흐를 때 불소는 어느 정도 용해되는가? (단, CaF_2의 용해도적은 3.9×10^{-11} M이다)

㉮ 3.9×10^{-4} M　　㉯ 2.1×10^{-4} M
㉰ 1.4×10^{-4} M　　㉱ 1.1×10^{-4} M

풀이
$CaF_2 = Ca^{++} + 2F^-$
$Ksp = [Ca^{++}][F^-]_2$

$$\therefore [F^-] = \sqrt{\frac{Ksp}{[Ca^{++}]}} = \sqrt{\frac{3.9 \times 10^{-11}}{0.02}} = 1.39 \times 10^{-4} \text{ M}$$

$\because [CaCO_3] = 200 \text{ mg/L} \cdot 10^{-3} \text{ g/mg} \times \text{mol}/100\text{g} = 0.02 \text{ M}$
$\therefore [CaCO_3] = [Ca^{++}] = 0.002 \text{ M}$

2. 침사지에서 직경 10^{-2} mm이고 비중이 2.65인 모래입자가 20℃인 물속에서의 종속도를 계산하시오(단, 물의 밀도 : 1 g/cm^3, 점성계수 : 0.01 g/sec · cm).

㉮ 8.98×10^{-1} cm/sec　　㉯ 8.98×10^{-2} cm/sec
㉰ 8.98×10^{-3} cm/sec　　㉱ 4.49×10^{-2} cm/sec

풀이
$$V_s \text{ (cm/sec)} = \frac{g(\rho_s - \rho_w)d^2}{18\mu}$$ (독립입자이고 $Re < 1$일 경우 성립)

3. 폭이 2 m, 길이가 15 m인 침사지에서 100 cm의 수심으로 폐수가 유입할 때 체류시간이 50초라면 유량은?

㉮ 2,000 m^3/hr　　㉯ 2,160 m^3/hr
㉰ 2,240 m^3/hr　　㉱ 2,500 m^3/hr

풀이
$$Q = \frac{V}{t} = \frac{L \times B \times h}{t}$$

$$\therefore Q(\text{m}^3/\text{hr}) = \frac{(15 \times 2 \times 1)\text{m}^3}{50\text{sec} \times \text{hr}/3{,}600\text{sec}} = 2160\text{m}^3/\text{hr}$$

4. 직사각형 침전지의 길이가 20 m, 폭이 10 m, 깊이가 5 m인데 유입되는 폐수는 하루에 3,000 m^{3}에 이르고 BOD농도는 250 mg/L, SS가 370 mg/L이면 표면 부하율은?

㉮ $3\ m^3 \cdot m^2 \cdot$ 일　　㉯ $6\ m^3 \cdot m^2 \cdot$ 일
㉰ $15\ m^3 \cdot m^2 \cdot$ 일　　㉱ $60\ m^3 \cdot m^2 \cdot$ 일

풀이 표면 부하율($m^3 \cdot m^2 d$)

$$\frac{Q}{A} = \frac{3000\,m^3/d}{(20 \times 10)\,m^2} = 15 m^3/\,m^2 d$$

5. 수량이 $30{,}000\ m^3$/day, 체류시간이 2시간인 침전지의 수면적 부하는 얼마인가? (단, 깊이는 3 m이다)

㉮ $12\ m^3 \cdot m^2 \cdot$ day　　㉯ $24\ m^3 \cdot m^2 \cdot$ day
㉰ $36\ m^3 \cdot m^2 \cdot$ day　　㉱ $48\ m^3 \cdot m^2 \cdot$ day

6. 폐수처리장의 침전지에 유입하는 폐수량이 $50\ m^3$/day이고 침강속도가 2 m/day인 입자를 완전히 제거하려면 침전지의 표면적은?

㉮ $100\ m^2$　　㉯ $50\ m^2$　　㉰ $25\ m^2$　　㉱ $10\ m^2$

7. 폭 8 m, 길이 28 m, 깊이 3 m인 침전지에 유입 유량이 $0.07\ m^3$/sec일 경우 체류시간은 얼마인가?

㉮ 2시간 40분　　㉯ 2시간 44분　　㉰ 3시간 5분　　㉱ 3시간 28분

풀이

$$t = \frac{(28 \times 8 \times 3)\,m^3}{0.07\,m^3/sec \times 3600\,sec/hr} = 2.67\,hr$$

∴ 2시간 40분

8. 인구 45,000명인 도시의 폐수를 처리하기 위한 처리장을 설계하였다. 폐수의 유량은 350 L/catita · day이고 유량은 평균 유량의 120%일 때 침강 탱크의 체류시간 2 hr, 평균유량 시 일류속도 $35\ m^3/m^2d$가 되도록 설계하였다면 이 침강 탱크의 용적(V)과 표면적(A)은 얼마이겠는가?

㉮ $V = 1.275\ m^3,\ A = 350\ m^2$　　㉯ $V = 1.575\ m^3\ \ A = 350\ m^2$
㉰ $V = 1.575\ m^3,\ A = 450\ m^2$　　㉱ $V = 1.275\ m^3,\ A = 450\ m^2$

풀이

① $V = Qt = (350\ L/\text{인} \cdot d \times 45{,}000\text{인} \times 10^{-3}\ m^3/L) \times 1.2 \times 2\ hr \cdot d/24\ h$
$= 1{,}575\,m^3$

② $A = \dfrac{15{,}750\,m^3/d}{35\,m^3/\,m^2 d} = 450\,m^2$

9. 월수판의 반지름이 10 m이다. 1일 폐수량이 2,000 m^3이라고 하면, 월류부하는 얼마인가?

㉮ 6 m^3/m/day ㉯ 20 m^3/m/day
㉰ 32 m^3/m/day ㉱ 50 m^3/m/day

풀이 월류부하(m^3/mh) $= \frac{Q}{L}$

여기서, Q : 유량(m^3/hr)

L : weir의 길이(m)

$\therefore$ 월류부하(m^3/mhr) $= \frac{125\,m^3/hr}{30\,m} = 4.17\,m^3/m \cdot hr$

10. 1시가 당 125 m^3의 폐수가 유입되는 침전지의 월류부하가 100 m^3/m일 경우 침전지의 월류웨어의 유효길이는?

㉮ 10 m ㉯ 20 m ㉰ 30 m ㉱ 40 m

풀이 $L = \frac{Q}{\text{월류부하}} = \frac{125\,m^3/h \times 24\,h/d}{100\,m^3/md} = 30\,m$

11. 장방형 침강탱크가 깊이 2.5 m, 폭 6.0 m, 길이 15.0 m로 설계되었다. 이 침강탱크에서 지름 0.1 mm, 비중 2.5인 모래입자가 유속에 의하여 바닥으로부터 들뜨기 시작하는 일류속도는 얼마이겠는가? [단, $f = 0.03$, $K = 0.04$, $V_H = \left(\frac{8K(S-1)gd}{f}\right)^{1/2}$]

㉮ 0.125 m/sec ㉯ 0.150 m/sec
㉰ 0.175 m/sec ㉱ 0.200 m/sec

풀이 일류속도(= 소류속도 = 관류속도)

$$V_H = \left(\frac{8K(S-1)gd}{f}\right)^{1/2}$$

여기서, K : 상수(모래인 경우 0.04)

f : Darcy-Weisbah마찰계수(콘크리트 재료인 경우 0.03)

d : 침전물 직격

s : 침전물의 비중

g : 중력 가속도

$$\therefore V_H(m/sec) = \left[\frac{8 \times 0.04 \times (2.5-1) \times 9.8 \times 0.0001}{0.03}\right]^{1/2}$$

12. 비중이 2.5, 입자 지름 0.015 mm의 입자가 수중에서 자연 침강할 때의 속도가 0.50 m/h이었다. 물의 온도, 점성도 기타의 조건이 동일하고 입자의 침강속도가 Stokes 법칙에 따른다면 비중 1.3, 입자지름이 0.03 mm인 것은 침강속도가 얼마나 되는가? (단, 처리수의 비중은 1이다)

㉮ 0.4 m/d ㉯ 0.5 m/d ㉰ 0.75 m/d ㉱ 1.0m/h

풀이

V_S는 $(ps-p)$와 d^2에 비례한다.

$$\therefore \ V'_S = V_S \times \frac{(p's-pw)}{(ps-ps)} \times \left(\frac{d'}{d}\right) = 0.5/h8$$

$$0.5\,\mathrm{m/h} \times \frac{(1.3-1)}{(2.5-1)} \times \left(\frac{0.03}{0.015}\right)^2 = 0.4\,\mathrm{m/hr}$$

13. 폐수처리장의 침전지에 유입되는 부유물질의 농도가 400 mg/L이고 유출수는 180 mg/L일 경우 유량이 10,000 m^3/일이면 침전지에서 부유물질 제거율은?

㉮ 30% ㉯ 45% ㉰ 55% ㉱ 70%

풀이

$$제거율(\zeta) = \frac{제거농도}{유입수농도} = \frac{유입수농도-유출수농도}{유입수농도} \times 100$$

$$\therefore \ \zeta(\%) = \frac{400-180}{400} \times 100 = 55\%$$

14. 어떤 정유공장에서 최소 입경이 0.009 cm인 기름방울을 제거하려면 부상속도는 얼마인가? (단, 물의 밀도는 1 g/cm^3, 기름의 밀도 0.9 g/cm^3, 점도는 0.01 g/cm · sec이다)

㉮ 0.044 cm/sec ㉯ 0.44 cm/sec ㉰ 0.15 cm/sec ㉱ 0.015 cm/sec

15. 4℃ 수중에 동일 직경의 기름방울 A, B가 있다. A의 비중이 0.9, B의 비중이 0.95일 때 A와 B의 부상속도비(V_A / V_B)는?

㉮ 2 ㉯ 8 ㉰ 1.8 ㉱ 3.6

풀이

$$(V_A / V_B) = \frac{(1\times 0.9)}{(1-0.95)} = 2$$

16. 원수 내의 고형물 농도가 2,700 mg/L인 슬러지를 부상법에 의해 농축시키고자 한다. 압축 탱크의 유효전달 압력이 2기압이며, 밀도가 1.3 g/L, 공기의 용해량이 29.2 mL/L일 때 air/solid비는? (단, 유량은 300 m^3/day이며, 처리수의 반송은 없다)

㉮ 0.019 ㉯ 0.014 ㉰ 0.010 ㉱ 0.005

풀이 $A/S비 = \frac{1.3 s_a \times (f \cdot p - 1)}{SS농도} = \frac{1.3 \times 29.2 \times (2-1)}{2700} = 0.014$

17. BOD 250 mg/L의 폐수를 여과지로 여과했을 때 여액의 BOD는 50 mg/L이었다. 모래여과법에 의해 BOD 70 mg/L의 처리수를 얻기 위해서는 SS의 제거율이 몇 %인 여과 능력을 갖는 시설이 필요한가?

㉮ 95% ㉯ 90% ㉰ 85% ㉱ 80%

풀이 $SS제거율(\xi) = \frac{유입수\ IBOD농도 - 유출수\ IBOD농도}{유입수\ IBOD농도} \times 100 = \times 100 = 90\%$

18. 어떤 물의 알칼리도를 측정하기 위해 다음의 결과를 얻었다. 50 mL의 sample을 N/50 황산으로 측정하여 phenolphtalein지시약의 종점에서 4.3 mL, 메틸오렌지(methyl orange) 지시약으로 종점에서 13.5 mL이었다. 이 물의 총 알칼리도는 얼마인가? (단, 1/50황산의 역가는 1이다)

㉮ 68 mg/L ㉯ 120 mg/L ㉰ 186 mg/L ㉱ 270 mg/L

풀이 총 알칼리도(mg/L as $CaCO_3$) $= a \times N \times f \times 50 \times \frac{1000}{V}$

$$= 13.5 \times \frac{1}{50} \times 1 \times 50 \times \frac{1000}{50} = 270\,mg/L$$

19. 다음의 조건의 적합한 침사지의 유효 길이로서 옳은 것은?

[조건] 평균유속 0.3 m/s, 유효수심 1.0 m, 수면적 부하 1800 $m^3/m^2 \cdot d$

㉮ 14.4 m ㉯ 18.4 m ㉰ 22.4 m ㉱ 26.4 m

풀이 $L = V_o t = V_o \times \frac{V}{Q} = V_O \times \frac{H}{Q/A}$

$$L = 0.3/sec \times \frac{1.0\,m}{1800\,m/d \times d/86400\,sec} = 14.4\,m$$

20. 폭이 45 cm이고 수직 깊이가 22.5 cm인 V형 바닥을 가진 침사지에 수심이 52.5 cm이고, 유량이 8,600 m^3/day이다. V형 바닥의 2/3가 grit로 찬 경우 평균유속은 얼마인가?

㉮ 0.51 m/sec ㉯ 0.61 m/sec ㉰ 0.73 m/sec ㉱ 0.85 m/sec

풀이 $V(유속) = \frac{Q}{A}$

$$\text{유수단면적}(A) = (0.45 \times 0.22)\,\text{m}^2 + \frac{(0.45+0.3)\times 0.1}{2}\,\text{m}^2 = 0.1365\,\text{m}^2$$

$$\therefore\ V\,(\text{유속}) = \frac{8{,}600\,\text{m}^3/\text{d} \times \text{d}/86{,}400\,\text{sec}}{0.1365\,\text{m}^2} = 0.729\,\text{m/sec}$$

21. 하루 평균 3,000 m^3/일의 폐수를 유효폭 5 m, 유효길이 30 m, 유효수심 4 m의 침전지에서 처리할 때의 침전지의 수면적 부하(m^3/m^2 · 일)는 얼마인가?

㉮ 5 m^3/m^2 · 일　　㉯ 15 m^3/m^2 · 일)
㉰ 20 m^3/m^2 · 일　　㉱ 25 m^3/m^2 · 일)

풀이 $$\text{수면적부하}(\text{m}^3/\text{m}^2 \cdot \text{d}) = \frac{3{,}000\,\text{m}^3/\text{d}}{(30 \times 5)\,\text{m}^2} = 20\,\text{m}^3/\text{m}^2 \cdot \text{d}$$

22. 어떤 폐수의 부유고형물 침강속도가 0.045 cm/sec 이상이었다. 이 부유 고형물을 수직류식 침전지에 의하여 제거하고자 할 때 침전지의 표면적은 얼마인가? (단, 수량은 3,900 m^2이고 24시간 균등하게 흐른다)

㉮ 50 m^2　　㉯ 100 m^2　　㉰ 150 m^2　　㉱ 200 m^2

풀이 입자를 100% 제거하기 위한 조건 : $V_s \geq \dfrac{Q}{A}$

$$\therefore\ A = \frac{Q}{V_s} = \frac{3{,}900\,\text{m}^3/\text{d} \times \text{d}/86{,}400\,\text{sec}}{0.045\,\text{cm/sec} \times 10^{-2}\,\text{m/cm}}$$

23. 인구 200,000명의 도시에 하수처리장이 있다. 침전지의 크기가 폭 5 m, 길이 25 m, 유효수심 2.5 m인 침전지 8개가 평균적으로 처리할 때의 이 침전지의 이론적인 체류시간은? (단, 1일 1인당 하수방출량은 200 L이다)

㉮ 1.2 hr　　㉯ 1.5 hr　　㉰ 2.0 hr　　㉱ 2.5 hr

풀이 $$t\,(\text{체류시간}) = \frac{V\,(\text{체적})}{Q\,(\text{유량})}$$

$$\therefore\ t = \frac{(25 \times 5 \times 2.5) \times 8\,\text{m}^3}{200\,\text{L인} \cdot \text{d} \times 200{,}000\text{인} \times 10^{-3}\,\text{m}^3/\text{L} \times \text{d}/24\text{hr}} = 1.5\,\text{hr}$$

24. 표면적 50 m^2인 침강탱크에 폐수가 2,500 m^3/day 유입된다. 폐수 중 현탁고형물이 Stock식에 따라 침강한다면 고형물이 90% 이상 제거되려면 제거되는 고형물의 입자의 크기는 얼마 이상이 되어야 하는가? (단, 폐수밀도 1,000 kg/m^3, 점도 0.1 kg/m · s, 현탁 고형물 입자의 밀도

1.25 g/cm^{3}이다)

㉮ 6.18×10^{-2} cm　　㉯ 6.52×10^{-2} cm

㉰ 6.5×10^{-4} cm　　㉱ 6.18×10^{-4} cm

풀이

$$E = \frac{V_s}{Q/A}$$

$$\therefore \ V_S = E \times \frac{Q}{A} = 0.9 \times \frac{3{,}900\,m^3/d \times d/86400\,sec \times 10^2\,cm/m}{50\,m^2}$$

$$= 5.2 \times 10^{-2}\,cm/sec$$

$V_s = \dfrac{g(ps - pw)\,d^2}{18\mu}$ 에서

$$d = \sqrt{\frac{V_s \times 18\mu}{g(ps - pw)}} = \sqrt{\frac{5.2 \times 10^2 \times 18 \times 1}{980 \times (1.25 - 1)}} = 6.18 \times 10^{-2}\,cm$$

25. 수면적 110 m^{2}의 침전지가 있다. 하루 200 m^{3}의 폐수를 침전시킨다고 가정할 때 이 침전지에서 95% 제거될 수 있는 입자 중 최소입자의 침강속도를 구하면 몇 mm/min인가?

㉮ 1.199 mm/min　　㉯ 1.999 mm/min

㉰ 2.899 mm/min　　㉱ 3.199 mm/mub

풀이

$$V_s\ (mm/min) = E \times \frac{Q}{A} = 0.95 \times \frac{200\,m^3/d \times 10^3\,mm/m \times d/1440\,min}{1100\,m^3}$$

$$= 1.199\,mm/min$$

정답

1. ㉰	2. ㉰	3. ㉯	4. ㉰	5. ㉰	6. ㉰	7. ㉮	8. ㉰	9. ㉮	10. ㉰
11. ㉮	12. ㉮	13. ㉰	14. ㉮	15. ㉮	16. ㉯	17. ㉯	18. ㉱	19. ㉮	20. ㉰
21. ㉰	22. ㉯	23. ㉯	24. ㉮	25. ㉮					

PART 04

화학적 처리

09 응집

Coagulation and Flocculation

앞서 보았던 입자들은 어느 정도 size가 있어 시간만 충분하면 중력 등의 영향을 받아 스스로 침전 가능한 것들이었다. 하지만 어떤 입자들은 아주 작은 size와 입자간 전기적인 힘에 의하여 침전하는데 며칠 또는 몇 달이 소요된다. 이러한 입자들은 서로 결합하여 size가 커져 침전 가능한 상태가 되게 하는 화학적 공정이 필요하다.

물속에서 이러한 성질을 갖는 물질 중 대표적인 것이 colloid이다. Colloid는 물에 용해되지 않고 침전이 되지 않는 고형물질(nonsettleable solid)로 존재한다. 그 크기는 보통 1 nm ~1 μm로 현미경 등을 통해서만 볼 수 있으며, 극도로 작은 크기로 인하여 여과(filtration)로도 제거되지 않을 뿐만 아니라 보통 규모의 침전조에서 자연 침전에 몇 년이 걸리는 것도 있다. 물속에 존재하는 colloid는 보통 vacteria, 토사, 점토(clay), 침니(silt) 등이 대부분이며 종종 물의 색(color)을 유발하므로 수처리에 있어 반드시 제거해야만 하는 물질이다.

물속에서 colloid 물질의 가장 두드러진 특징은 전기적으로 (−) 전하(charge)를 띠고 있으며 이러한 전기적 특성으로 colloid 간 척력(repulsion)이 작용하여 물속에서 상당히 안정적으로 존재한다는 것이다.

이러한 colloid를 제거하기 위한 가장 보편적인 방법은 응집 공정이다. 응집은 엄밀하게 coagulation과 flocculation 두 공정으로 구성되어 있으며 각각의 정의는 다음과 같다.

- Coagulation : colloid 입자의 안정성을 파괴하고 colloid간 초기 응집으로 개별 colloid 보다 큰 입자 형성 단계

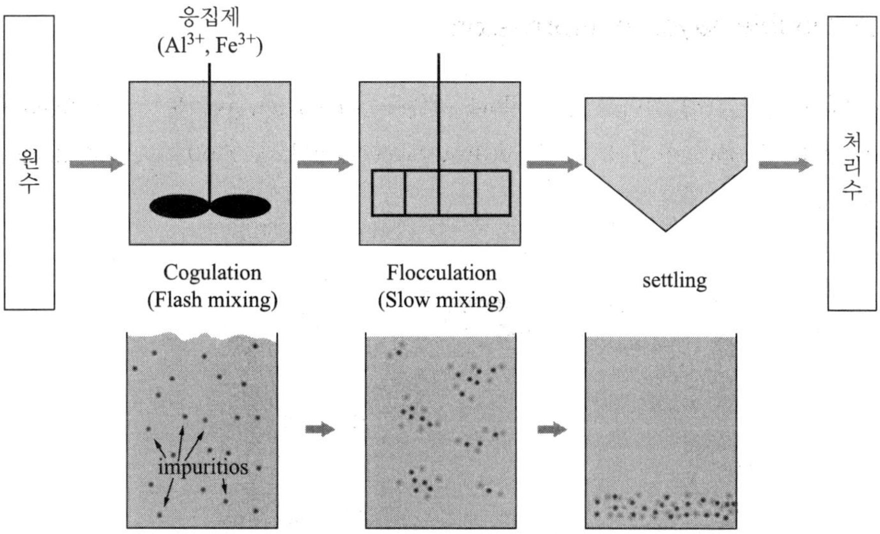

그림 9.1 Coagulation and Flocculation 개요

- Flocculation : coagulation으로 형성된 작은 입자로부터 더 큰 입자(floc)가 형성되게 하는 단계

응집제를 넣어 빠르게 교반(급속 교반)하여 coagulation이 일어나게 하고, 이후 천천히 교반(완속교반)하여 flocculation이 일어나게 한다.

9.1 응집(Coagulation)

Colloid는 음전하(negative charge, −)를 갖고 있고 이 때문에 척력이 작용하여 서로 모이지 못하여 침전이 되지 않는다. 따라서 colloid들을 침전시키기 위해서 표면전하(surface charge)를 완화시켜 안정성을 저하시켜야만 한다. 대부분 (+) 이온이 포함된 응집제(coagulant)를 물에 넣으면 colloid들의 안정성이 저하되어 floc이 형성되는데 그 세부적 화학 현상은 상당히 복잡하며 다음과 같은 현상 및 방법에 의하여 이루어진다.

9.1.1 Double layer compression

그림 9.2와 같이 (−) 전하를 띤 colloid 주변에는 (+) ion들이 붙어있는 fixed layer와 (+), (−) ion들이 loose하게 분포하는 diffuse layer가 있다. 두 개의 layer, 즉 double layer가 존재한다.

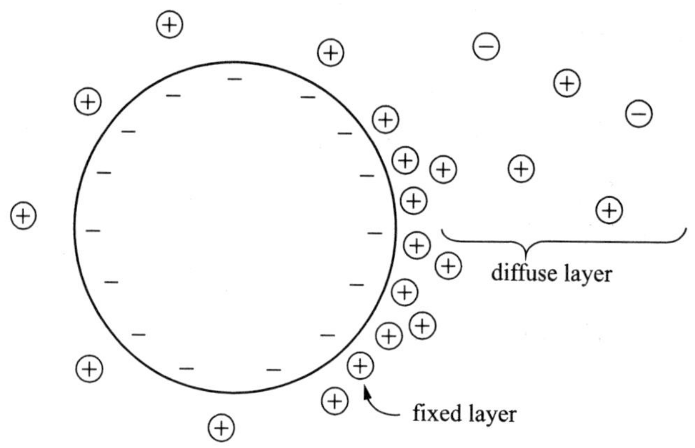

그림 9.2 Electric double layer

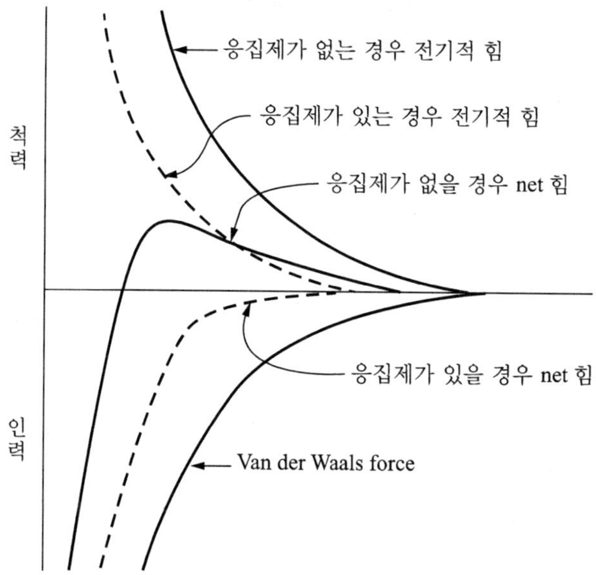

그림 9.3 응집제 투입 후 전기적 힘의 변화

(+) ion이 포함된 응집제가 물에 혼입되면 이 double layer가 수축(double layer compression)되면서 전기적인 힘(zeta potential)도 줄어들게 된다. 이 때 충분히 줄어들면 입자들 사이에서 작용하는 attractive (인력, 끌어당기는) Van der waals force가 repulsive (척력, 서로 밀어내는) 전기적 힘보다 강하여 서로 달라붙게 된다.

9.1.2 Charge neutralization

물속에 포함되어 있는 이온의 중성화에 의한 응집은 다음과 같은 과정으로 진행된다.

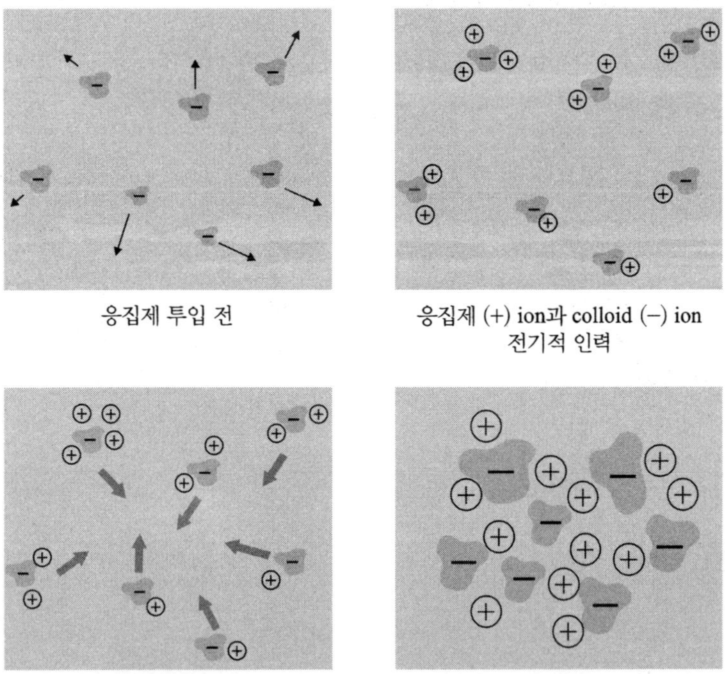

응집제 투입 전

응집제 (+) ion과 colloid (−) ion
전기적 인력

중성 입자들의
Van der Waals 인력

응집

그림 9.4 응집제에 의한 colloid의 중성화

9.1.3 Entrapment in precipitate

다음 그림과 같이 적절한 pH에서 Al 및 Fe salt (응집제) 투입 시 colloid를 핵으로 하는 침전물 생성 및 floc을 형성하며 다음과 같은 반응으로 세분화 된다.

① 물속 Al^{3+} ion의 일련의 반응

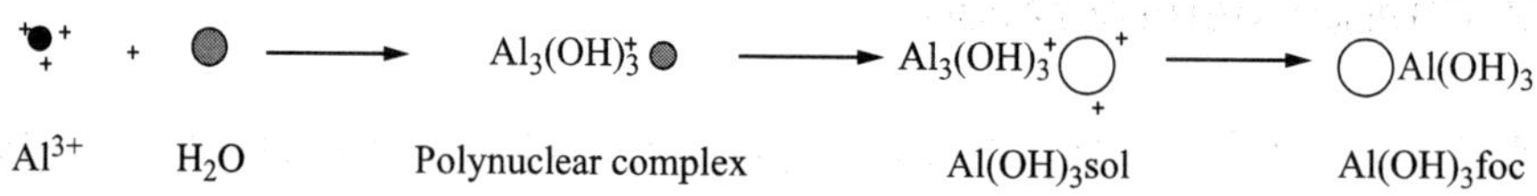

② 용해성 Al 수화물과 colloid와의 반응

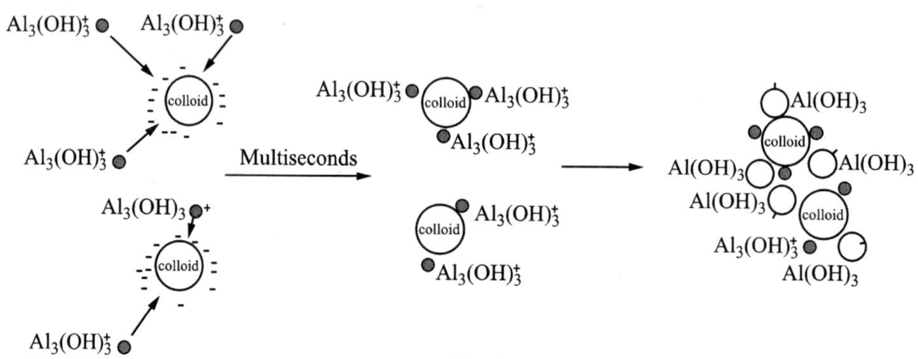

③ Aluminum hydroxide와 colloid 반응

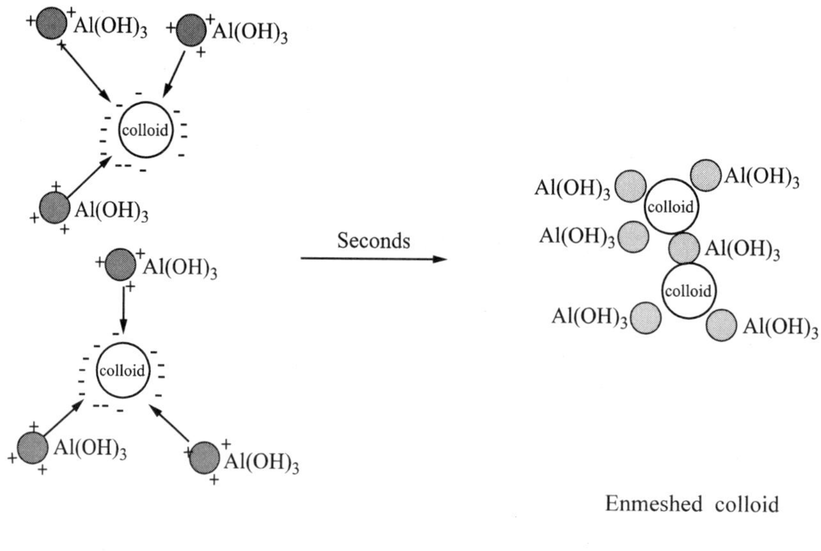

9.2 응집제(Coagulant)와 반응

현재 정수처리 및 폐수처리에 보편적으로 사용되고 있는 응집제의 종류는 다음과 같다.

- Aluminum Sulfate (Alum) : $Al_2(SO_4)_3 \cdot 14H_2O$
- Ferrous Sulfate : $FeSO_4 \cdot 7H_2O$
- Ferric Sulfate : $Fe_2(SO_4)_3$
- Ferric Chloride : $FeCl_3$
- Polyaluminum Chloride (PAC) : $Al_2(OH)_3Cl_3$

응집 반응이 일어나려면 물속에 충분한 alkalinity가 있어야 한다. 이러한 alkalinity는 물속에 자연적으로 존재하는 bicarbonate ion (HCO_3^-)이나 자연적으로 존재하거나 인위적으로 투여한 hydroxide ion (OH^-) 등의 형태로 존재한다. 다음에 대표적인 응집제와 그 화학 반응을 나타내었다.

- Aluminum Sulfate(Alum) : $Al_2(SO_4)_3 \cdot 14H_2O$

  $Al_2(SO_4)_3 \cdot 14H_2O + 3Ca(HCO_3)_2 \rightarrow 2Al(OH)_3 \downarrow + 3CaSO_4 + 14H_2O + 6CO_2$

  $Al_2(SO_4)_3 \cdot 14H_2O + 3Ca(OH)_2 \rightarrow 2Al(OH)_3 \downarrow + 3CaSO_4 + 14H_2O + 6CO_2$

- Ferrous Sulfate : $FeSO_4 \cdot 7H_2O$

  $2FeSO_4 \cdot 7H_2O + 2Ca(OH)_2 + \frac{1}{2}O_2 \rightarrow 2Fe(OH)_3 \downarrow + 2CaSO_4 + 13H_2O$

- Ferric Sulfate : $Fe_2(SO_4)_3$

  $Fe(SO_4)_3 + 3Ca(HCO_3)_2 \rightarrow 2Fe(OH)_3 \downarrow + 3CaSO_4 + 6CO_2$

- Ferric Chloride : $FeCl_3$

  $2FeCl_3 + 3Ca(HCO_3)_2 \rightarrow 2Fe(OH)_3 \downarrow + 3CaCl_2 + 6CO_2$

  $2FeCl_3 + 3Ca(OH)_2 \rightarrow 2Fe(OH)_3 \downarrow + 3CaCl_2$

9.3 알칼리도(Alkalinity)

물의 알칼리도는 산을 중화할 수 있는 능력(정도)을 나타내는 것으로 물속의 CO_3^{2-}, HCO_3^- 및 OH^- 농도를 합한 것이다. CO_3^{2-}, HCO_3^- 및 OH^- 각각의 농도는 CO_2와 H^+ ion 농도(pH)에 의하여 결정되며 그 화학식은 다음과 같다.

$$CO_2 + H_2O \rightleftarrows H_2CO_3 \rightleftarrows HCO_3^- + H^+$$
$$HCO_3^- \rightleftarrows CO_3^{2-} + H^+$$
$$CO_3^{2-} + H_2O \rightleftarrows HCO_3^- + OH^-$$

편의상 alkalinity는 보편적인 농도단위인 M = mol/L ([A])를 사용하지 않고 'mg as $CaCO_3$'로 나타낸다. A물질을 예로 들어 이를 수식으로 나타내면

$$\text{mg/L as } CaCO_3 = \text{mg/L A}\left[\frac{EW_{CaCO_3}}{EW_A}\right]$$

여기서, EW : Equivalent Weight (당량) = 분자량/전하가

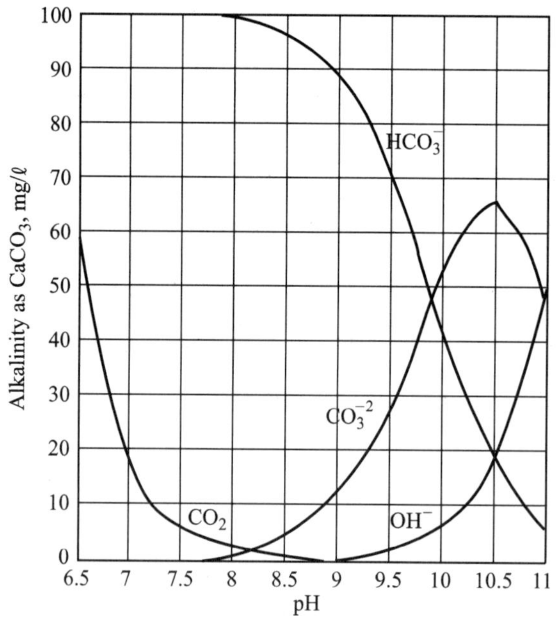

그림 9.5 pH와 alkalinity 구성 원소

Ex. 1)

물속에 100 mg/L의 CO_3^{2-}, 75 mg/L의 HCO_3^-, 그리고 1.7 mg/L의 OH^-가 있을 때 각각의 이온의 alkalinity를 mg/L as $CaCO_3$로 나타내어라.

물질	분자량	전하가	EW
CO_3^{2-}	60	2	30
HCO_3^-	61	1	61
OH^-	17	1	17
$CaCO_3$	100	2	50

Answer : CO_3^{2-} = 100 × (50/30) = 166.7 mg/L as $CaCO_3$

HCO_3^- = 75 × (50/61) = 61.5 mg/L as $CaCO_3$

OH^- = 1.7 × (50/17) = 5.0 mg/L as $CaCO_3$

Ex. 2)

200 mg/L의 alum을 투입하였을 때 소비되는 alkalinity를 mg/L as $CaCO_3$로 나타내어라. 이에 수반되는 반응은 다음과 같다(Alum Mw = 594.15 g/mol).

$$Al_2(SO_4)_3 \cdot 14H_2O + 3Ca(HCO_3)_2 \rightarrow 2Al(OH)_3 \downarrow + 3CaSO_4 + 14H_2O + 6CO_2$$

$$\Rightarrow Al_2(SO_4)_3 \cdot 14H_2O + 6HCO_3^- \rightarrow 2Al(OH)_3 \downarrow + 3SO_4^{2-} + 14H_2O + 6CO_2$$

Ex. 3)

200 mg/L의 $FeCl_3$를 투입하였을 때 소비되는 alkalinity를 mg/L as $CaCO_3$로 나타내어라. 이에 수반되는 반응은 다음과 같다($FeCl_3$ Mw = 162.2 g/mol).

$$2FeCl_3 + 3Ca(HCO_3)_2 \rightarrow 2Fe(OH)_3 \downarrow + 3CaCl_2 + 6CO_2$$

$$\Rightarrow 2FeCl_3 + 6HCO_3^- \rightarrow 2Fe(OH)_3 \downarrow + 6Cl^- + 6CO_2$$

9.4 Jar test

Jar test는 응집에 있어 최적의 pH와 응집제 주입량을 결정하기 위한 실험이다. 또한 coagulation과 flocculation 공정을 실험실에서 simulation 하는 과정으로 다음과 같이 진행한다.

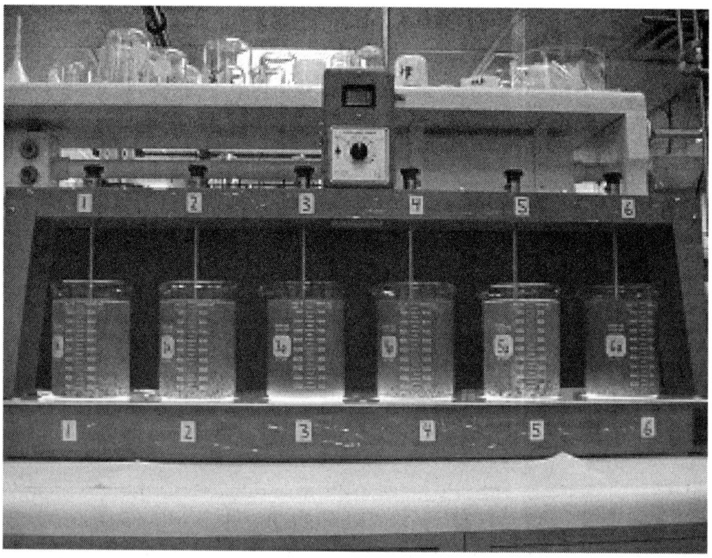

그림 9.6 Jar test 실험

9.4.1 최적 pH 결정

① 6개의 jar (beaker)에 test 할 물을 500～1000 mL 채운다.
② 교반하면서 H_2SO_4 또는 NaOH/$Ca(OH)_2$ 등으로 pH 조절한다.
(pH : 5.0, 5.5, 6.0, 6.5, 7.0, 7.5)
③ 응집제를 각각의 jar에 같은 양의 응집제(alum or iron)를 주입한다.
④ 교반속도를 100～150 rpm으로 1 min. 동안 급속교반(rapid mixing)을 한다.
급속교반은 응집제를 잘 분산시키기 위하여 수행한다.
⑤ 교반속도를 25～30 rpm으로 줄여 15～20 min. 동안 교반을 지속한다. 이러한 완속교반(slow mixing)은 입자들이 충돌하여 floc이 잘 형성될 수 있도록 하기 위함이다.
⑥ 교반을 멈추고 30～45 min. 방치하여 floc들이 침전하게 한다.
⑦ 각각의 jar 상등액의 탁도를 측정한다.
⑧ 최적 pH 결정

9.4.2 최적 응집제 주입량 결정

① 6개의 jar (beaker)에 최적 pH로 조절된 test 시료 물을 500～1000 mL 채운다.

② 각각의 jar에 다른 양의 응집제(alum or iron)를 주입한다.
(주입량 : 5, 7, 10, 12, 15, 20 mg/L)

③ 교반속도를 100~150 rpm으로 1min. 동안 급속교반(rapid mixing)을 한다.
급속교반은 응집제를 잘 분산시키기 위하여 수행한다.

④ 교반속도를 25~30 rpm으로 줄여 15~20 min. 동안 교반을 지속한다. 이러한 완속교반(slow mixing)은 입자들이 충돌하여 floc이 잘 형성될 수 있도록 하기 위함이다.

⑤ 교반을 멈추고 30~45 min. 방치하여 floc들이 침전하게 한다.

⑥ 각각의 jar 상등액의 탁도를 측정한다.

⑦ 최적 응집제 주입량 결정

Ex. 1) 탁도 15TU (Turbidity Unit) 그리고 초기 HCO_3^- alkalinity가 50 mg/L as $CaCO_3$인 물을 2set의 jar test 실험을 거쳐 다음과 같은 결과를 얻었다.

Jar test I

	1	2	3	4	5	6
pH	5.0	5.5	6.0	6.5	7.0	7.5
Alum 주입량(mg/L)	10	10	10	10	10	10
상등액 탁도(TU)	11	7	5.5	5.7	8	13

Jar test II

	1	2	3	4	5	6
pH	6.0	6.0	6.0	6.0	6.0	6.0
Alum 주입량(mg/L)	5	7	10	12	15	20
상등액 탁도(TU)	14	9.5	5	4.5	6	13

다음을 구하라.
① 최적 pH
② 최적 Alum 주입량
③ 이론적 Alkalinity 소비량

Ex. 2) 어느 공장 폐수를 대상으로 jar test 실시한 결과 시료 200 mL에 0.1 wt% alum 용액 10 mL를 넣었을 때 가장 좋은 결과를 얻었고 0.5 wt% 염화 제2철 용액은 15 mL 가하였을 때 가장 좋은 결과를 얻었다. 시료의 비중은 1이다.
① 각각의 주입량을 mg/L로 나타내어라.
② 1,500 m^3/day 폐수 처리 시 응집제 주입량을 kg/day로 나타내어라.

9.5 교반(Mixing)

교반은 입자들끼리 충돌하게 하여 서로 달라붙게(coagulation) 해서 floc을 형성하고 커지게끔(flocculation) 하기 위함이다. Coagulation에서의 교반은 빠르게(또는 vigorous) 하여 많은 충돌을 유발하여 서로 점착할 수 있도록 한다. 또한 flocculation에서는 완속(또는 gentle)으로 진행하는데 서로 충분히 충돌할 수는 있지만 floc이 깨지지 않을 정도의 세기로 교반한다.

폐수 처리에 있어서 교반은 물속에서 난류(turbulence)를 형성한다. 이러한 난류는 eddy 또는 whorl의 현태로 주변 물에 energy를 전달한다. 이러한 energy의 전달 및 분산은 수식으로 velocity gradient ($\frac{dv}{dz} = G$)로 나타낼 수 있다.

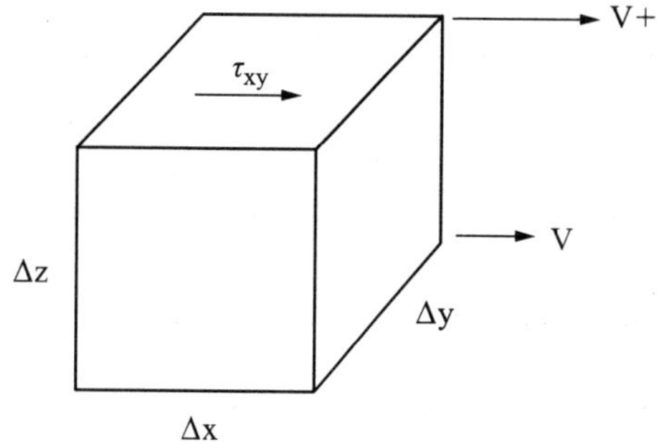

그림 9.7 유체 원소에 작용하는 shear force와 velocity gradient

다음과 같이 shear force τ_{xy}가 작용하여 velocity gradient가 형성되는 유체 입자를 고려할 때 Force $= \tau_{xy}\, \Delta x\, \Delta y = \mu \frac{dv}{dz} \Delta x\, \Delta y$로 표현할 수 있다.

여기서, τ_{xy}는 유체 단위 면적당 힘이고, $\mu \frac{dv}{dz} \Delta x\, \Delta y$는 Newtonian Fluid 정의에 의하여 표현된 식이며, μ는 유체의 점도를 나타낸다.

Power = Force × Velocity이므로 단위 부피당 투입된 동력(power)은

$$\frac{P}{V} = \frac{P}{\Delta x\, \Delta y\, \Delta z} = \frac{\left[\mu \frac{dv}{dz} \Delta x\, \Delta y\right]\left[\frac{dv}{dz} \Delta z\right]}{\Delta x\, \Delta y\, \Delta z}$$

여기서, $\left[\mu \dfrac{dv}{dz} \Delta x \, \Delta y\right]$: force

$\left[\dfrac{dv}{dz} \Delta z\right]$: velocity

$$\frac{P}{V} = \frac{\left[\mu \dfrac{dv}{dz} \Delta x \, \Delta y\right]\left[\dfrac{dv}{dz} \Delta z\right]}{\Delta x \, \Delta y \, \Delta z} = \mu\left(\frac{dv}{dz}\right)^2 = \mu G^2$$

$$\therefore \; G = \sqrt{\frac{P}{\mu V}}$$

여기서, G : root mean square velocity gradient by mixing [L/s]

P : 반응기에 가하는 mixing 동력[J/s]

V : 반응기 부피[m^3]

Flocculation에서 입자들의 충돌 횟수(number of particle collision)는 $G \cdot T_R$에 직접적으로 비례한다. 여기서 T_R은 물의 체류 시간이다. 따라서 flocculation tank design에 있어 가장 중요한 설계 인자는 G와 T_R이다.

10 흡착, 이온교환

Adsorption, Ion exchange

10.1 흡착 및 흡착제

흡착이란 유체상의 어떤 성분들이 고체 흡착제 표면으로 전달되는 분리 공정이다. 고체 표면은 작용하고 있는 힘이 불균형을 이루고 있기 때문에 기체나 액체에 노출되면 친화력의 차이로 특정 성분과 결합을 형성하여 부착하게 된다. 환경 분야에 있어 흡착과 유사한 화학적 물질전달 공정인 흡수가 있는데 그 차이점은 다음 표 10.1과 같다.

흡착은 보통 음용수 제조에 있어 다음과 같은 물질들을 제거하기 위하여 사용된다.

- 맛과 냄새 유발 물질 제거
- 색을 형성하는 유기물
- 합성유기 화학물질
- 소독 부산물 전구물질(THM 아님)

표 10.1 흡착과 흡수

공 정	특 징
흡착(adsorption)	유체 내 chemical이 고체 표면에 부착되는 공정
흡수(absorption)	유체 내 chemical이 고체 또는 액체에 전달되어 용액(solution)이 되는 공정
흡착, 흡수(sorption)	위 두 공정 모두 포함

보통 흡착제는 다공성의 작은 입자들로 고정층 내에 채워져 있으며, 고체가 포화되어 더 이상 원하는 분리가 이루어지지 않을 때까지 유체를 고정층에 연속적으로 통과시킨다. 포화된 흡착제는 재생하여 다시 사용하거나 새로운 흡착제와 교환한다.

흡착 공정에 있어 가장 보편적으로 사용되는 흡착제는 활성탄(activated carbon)이다. 활성(activated)은 특별한 처리에 의하여 내부 및 외부의 면적을 증가시킨 것을 의미한다. 모든 종류의 carbon 화합물은 활성탄으로 변화시킬 수 있으며 주로 사용되는 재료는 coconut shell, bones, wood, coal, petroleum coke, lignin, lignite 등이 사용된다. 하지만 공업용 활성탄은 대부분 coal, 특히 bituminous coal로부터 제조된다.

제조 과정 및 특성은 다음과 같다.

- Carbonization : 탄소 함유물질을 산소가 부족한 상태에서 열분해로 탄화하는 공정
- Activation : 탄화 공정 후 steam 또는 고온의 CO_2에 노출시켜 기공(pore)과 틈(fissure)을 형성

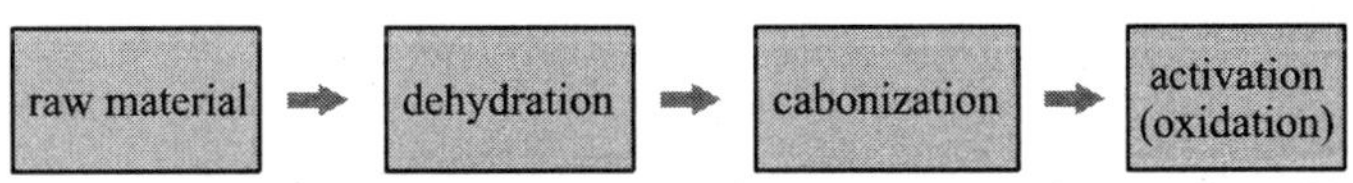

그림 10.1 활성탄 제조 공정

이런 과정으로 생성된 활성탄의 물리적 성질은 보편적으로 다음과 같다.

- Surace area (표면적) : 800～1,200 m^2/g
- Porosity (공극률) : 35～40%
- Pore diameter : 0.4～4.0 nm

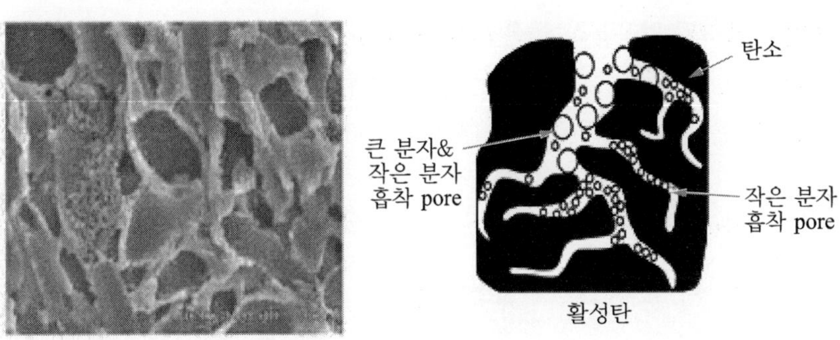

(a) 활성탄 표면 전자 현미경　　(b) 활성탄 pore의 흡착 원리

그림 10.2 활성탄 구조 및 흡착 원리

표 10.2 흡착제의 종류

종류	용 도
활성탄	냄새제거, 기체정제, 용매회수, 유독 성분 제거
알루미나	기체 및 액체의 건조
분자체	Hg, SO_x, NO_x 배출 제어 및 회수
제올라이트	기체의 정제, 공기 분리, 탄화수소의 분리 및 회수
실리카겔	기체의 건조 및 정제

활성탄과 그 외 몇 가지 중요한 흡착제와 그 용도를 표 10.2에 나타내었다.

10.2 흡착 등온선(Adsorption isotherm)

흡착은 활성탄의 성질, 흡착 물질의 화학적 구조, 물의 pH 및 온도 등에 영향을 받으며 흡착제와 흡착물질 간 다음과 같은 결합이 형성된다.

- 대부분의 결합은 Van der Waals force를 포함한 여러 가지 mechanism에 의하여 일어나는 물리적 결합이다. 물리 흡착은 대개 발열과정이며 가역(reversible)적이다.
- 어떤 결합은 화학적 결합이 될 수 있는데 이 경우는 비가역(irreversible)적이다.

흡착 공정에서 흡착된 양은흡착 등온선(adsorption isotherm)에 의하여 정량화 될 수 있고 모든 흡착 적용 공정마다 그 공정에 맞는 흡착 등온선 개발이 필요하다.

흡착 등온선 표현에 필요한 변수들을 다음과 같이 정의하였다.

$$q_A = \text{고체(흡착제)에서 흡착되는 A 물질의 농도} = \frac{\text{mass of absorbate(mg)}}{\text{mass of absorbent(kg)}}$$

C_A = 액상 내 흡착되는 A 물질의 농도(mg/L)

가장 간단한 형태의 isotherm은 다음과 같은 직선형태(linear)이다.

$$q_A = k_d C_A$$

$$k_d = \text{partition coefficient} = \frac{\text{mg/kg}}{\text{mg/L}} = \frac{\text{L}}{\text{kg}}$$

10.2.1 Langmuir isotherm

다른 형태의 isotherm으로 Langmuir isotherm인데, 이는 다음과 같은 가정으로부터 시작된다.

① 흡착 현상은 흡착제의 최상부 층에서만 일어난다.
② 평형에 도달 시 흡착속도 = 탈착속도

또한 수학적 model을 유도하기 위하여 다음과 같이 변수들을 정의한다.

f : 전체 고체 표면 중에서 흡착된 분자들이 차지하고 있는 표면의 분율
$(1-f)$: 전체 고체 표면 중에서 흡착이 가능한 표면의 분율

흡착속도를 r_a 라고 하면 r_a 는 흡착될 물질의 액상 농도와 흡착이 가능한 표면에 비례할 것이다. 즉,

$$r_A = k_a C_A (1-f)$$

여기서, k_a 는 비례상수이다.
비슷하게 탈착속도를 r_d 라고 하면,

$$r_d = k_d f$$

여기서, k_d 는 역시 탈착속도에서의 비례상수이다.
평형에서는 흡착속도와 탈착속도가 같으므로 $r_a = r_d$ 이며, 이 식으로부터

$$f = \frac{k_a C_A}{k_d + k_a C_A}$$

가 된다.
흡착제 1 kg당 흡착되는 물질 A의 질량을 q_A 라고 하면,

$$q_A = k_m f = \frac{k_m k_a C_A}{k_d + k_a C_A}$$

여기서, k_m 은 비례상수이다.

따라서 q_A 는 다음과 같이 표현된다.

$$q_A = \frac{k_1 C_A}{1 + k_2 C_A}$$

여기서, $k_1 = k_m k_a / k_d$ 이고 $k_2 = k_a / k_d$ 이다.

위 식은 옆 그림과 같은 형태로 초기 액상 농도가 낮은 경우 흡착량이 급격히 증가하다가, 농도가 증가함에 따라 완만한 형태가 된다.

또한 위 식은

$$k_1 C_A = q_A + q_A k_2 C_A$$

양변을 q_A 로 나누면

$$\frac{C_A}{q_A} = \frac{k_2}{k_1} C_A + \frac{1}{k_1}$$

즉, $\frac{C_A}{q_A}$ 는 C_A 와 기울기 $\frac{k_2}{k_1}$ 그리고 절편 $\frac{1}{k_1}$ 인 직선을 형성하게 된다.

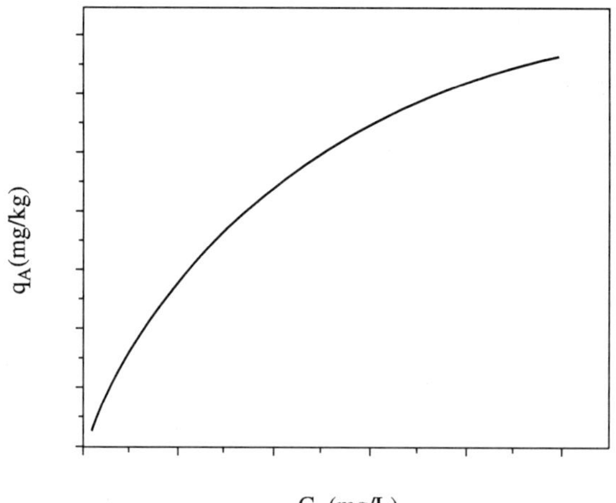

그림 10.3 q_A 와 C_A 관계 그래프

10.2.2 BET isotherm

다른 현태의 흡착 등온선은 몇 개의 분자층에 흡착이 일어난다고 가정하는 BET isotherm 이다.

$$\frac{q_A}{Q_M} = \frac{B_A C_A}{(C_{SA} - C_A)[1 + (B_A - 1)(C_A / C_{SA})]}$$

여기서, q_A : 흡착물질 양/흡착제 양

Q_M : 포화 시 최대 q_A

C_A : 액상에서의 평형 농도

C_{SA} : 액상에서의 포화 농도

B_A : 최상 분자층 평형상수/하층 평형상수

10.2.3 Freundlich isotherm

또 다른 형태의 흡착 등온선은 활성탄에 가장 많이 적용되는 Freundlich isotherm이다. 이 식은 실험적으로 얻어진 식으로 다음과 같다.

$$q_A = K_F {C_A}^{1/n}$$

흡착 등온선의 유도는 다음과 같은 순서로 실험실에서 수행한다.

- 실험 용기에 질량 m의 활성탄을 넣는다.
- 오염물질 농도 C_O인 폐수를 부피 V만큼 투입한다.
- 평형에 도달 하도록 6일 동안 천천히 섞어준다.
- 6일 후 평형농도 C_A를 측정한다.
- $q_A = \frac{V}{m}(C_O - C_A)$식으로 q_A를 계산한다.

만약 이 공정이 Freundlich isotherm에 적용된다고 하면

- q_A vs. C_A의 log-log graph를 그린다.

$$\log q_A = \frac{1}{n}\log C_A + \log K_F$$

즉, 이 graph에서 기울기는 $1/n$으로부터 q를 구하고 이고 절편 log K_F로 부터 K_F를 구한다.

10.3 파과점(Breakthrough point)

활성탄은 다음과 같이 두 가지 형태로 사용된다.

① Powdered Activated Carbon (PAC) : 분말 활성탄으로 ~24 μm size 정도이다. 물 또는 폐수 처리 공정에서 현탁(suspended)되어 있는 상태로 있고 처리 후 침전 및 여과되어 재사용한다.

② Granular Activated Carbon (GAC) : 입상 활성탄으로 0.6~2.4 mm size로 보통 상압(pressurized)의 충진탑에 충진하여 사용한다.

활성탄은 한정된 흡착능력을 나타내는데, 이 이상에서는 오염물질이 활성탄층을 뚫고 나오게(break through) 된다. 이 점을 breakthrough point라고 한다.

접촉시간은 오염물질의 양에 따라 변하지만 보통 10분 정도이다.

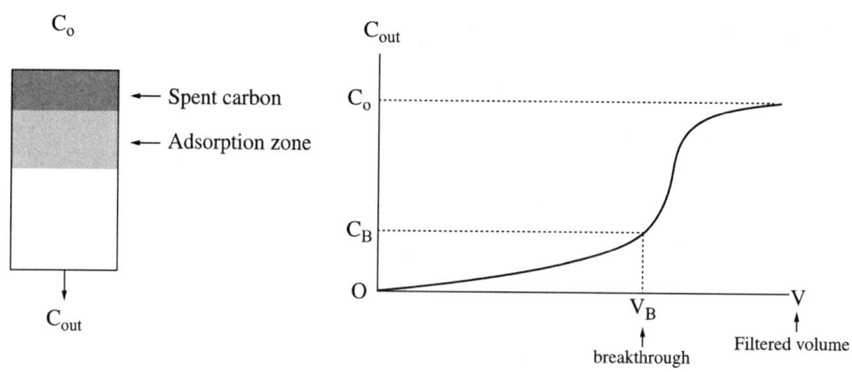

(a) breakthrough 흡착탑 운전 상태 (b) breakthrough curve

그림 10.4 Breakthrough point

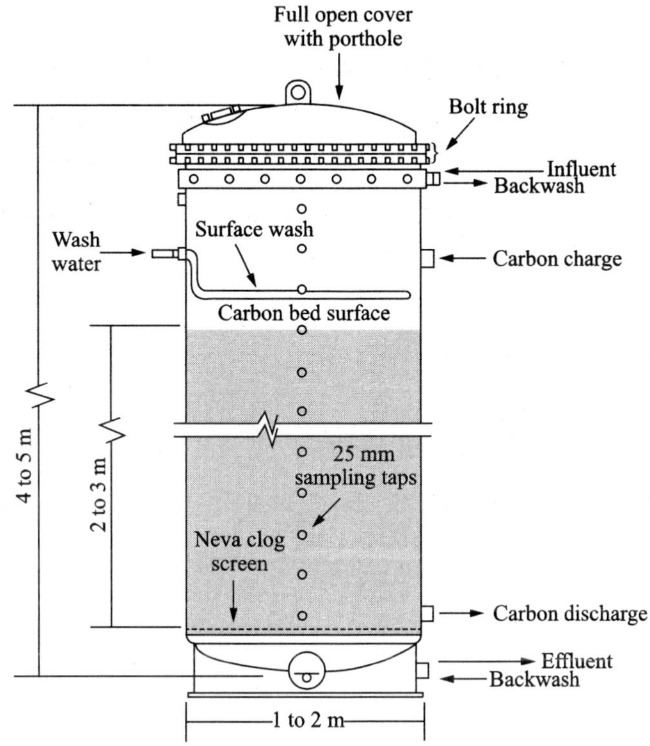

출처 : Metcalf & Eddy, Water Engineering : Treatment, Disposal, Reuse. McGraw-Hill, New York, 1979.

그림 10.5 상압 GAC 흡착탑

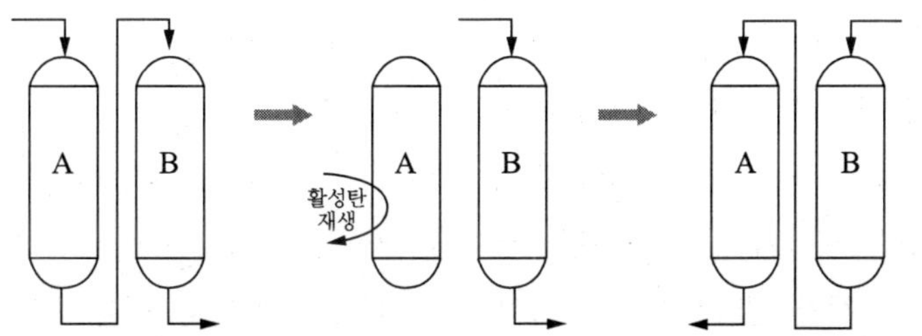

그림 10.6 흡착탑의 운전

그림 10.5는 보편적으로 사용되고 있는 Granular Activated Carbon (GAC) 흡착탑을 개략적으로 나타내었다. 흡착탑은 보통 2개를 seies로 연결하여 운전하는데 다음 그림 10.6과 같이 처음에는 A, B tank 연결하여 운전하다가, tank A가 breakthrough point에 도달하면 A로의 연결을 끊고 tank B 하나로 조업한다. 이후 tank A의 활성탄이 재생되면 다시 연결하는데 이때 물의 진입 방향은 처음 조업 시와 반대 방향으로 하여 tank B가 breakthrough point

에 도달할 때까지 계속 조업한다.

이 그림에서 볼 수 있듯이 tank 하나는 반드시 'fresh'한 상태로 있어야 한다.

사용된 활성탄은 열을 가하여 흡착된 물질을 제거하는 방법으로 재생하여 사용한다. 재생된 활성탄은 새것보다 당연히 효율이 저하되지만 보편적으로 사용된다.

일정 부피의 물을 처리하는데 필요한 활성탄의 질량을 산정하기 위하여 Carbon Usage Rate (CUR)을 계산한다.

$$\text{Carbon Usage Rate} = \frac{m_{GAC}}{V_B} = \text{CUR}$$

여기서, m_{GAC} : 입상 활성탄의 질량

V_B : breakthrough point까지 처리된 부피

10.4 이온교환(Ion exchange)

이온교환은 액상에 용해되어 있는 이온과 고체상의 물질과의 화학반응을 수반하는 수처리 공정이다. 흡착과 상당히 유사하지만 흡착이 Van der Waals와 같은 물리적 힘에 의하여 일어나는 반면 이온교환은 화학적 mechanism에 의하여 일어나는 현상이다.

각 이온마다 결합력의 차이를 나타내기 때문에 액상에 용해되어 있는 어떤 이온들은 선택적으로 이온교환 고체와 결합하고 이온교환 고체에 있던 이온이 액상으로 방출되게 된다.

예를 들어, 어떠한 이온교환 고체는 물에 용해되어 있는 Ca^{2+}와 Mg^{2+}와 결합하면서 원래 고체와 결합하고 있던 Na^{+}를 방출하여 물을 연수화(softening) 할 수 있다. 이러한 이온교환을 할 수 있는 고체는 천연적으로 존재하는 물질은 zeolite 등이 있다. 하지만 천연적인 물질보다는 합성수지(synthetic resin)로부터 만들어지는 이온교환 수지(ion exchange resin)가 보편적으로 사용된다. 이온교환수지는 물속의 양이온을 제거하는 양이온교환수지(cation exchange resin)와 음이온을 제거할 수 있는 음이온교환수지(anion exchange resin)가 있다.

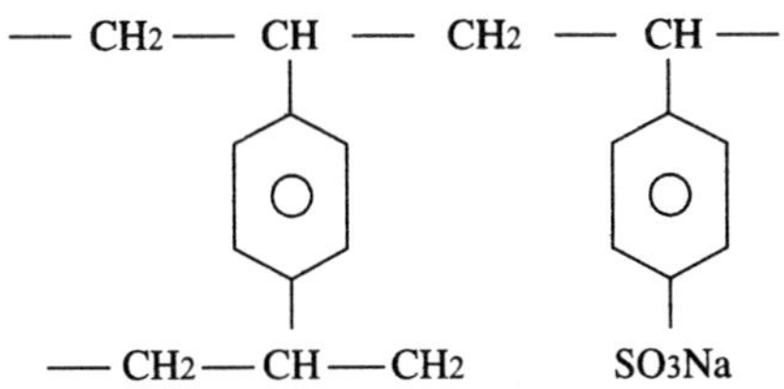

그림 10.7 양이온 교환수지

그림 10.7은 대표적인 양이온 교환수지로 여기서 sulfonic기에 Na^+가 치환된 $-SO_3Na$가 이온교환 역할을 하고 구체적으로 Na^+가 액상의 양이온들과 교환된다. 액상에 Ca^{2+}와 Mg^{2+}이 있는 경우 이온교환을 화학식으로 나타내면 다음과 같다.

$$Ca^{2+} + 2Na \cdot Ex \rightarrow Ca \cdot Ex_2 + 2Na^+$$

$$Mg^{2+} + 2Na \cdot Ex \rightarrow Mg \cdot Ex_2 + 2Na^+$$

여기서, Ex : 이온 교환 수지

이 반응에서 볼 수 있듯이 Ca^{2+}와 Mg^{2+}이 포함된 hard water는 이온 교환수지의 Na^+와 액상에 용해되어 있던 Ca^{2+}, Mg^{2+}와 교환되어 soft water가 된다.

이온교환 수지가 Ca^{2+}, Mg^{2+}으로 포화(saturation)되면 strong salt solution을 사용하여 다음과 같은 반응으로 재생(regeneration)한다.

$$Ca \cdot Ex_2 + 2Na^+ \xrightarrow{\text{strong brine}} 2Na \cdot Ex + Ca^{2+}$$

$$Mg \cdot Ex_2 + 2Na^+ \xrightarrow{\text{strong brine}} 2Na \cdot Ex + Mg^{2+}$$

이와 같은 방법으로 재생한 후에 이온 교환수지는 남아있는 소금물을 제거하기 위해 추가적으로 세척한 후에 다시 사용한다.

물 및 폐수처리에 있어 이온교환은 주로 다음과 같은 용도로 사용된다.

- Water softening : 액상에 용해되어 있는 Ca^{2+}, Mg^{2+} ion들을 양이온 교환 수지의 Na^+ ion과 교환
- Demineralization : 순수를 제조하기 위해 액상 용해된 양이온들은 양이온 교환수지의 수소이온(H^+)과 교환되고 액상 용해된 음이온들은 음이온 교환수지의 OH^- 이온과 교환
- Heavy metal removal : 폐수에 용해된 zinc, cadmium, copper, nickel, chromium 등을 양이온 교환수지로 제거

Sulfonate ($-SO_3H$)기에 의한 양이온 교환의 경우 이온교환 용이성(preference)은 다음과 같다.

$$Ba^{2+} > Pb^{2+} > Sr^{2+} > Ca^{2+} > Ni^{2+} > Cd^{2+} > Cu^{2+} > Co^{2+} > Zn^{2+} > Mg^{2+} > Ag^{2+} > K^{+} > NH_4^{+} > Na^{+} > H^{+}$$

Carboxylic ($-COOH$)기에 의한 음이온 교환의 경우

$$SO_4^{2-} > I^{-} > NO_3^{-} > CrO_4^{2-} > Br^{-} > Cl^{-} > OH^{-}$$

의 순서대로 이온교환 용이성을 나타낸다.

이온교환 장치는 활성탄처리 장치와 매우 흡사하다. 또한 breakthrough point 정하는 실험도 거의 동일하게 진행된다.

11 중화

Neutralization

11.1 pH

물은 공유결합으로 이루어진 아주 안정한 화합물이지만 아주 극히 일부가 자동이온화 (autoionization)라 불리는 반응에 의하여 이온화 될 수 있다. 즉,

$$H_2O \Leftrightarrow H^+ + OH^-$$

이 식을 평형의 원칙에 의하여 평형상수로 나타내면

$$K = \frac{[H^+][OH^-]}{[H_2O]}$$

그런데 이 식에서 이온화 된 $[H^+]$ 및 $[OH^-]$의 농도는 극히 적고 대부분이 $[H_2O]$ 형태로 남아 있으며 그 양은(1 L 당 55.56 mol) 변하지 않는다. 따라서

$$K[H_2O] = K_w = [H^+][OH^-]$$

여기서, K_w를 물의 ion-product constant라 하고 25℃에서 그 수치는 1×10^{-14}이다. 순수한 물의 경우 $[H^+] = [OH^-]$이며, 이를 중성(neutral)이라 하고 당연히 $[H^+] = [OH^-]$

$= 10^{-7}$이 된다.

Ex. 1) 산(acid)과 염기(base)를 정의하라.

Ex. 2) 위 식에서 $K_w = 1 \times 10^{-14}$의 단위와 $[H^+] = [OH^-] = 10^{-7}$의 단위를 각각 구하라.

위 식과 Ex. 1)에서 본 것처럼 $[H^+][OH^-] = 1 \times 10^{-14}$이고 이의 수치는 변함이 없다. 즉, 산성일 경우 $[H^+]$의 농도가 상대적으로 증가하고 염기성일 경우 $[OH^-]$의 농도가 상대적으로 증가하지만 이 두 농도의 곱은 항상 일정한 1×10^{-14}이다.

따라서 현재 물 상태가 산성인지 염기성인지 알려면 $[H^+]$ 또는 $[OH^-]$ 농도만 알면 쉽게 계산된다.

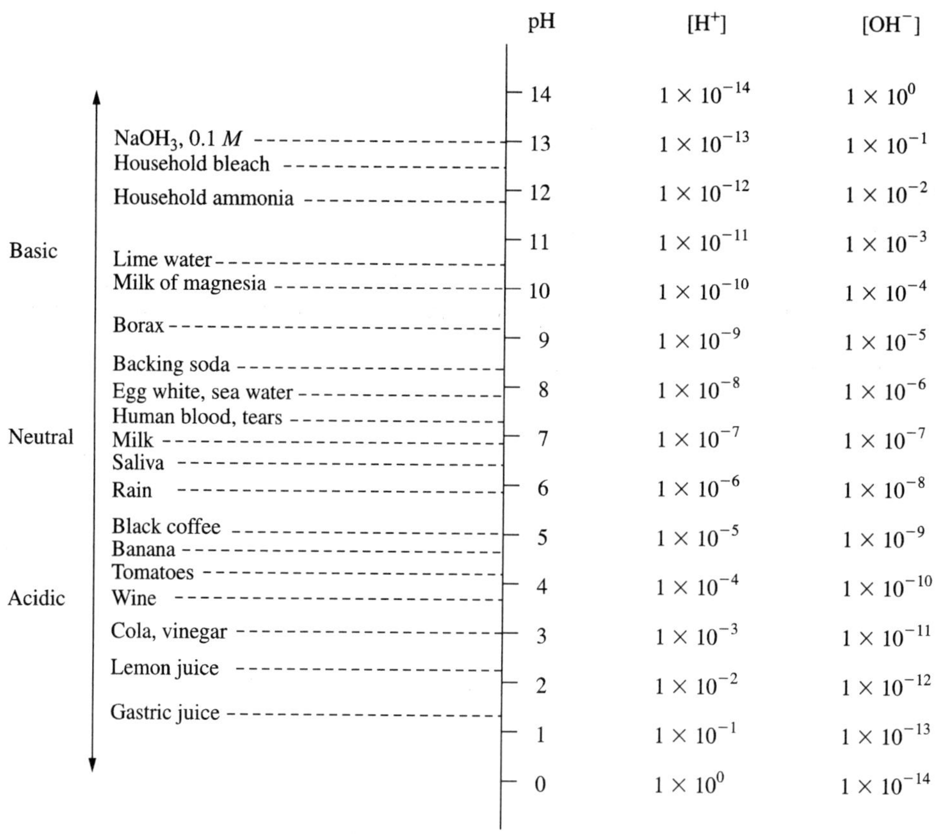

그림 11.1 여러 물질들의 pH

$$pH = -\log[H^+] = \log\left(\frac{1}{[H^+]}\right)$$

중성인 경우 $[H^+] = [OH^-] = 10^{-7}$이므로 위 식에 대입하면

$$pH = -\log[H^+] = \log(10^{-7}) = 7$$

이 된다.

또한 이 식에 각각의 경우를 대입해보면

pH < 7 : 산성용액
pH > 7 : 염기성용액
pH = 7 : 중성용액

Ex. 3) Lemon Juice의 $[H^+]$가 3.8×10^{-4} M이다. pH는? 또한 보통 사용되는 유리 세정제의 $[H^+]$가 5.3×10^{-9} M이다. 이의 pH는?

Ex. 4) 다음 경우의 pH를 구하라.
① 물 1 L에 2.5 g의 NaOH를 용해시켰을 때
② 물 1 L에 1.2 g의 HCl을 용해시켰을 때
③ 물 1 L에 2 g의 H_2SO^4를 용해시켰을 때

11.2 중화 반응

산성 폐수와 염기성 폐수를 반응시켜 염(salt)과 물을 생성하는 반응으로 화학적 처리법에 있어서 가장 많이 이용된다. 보통 산업적으로 중화란 정확히 pH 7로 맞춘다는 의미보다는 폐수 방류 허용범위인 6.5~8.5 범위에 있도록 처리한다.

산업적으로 폐수를 중화하는 방법으로는 주로 다음과 같다.

① 공장 내 사용 가능한 산성 및 염기성 폐수를 혼합하는 균등화(equalization)
② 직접 산 또는 염기를 첨가하여 pH를 조절

개념 문제

1. NaOH 0.4 g을 물에 녹여 500 mL 용액을 만들었다.
   ① 몇 mg/L인가?
   ② 몇 N 용액인가?
   ③ pH는 얼마인가?
   ④ 이 용액 100 mL를 중화하는데 0.2 M H_2SO_4 몇 mL가 필요한가?

2. 어느 공장의 폐수 양은 50 ton/day이고 이 폐수 중 NaOH가 1 wt% 차지하고 있다. 이 폐수를 완전히 중화처리하려면 35% HCl 필요량을 kg/day로 나타내어라.

3. pH 10인 폐수 5 m^3을 완전히 중화하기 위하여 순도 98%, 비중 1.85인 황산을 사용할 경우 주입량을 g으로 나타내어라.

4. pH 1인 황산 폐수 100 m^3/day를 순도 70% NaOH를 사용하여 중화할 경우 필요한 양을 kg/day로 나타내어라.

5. 배출양 100 m^3/day, pH 11의 염기성 폐수를 pH 7로 조절하는데 필요한 황산의 양을 L/day로 구하라(단, 황산의 비중은 1.84이다).

6. 3.2 × 3.2 × 2.2 (m)의 tank에 pH 2인 염산 폐수가 가득 차 있다. 이 폐수를 순도 70%인 NaOH로 중화하려고 할 때 필요한 NaOH 양(kg)은? (단, 폐수의 비중은 1이다)

7. 산성폐수를 배출시키는 공장에서 중화법으로 폐수를 처리하고 있다. 중화폐수로는 NaOH가 1일 평균 100 kg 사용되는데, NaOH 대신에 $Ca(OH)_2$로 변경 사용하고자 한다. 1일 평균 소요되는 $Ca(OH)_2$의 양(kg)을 산출하라(단, 두 약품의 용해도는 동일하다고 보고, 사용하려는 $Ca(OH)_2$의 순도는 80%이며, 원자량은 Ca = 40, Na = 23이다).

8. 염산폐수를 배출하는 공장이 있다. 이 공장의 A 공정에서 폐수량 500 m^3/d, B 공정에서 폐수량 1,500 m^3/d가 배출되며, 각 공정 폐수의 pH는 각각 A는 4, B는 6이었다. 이 두 공정의 폐수를 합하여 NaOH로 중화 처리하고자 할 때 다음 물음에 답하시오.
   ㉮ 두 공정 폐수를 합할 경우 pH는 얼마인가?
   ㉯ 중화 처리 시 필요한 NaOH량은 하루 몇 kg이 소요되겠는가?

9. 어떤 화학 공장의 A공정에서는 pH 3인 폐수가 배출되고 B공정에서는 pH 10인 폐수가 배출되어 혼화지에서 혼합되고 있다. A공정과 B공정에서의 폐수 배출 용량비가 2 : 5라면 혼화지 예상 pH는 얼마이겠는가? (단, 두 용액 혼합 시 중화반응이 일어나고 완충작용 등 기타 영향은 없다. 또한 폐수 용량 단위는 가정하여 풀 수 있다)

12 소독

Disinfection

소독은 물에 소독제(disinfectant)를 첨가하여 인간에게 해를 줄 수도 있는 미생물을 사멸하게 하여 식수(drinking water)를 안전하게 하는 아주 중요한 공정이다. 식수 제조에 사용되는 원수에서부터 공급까지 물을 미생물 오염원으로부터 보호하는 방법은 다음과 같이 세 가지 방법이 보편적이다.

- 수원(water source)로 미생물 유입 차단
- 미생물 오염원의 사멸 처리(화학적 처리)
- 급수 system으로의 미생물 유입차단 및 사멸

소독공정은 또한 소독시기 및 목적에 따라 다음과 같이 두 가지로 분류된다.

- 1차 소독(primary disinfection)
  정수장 또는 하・폐수 처리장에서 물속에 포함된 미생물의 사멸하기 위함이고 정수처리 시 전염소 처리가 이에 해당된다.
- 2차 소독(secondary disinfection)
  급수 system에서 관내 유입 미생물 사멸을 위한 소독 잔류물의 유지를 위한 공정

장티푸스, 콜레라 등의 전염병이 물에 기인하는 것이 밝혀진 이후 물을 안전하게 하기 위한 노력이 꾸준하게 진행되어 왔으며 앞으로도 문제점이 없는 소독 system 개발을 위한 노

력이 계속 진행되고 있다. 표 12.1은 과거에서 현재까지 정수처리 시 소독관련 발전사를 정리한 것이다.

표 12.1 소독의 역사

소독 system의 발전	
시기	활 동
1800년대 후반	수원(water source) 보호 및 모래 여과(sand filtration) 시작
1880년	독일 미생물학자 Koch가 염소가 비활성화(bacteria inactivation) 할 수 있는 것을 발견
1902년	Belgium에서 세계 최초 염소 소독 실시
1908년	미국에서 $Ca(OCl)_2$를 사용한 소독 실시
1913년	미국에서 염소 gas (Cl_2)를 사용한 소독 실시
1960년대	국내 상수도 보급 시 염소 소독 실시
1970년대	Trihalomethane (THM) 생성이 증명
1980년대	Giardia와 Cryptosporidium이 중요 물속 병원균 인식

가장 보편적인 소독 방법은 화학적 처리로 소독제 종류별로 보면 다음과 같이 분류된다.

- 자유염소(free chlorine) : 가장 보편적으로 사용된다. Cl_2, NaOCl, $Ca(OCl)_2$ 등의 형태로 존재한다.
- 결합염소(combined chlorine, chloramine) : 주입염소와 물속 화합물 결합에 의하여 생성된다.
- Ozone (O_3) : 화학적 처리 중 가장 강력한 산화제(소독제)이다.
- 이산화염소(chlorine dioxide, ClO_2) : ClO_2의 화학적 구조를 가진 맹독성의 gas이다.

이외 물리적 처리방법으로 다음과 같은 두 가지 종류가 사용되고 있다.

- UV light : 소규모 소독시설에 사용된다.
- Nanofiltration : 아직 보편적이지 못하고 특수한 분야에 적용되고 있다.

이러한 소독 방법을 서로 비교하면 다음과 같다.

표 12.2 소독의 방법에 따른 특징, 장점, 단점 및 공정

소독제		구분	내 용
염소화	염소(gas) Cl_2	특징	보통의 압력에서 yellow-green gas 형태로 존재하며 매우 독성이 강하다. 보통 가압하여 액상으로 변환하여 사용한다.
		장점	염소는 물속에 존재하는 거의 모든 병원균 및 미생물 제거에 상당히 효율적이고 1차 소독 및 2차 소독 모든 공정에 적합하다.
		단점	염소 gas는 공기 중에 부피비로 0.1%만 혼입 되도 치명적일 만큼 독성이 강하다.
		공정	Cylinder 내 액상 염소를 감압 및 유량조절 valve를 통하여 gas로 변환한 후 injector를 통하여 액상에 공급해준다. 주입 후 병원균 및 미생물 사멸을 위해 충분한 교반과 접촉시간이 필요하다. 주입 후 물의 pH 조절이 필요하다.
	차아염소산 (sodium hypochlorite) 용액 NaOCl	특징	5～15% 유효 염소를 함유한 용액 형태로 존재한다. 유효 염소로 비교할 때 염소 gas보다 고가이다.
		장점	액상으로 gas상의 염소보다 취급이 상당히 용이하다.
		단점	Sodium hypochlorite 용액은 상당히 부식성이 강하여 보관상 주의가 필요하며 장치 및 기기와의 접촉을 피하여야 한다. 또한 화학적으로 분해가 쉽게 이루어져 보관기간이 한 달 이내이어야 한다.
		공정	교반 및 보관 tank에서 일정 농도로 희석하여 희석액이 injector를 통하여 물과 혼합된다. 주입 후 충분한 교반과 접촉시간이 필요하다.
	Chloramine	특징	물속에 있는 ammonia가 염소화되어 형성되거나 또는 염소가 함유되어 있는 물에(OCl^- 또는 HOCl 형태로 존재) ammonia를 첨가하여 형성된다.
		장점	소독 부산물을 생성하지 않는 소독제이며 필요한 장소에서 생성시킬 수 있다. Chloramine 생성 반응은 몇 분 내로 99%까지 진행시킬 수 있다.
		단점	자유염소에 비하여 virus 또는 원생생물 사멸에 효율성이 떨어진다. Chloramine 급수관 내 잔류염소를 유지하는 용도로 적합하다.
		공정	염소주입 후 ammonia를 주입하여 생성시킨다. 물, 염소 및 ammonia 비율에 따라 또는 pH에 따라 생성물의 분포가 변하게 된다. 염소 : ammonia 비율이 5 : 1 dl 넘지 않도록 조절한다.
Ozonation O_3		특징	아주 강력한 산화제이며 소독제이다. 건조한 공기를 고압의 전류에 통과시켜 생성시킨다.
		장점	염소보다 주입량이 적고 접촉시간도 짧게 유지할 수 있다. 1차 소독제로 전 세계에서 널리 사용된다.
		단점	Ozone gas는 상당히 불안정하며 사용할 장소에서 제조하여 사용하여야 한다. 물속에서 오랫동안 유지될 수 없어 잔류염소 등이 추가적으로 필요하다.

	공정	공기(또는 산소) 공급장치, 발전설비, ozone 생성장치, ozone 접촉장치 및 배출 ozone 처리장치로 구성되어있다.
UV	특징	UV 발생 lamp를 이용하여 물에 조사하면 발생된 UV가 미생물 세포벽을 통과하여 내부 교란으로 미생물의 사멸 또는 증식불가 하게 하여 소독하는 방식이다.
	장점	Bacteria 및 virus 사멸에 상당히 효율적이다. 쉽게 적용할 수 있고, 독성물질이 없으며 짧은 접촉시간 및 간단한 기계장치 등의 장점이 있어 소규모 처리장에 아주 적합하다.
	단점	Giardia와 Cryptosporidium 등 일부 미생물에는 효력이 없다. 부유물질, 탁도가 높고 색 유발물질 또는 용존 유기물이 많은 경우 이러한 물질들이 UV를 흡수하기 때문에 소독능력이 현저히 떨어진다.
	공정	Lamp의 강도(에너지 주입)와 UV 노출시간이 주 동정변수이다. Lamp의 강도가 충분하지 못하면 미생물이 사멸되기보다는 손상을 입는 정도 수준이 되기 때문에 충분한 에너지 주입이 필요하다.

12.1 화학적 소독 Kinetics - Chick's Law

1908년 Harriet Chick은 phenol, mercuric chloride ($HgCl_2$, Hg_2Cl_2), silve nitrate ($AgNO_3$) 등이 미생물을 비활성화 시키는 것을 발견하였고 이를 정량화하였다. 즉, 미생물의 사멸속도(r)는 미생물의 농도에 비례하고 1차 반응인 것을 입증하였다.

$$r = -\frac{dN}{dt} = kN$$

여기서, N : 부피당 미생물의 수[마리/mL]

K : Chick's Law 상수[t^{-1}]

이를 적분하면

$$\ln\frac{N}{N_o} = -kt$$

따라서 시간 t 경과 후

$$\frac{N}{N_o} = e^{-kt}$$

$$N = N_o e^{-kt}$$

여기서, N_o : 초기 미생물의 양[마리/mL]

N/N_o : 생존율(survival ratio)

위 식에서는 미생물의 사멸을 위한 소독 시간은 나타났으나 소독제의 농도가 식에 포함되지 않은 것이 단점으로 대두되었다. 이에 따라 소독제의 농도가 포함된 보완식을 도출하였고 이를 Chick-Watson model이라고 한다. 이 모델은 특정 수준의 소독성능, 즉 N/N_o를 정한 상태에서 다음과 같은 식을 적용한다.

$$C^n t = K$$

여기서, C : 소독제의 농도

n : 희석계수(coefficient of dilution)로 실험을 통하여 구함

K : 상수(미생물의 종류에 의하여 결정)

희석계수 n은 그 수치에 따라 다음과 같은 특징이 있다.

- $n > 1$: 소독제 희석에 의하여 소독 성능 감소 – 소독제 농도가 시간보다 더 중요
- $n < 1$: 시간이 농도보다 더 중요한 경우
- $n \fallingdotseq 1$: 농도와 시간이 다 중요한 경우

다음 그림 12.1은 Chick-Watson model을 사용하여 세 가지 형태의 염소계 소독제를 사용하여 E. coli를 99% 사멸에 필요한 소독제의 농도와 접촉시간을 나타내었다.

또한 소독제로 HOCl을 사용하였을 때 여러 가지 미생물들을 99% 사멸시킬 수 있는 농도와 접촉시간을 그림 12.2에 나타내었다.

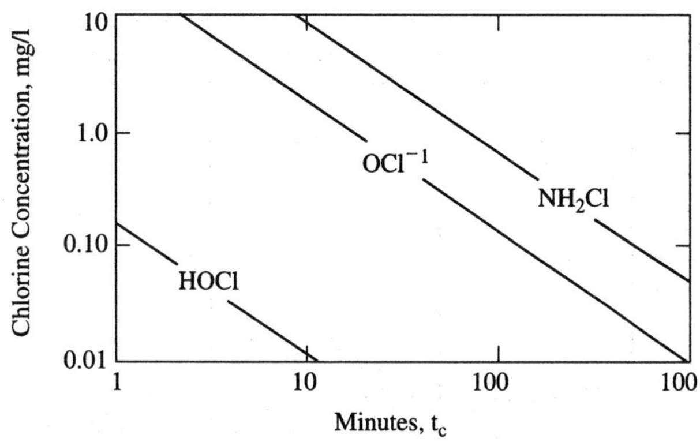

그림 12.1 E. coli 99% 사멸에 필요한 소독제 농도와 접촉시간

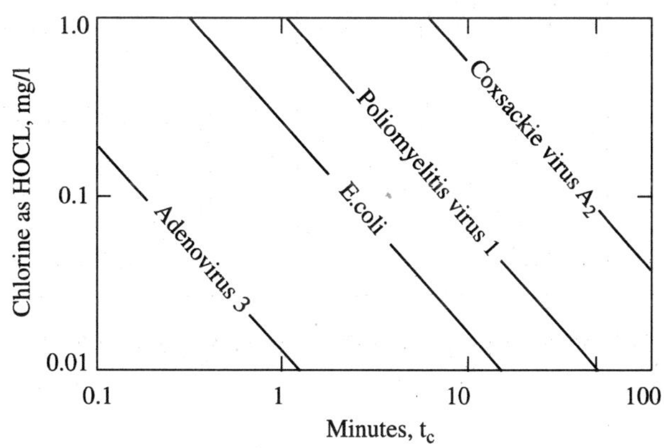

그림 12.2 미생물 별 99% 사멸 시 필요한 HOCl 농도 및 접촉시간

만약 n ≒ 1인 경우 Chick-Watson model은 다음과 같이 표현할 수 있다.

$$\ln \frac{N}{N_o} = -\mu_{cw} Ct$$

여기서, μ_{cw}는 Chick-Watson 계수로서 생존율(N/N_o)에 따라 변하게 된다. 그림 12.3에 위 식 적용 시 여러 가지 기술(소독제)에 따라 요구되는 Ct 값을 나타내었다.

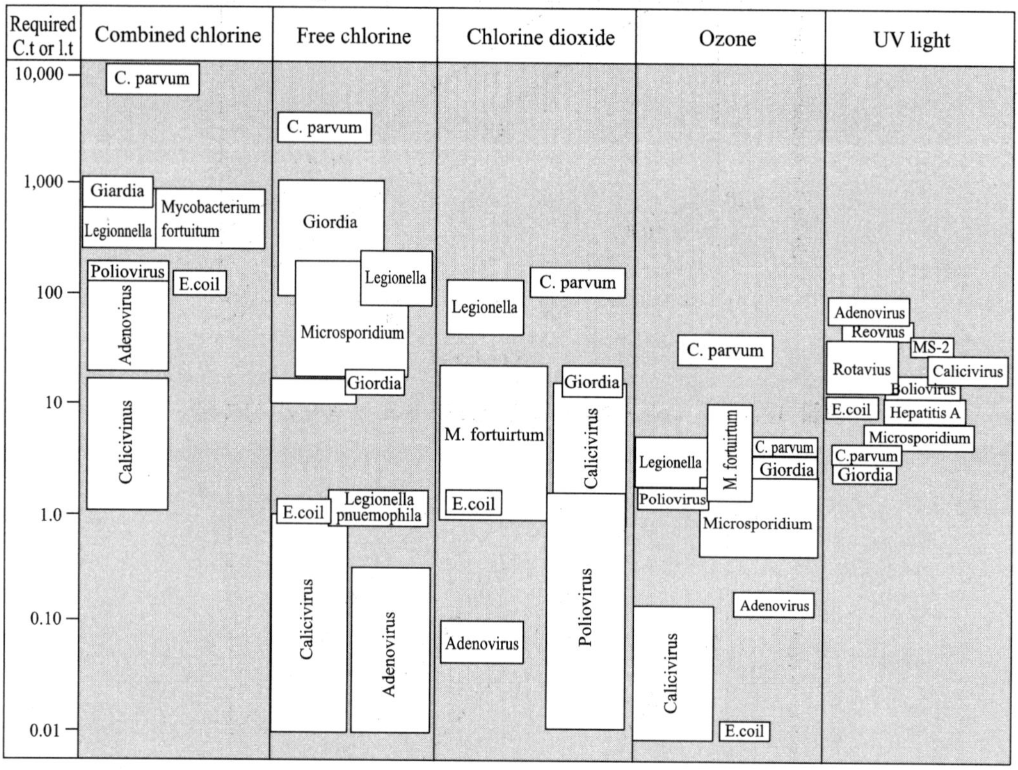

그림 12.3 미생물 별 99% 사멸 시 요구되는 Ct 값

12.2 염소 소독

염소는 정수처리 및 폐수처리에 있어 가장 보편적으로 사용되는 소독제로 bacteria, virus 및 병을 유발할 수 있는 미생물들을 사멸할 수 있다. 염소는 폐수 및 정수 처리에 있어 gas 또는 hypochlorite (tablet, 분말 및 용액) 형태로 주입된다. 염소 소독제는 gas상의 염소(Cl_2), 액상의 차아염소산 용액(sodium hypochlorite solution, NaOCl) 및 고체 형태인 calcium hypochlorite [$Ca(OCl)_2$] 형태로 주입된다.

염소계 화합물들은 물속에서 미생물의 세포벽에 들어가 세포벽 내 있는 효소(enzyme)를 분해하여 방어체계를 약화시키고 기본적 대사활동을 못하게 하여 사멸시킨다.

앞에도 언급하였지만 이러한 염소계 소독제의 장단점은 다음과 같다.

1) 장점

- 염소소독은 잘 알려지고 잘 정립된 기술이다.
- 현재까지 다른 소독 system과 비교하였을 때 가장 비용이 저렴하다.
- 급수 system 등에서 잔류 염소농도를 유지할 수 있다.
- 여러 종류의 미생물 사멸에 효과적이다.
- 주입량 조절이 용이하여 운전 control과 폐수 성상 변화 등에 유연하게 대처할 수 있다.
- 염소계 화합물은 물속의 냄새 유발 물질도 산화시킨다.

2) 단점

- Trihalomethane (THM)과 같은 소독 부산물을 생성할 수 있다.
- 폐수 처리 시 배출 수에 미량의 잔류 염소도 독성을 나타내 수생생물에 치명적인 영향을 줄 수 있다.
- 모든 염소계 소독제는 독성이 강하고 부식성이 있어 보관 및 운반 및 취급 등에 위험요소가 따른다.
- 염소는 물속 유기물들을 산화시켜 인간 및 환경에 유해한 물질을 만들 수 있다.
- 어떤 종류의 미생물은 낮은 농도의 염소에는 사멸되지 않는다.

12.2.1 염소계 소독 화학식

1) 염소 gas (Cl_2)

Gas 상의 염소를 물에 주입 시 다음과 같은 화학반응이 진행된다.

$$Cl_2 + H_2O \rightarrow HOCl + HCl$$

↳ hypochlorous acid

$$HOCl \rightleftarrows H^+ + OCl^-$$

pH 7.5 이하에서 ↲ 주로 형성 (HOCl)

↳ hypochlorite ion, pH 7.5 이상에서 주로 형성 (OCl^-)

위 식에서 볼 수 있듯이 염소 gas를 물에 주입하면 hypochlorous acid (HOCl)가 먼저 생성되고, HOCl은 또 분해되어 hypochlorite ion (OCl^-)이 형성된다. 이 반응들은 동시에 일어나며 pH에 의하여 영향을 받는다. 즉, pH 7.5 이하에서 HOCl 형성에 좋은 조건이어서 HOCl 농도가 상대적으로 높으며, pH 7.5 이상에서는 OCl^- 이온 형성에 좋은 조건으로 OCl^- 이온 농도가 상대적으로 높아지게 된다.

소독 성능 측면에서는 HOCl이 OCl^-보다 더 효과적인 소독제로 100배 정도 더 소독 능력을 발휘하는 것으로 알려져 있지만 두 화합물 모두 훌륭한 소독제이다.

2) Hypochlorite

Hypochlorite계 소독제는 고체 상태인 차아염소산칼슘(calcium hypochlorite)과 액체 상태인 차아염소산나트륨(NaOCl) 두 종류가 보편적이고 이들 물질을 물에 용해 시 gas상 염소와 동일하게 OCl^- 이온이 생성된다. 이의 화학식은 다음과 같다.

$$\underset{\text{(solid)}}{Ca(OCl)_2} \xrightarrow{H_2O} Ca^{2+} + 2OCl^-$$

$$\underset{\text{(liquid)}}{Na(OCl)} \xrightarrow{H_2O} Na^+ + \underset{\substack{\uparrow \\ \text{HOCl과 평형 유지}}}{OCl^-}$$

3) Chloramine

염소 주입으로 생긴 HOCl과 물속에 존재하는 ammonia와의 반응하여 chloramine이 생성되고 이의 반응은 다음과 같이 표현할 수 있다.

$$NH_3 + HOCl \rightarrow NH_2Cl + H_2O$$
↳ monochloramine pH ≥ 6 조건

$$NH_2Cl + HOCl \rightarrow NHCl_2 + H_2O$$
↳ dichloramine pH ≒ 5 조건

$$NHCl_2 + HOCl \rightarrow NCl_3 + H_2O$$
↳ nitrogen trichloride (trichloramine)

Chloramine들은 bacteria (pipe 서식하는 bacteria) 사멸에 효과적이지만 virus 사멸에는 비교적 성능이 떨어지는 것으로 알려졌다. Chloramine 화합물들은 자유잔류염소(free chlorine, HOCl & OCl^-)와 더불어 결합잔류염소(combined chlorine residual)로서 소독 성능을 발휘한다.

앞서 보았듯이 염소 주입으로 생성된 HOCl & OCl^- 이온은 물속의 물질들과 반응성이 상당히 좋다. 이 중 Natural Organic Matter (NOM, 즉 humic acid)는 물속에서 반응하여 다음과 같은 trihalomethane (THM)을 형성할 수 있다.

$CHCl_3$	chloroform
$CHCl_2Br$	bromodichloromethane
$CHClBr_2$	dibromochloromethane
$CHBr_3$	bromoform

이들 물질들을 Disinfection By-Products (DBP)로 알려진 소독 부산물이 최근 크게 문제시 되고 있는데 그 이유는 THM이 발암물질로 추정되기 때문이다.

12.2.2 염소 주입량

급수 system에서는 물속에 잔류하는 염소의 양이 충분할 수 있도록 염소 주입량을 결정하여야 한다. 이를 위하여 보통 파괴점염소처리(breakpoint chlorination)로 알려진 방법을 사용한다. 이는 물에 염소를 주입한 후 잔류량을 측정하는 실험을 통하여 주입량을 결정하는 방법이다. 물에 염소를 주입할 때 주입량과 잔류량은 그림 12.4와 같은 형태를 보인다.

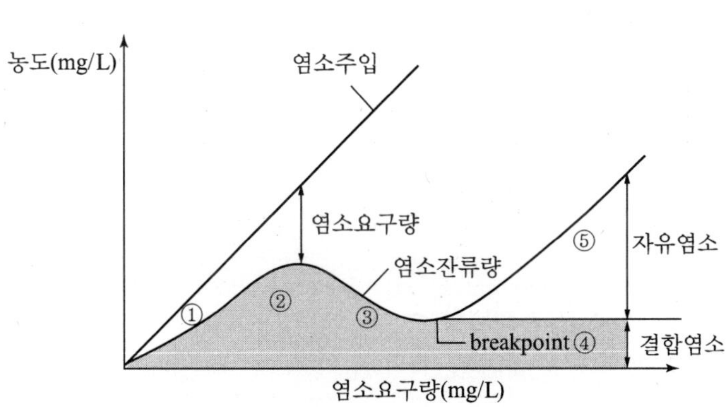

그림 12.4 염소 주입량과 잔류량

염소를 주입하면 다음과 같은 과정을 거치게 된다.

① 주입초기 물속에 포함되어 있는 염소와 쉽게 반응하는 물질들(H_2S, Fe^{2+})이 염소와 반응하는 단계이다. $Cl_2 \rightarrow 2Cl^-$ 이온 형태로 물속에 포함된 물질들과 쉽게 반응하여 염

소화합물을 형성하고 이 단계에서는 소독성능이 없다.

② 물속에 존재하는 염소와 쉽게 반응하는 물질(Fe^{2+} 등)과 반응 후 NH_3와 반응하여 chloramine 형성하여 결합잔류염소(combined chlorine residual) 형태로 존재한다. Chloramine 생성으로 소독성능을 발휘한다. ②단계부터 결합염소로 인해 소독성능이 나타나기 시작하는데 이전까지 주입한 염소소독 성능과 관계없이 물속에 존재하는 물질들과 반응하여 산화시키는데 필요한 양을 염소 요구량(demand)이라고 한다.

③ 염소 주입량이 증가함에 따라 monochloramine보다 dichloramine이 형성되고 이후 더욱 증가함에 따라 dichloramine보다 trichloramine이 주로 형성된다. trichloramine은 불안정한 화합물로 쉽게 N_2로 분해되어 잔류 염소량이 감소된다.

④ 잔류염소량이 가장 낮은 지점을 파괴점(breakpoint)이라고 한다. 이 지점까지 형성된 양을 결합잔류염소(combined chlorine residual)이라 한다.

⑤ 이후 주입하는 염소는 자유잔류염소(free chlorine, HOCl & OCl^-)가 되어 소독 성능 발휘한다.

바람직한 염소 주입량은 파괴점 이상이다. 파괴점 농도는 수질에 따라 달라지며 가장 멀리 공급되는 수돗물의 잔류 염소를 0.2 mg/L로 유지하기 위하여 보통 4~10 mg/L가 파괴점 농도가 된다. 한편 잔류 염소량이 0.5 mg/L 이상이면 심한 소독약 냄새가 난다.

잔류염소들 간의 관계는 다음과 같이 나타낼 수 있다.

총 잔류 염소 = 자유잔류염소 + 결합잔류염소
Total residual = Free chlorine residual + Combined chlorine residual

또한 주입량, 요구량 및 잔류량의 관계는 다음과 같다.

염소 주입량 = 요구량 + 잔류량
Chlorine dosage = Demands + Residuals

폐수처리에 공정에 있어 대부분의 경우 염소소독 공정이 마지막 공정인데 잔류 염소가 수생 생태계에 악영향을 미칠 수 있어 최종 방류 전에 잔류 염소를 제거할 필요가 있다. 보통 화학적 방법을 사용하며 아황산가스(sulfur dioxide, SO_2)가 잔류염소 제거에 사용되며 세부적으로 다음과 같은 반응을 수반한다.

① SO_2 가스를 물에 녹여 sulfite ion (SO_3^{2-})생성

$$SO_2(g) + H_2O \Leftrightarrow H_2SO_3$$

↳ sulfurous acid

$$H_2SO_3 \Leftrightarrow H^+ + HSO_3^-$$

↳ bisulfite ion

$$HSO_3^- \Leftrightarrow 2H^+ + SO_3^{2-}$$

↳ sulfite ion

② Sulfite ion과 잔류 염소의 반응으로 잔류염소 제거

$$SO_3^{2-} + HOCl \rightarrow SO_4^{2-} + Cl^- + H^+$$

$$SO_3^{2-} + NH_2Cl + H_2O \rightarrow SO_4^{2-} + Cl^- + NH_4^+$$

12.3 Ozonation

Ozone (O_3)는 염소계 소독제 중 소독 성능이 가장 우수한 HOCl보다 더 강한 산화제 이다. 오존은 미생물을 다음과 같은 두 가지 방법으로 비활성화 시킨다.

- O_3로서 직접적 산화
- Hydroxyl radical (HO ·)로 분해되어 radical 형태로 반응

오존에 의한 소독은 유럽이 가장 보편적으로 사용하고 있으며 전 세계적으로 증가추세에 있다. 오존 소독의 장단점은 다음과 같다.

1) 장점

- 아주 강력한 소독제이다(Giardia, Cryptospordium 포함).
- Trihalomethane (THM), chlorophenol 등 소독 부산물이 생기지 않는다.
- 맛 또는 색 제거에 아주 효과적이다.
- 소독 시 접촉 시간이 짧다.

2) 단점

- 짧은 접촉시간으로 충분한 순환이 되기 쉽지 않다.
- 염소소독보다 비용이 많이 든다.
- 물속 유기물과 오존이 반응하여 해가 될 수 있는 물질 생성이 될 수도 있다.
- 오존 gas는 폭발 위험성이 있다.

오존은 보통 fine-bubble porous diffuser를 통하여 미세 기포 형태로 물에 혼입이 되며 물에 거의 용해되지 않는다. 오존 접촉조(contactor)는 오존 미세 기포와 물과 잘 섞여진(fully mixed) 기－액 접촉조건을 만들어 주어야 한다. 가장 대표적인 오존 접촉조를 그림 12.5에 나타내었다.

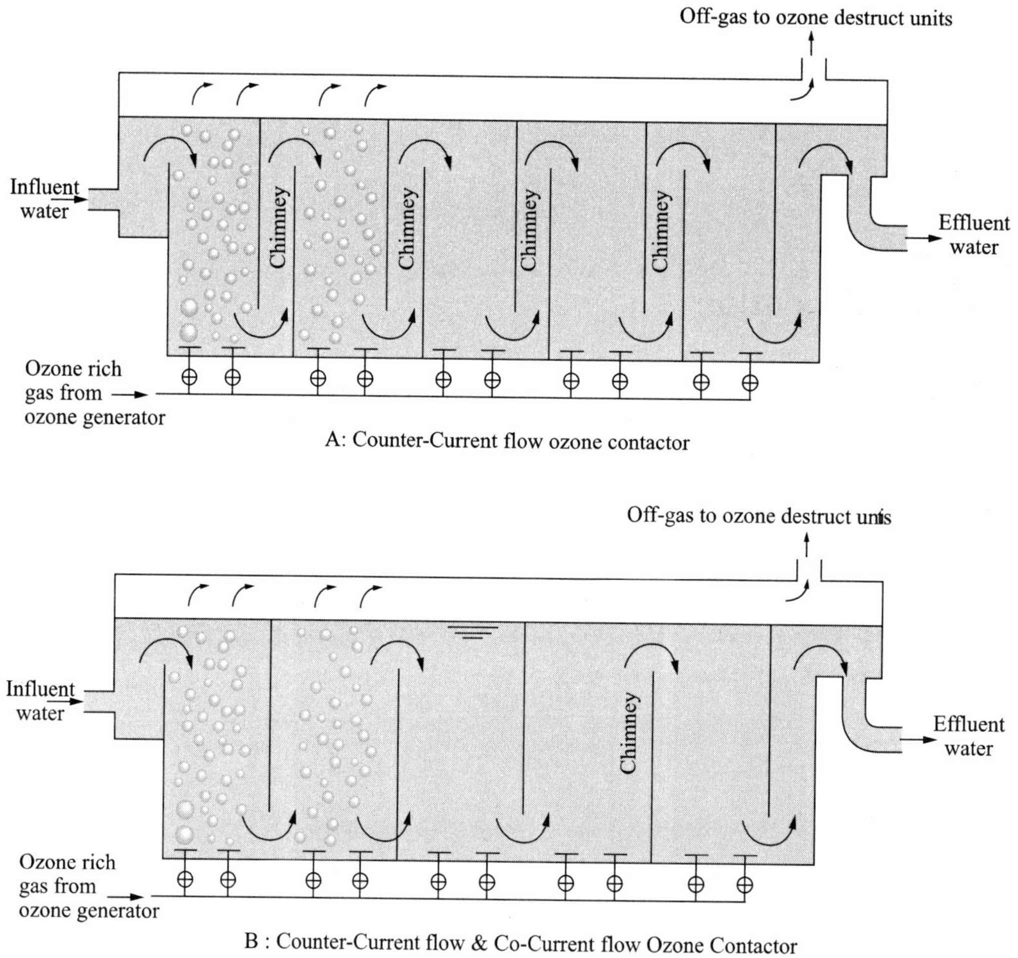

그림 12.5 오존 접촉 장치

이러한 반응기에서는 소독성능을 충분히 발휘하기 위하여 plug flow가 형성되어야 하며 따라서 이 반응기는 Plug Flow Reactor (PFR)이 연속적으로 연결되어 있는 형태이다. 위 반응기에서 A는 접촉조 내 chimney를 따로 두어 오존과 접촉 시 모두 couter-current flow가 형성되도록 하여 충분한 물질 전달이 일어나도록 하였다. B의 경우는 couter-current 및 채 -current flow가 번갈아 가는 형태이다.

오존은 사용 장소에서 제조하여 사용하는 것이 보편적인데 공기가 있는 두 plate 사이에 고전압을 걸어 코로나방전(corona discharge)을 유발하여 다음과 같은 화학반응을 거쳐 생성된다.

$$O_2 \xrightarrow{\text{corona discharge}} 2O\cdot \text{ (oxygen radical)}$$

$$O\cdot + O_2 \rightarrow O_3$$

12.4 UV radiation

UV 조사에 의한 소독은 다음과 같은 mechanism에 의하여 진행된다.

- UV가 직접 미생물의 DNA 및 RNA의 핵산(nucleic acid)을 손상시킨다.
- UV가 물에 조사되어 hydroxyl radical (OH ·)이 형성되어 강한 산화제로 작용한다.

DNA는 200～300 nm 파장을 흡수한다. 따라서 UV 소독은 이 파장 대에서 진행된다. UV 조사는 물에 용해된 물질에 또는 미세 입자에 의하여 간섭(interfere) 받을 수 있다. UV 접촉조는 몇 초 또는 몇 분의 짧은 체류시간을 필요로 하지만 염소화보다 비용이 많이 소모된다.

개념 문제

1. 약품응집 침전법에서 고분자 응집제를 주입하는 목적에 가장 적합한 것은?

㉮ 분자 간의 상호충돌 응결물(floc) 형성
㉯ 분자 간의 인력에 의한 응결물(floc) 형성
㉰ 반대전하에 의한 응집력으로 응결물(floc) 형성
㉱ 접착력에 의한 응결물(floc) 형성

풀이 고분자 응집제에 의한 응집효과는 계면 활성제보다 더 좋으며 이것은 가수분해하여 반대전하의 미립자 표면에 흡착하여 그 전하를 중화함과 동시에 고분자 전해질 자신이 입자 간을 가교(bridging)하여 응집이 되도록 한다.

2. 다음 중 중화처리에 사용된 중화제에 관한 기술이다. 옳은 것은?

㉮ 가성소다는 반응속도가 빠르고 슬러지의 생성량도 많다. 또 생석회나 소석회가 보다 가격도 저렴하다.
㉯ 황산은 반응속도는 빠르지만 용해도가 낮아 중화제로는 별로 이용되지 않는다.
㉰ 석회석은 용해도가 낮지만 반응속도가 빠르다.
㉱ 소석회를 사용하면 일반적으로 중화반응에 의해 생성된 칼슘염이 불용성이므로 많은 슬러지가 생성된다.

풀이 ㉮ NaOH, Na_2CO_3는 산과 반응속도가 빠르고 sludge 생성량이 적으나 값이 비싸다.
㉯ H_2SO_4, HCL, CO_2, gas 등은 알칼리 중화제이다.
㉰ 석회[Cao, $Ca(OH)_2$, $CaCO_3$]는 값이 저렴해서 일반적으로 많이 사용되나 반응속도가 느리고 sludge 생성량이 많다.

3. 폐수의 응집처리 원리로 타당하지 않는 것은?

㉮ 콜로이드의 전기적 특성을 변화시킴 ㉯ 물에 대한 표면적의 비를 감소
㉰ 입자의 표면적 전하를 감소 ㉱ 입자의 표면전하률 증가

풀이 입자의 표면 전하를 감소시켜서 응집시킨다.
응집이란 입자성 물질, 유기물, 조류(algae), 색도, colloid 등을 제거하는 것으로 때로는 취미(맛과 냄새)를 제거하기도 하는 등 각종 폐수처리에 사용된다.

- colloid 입자의 특징
  - 입자는 0.1～0.001 μ이며 소수성(hydrophobic)과 친수성(hydrophylic)이 있다.
  - 색도, 탁도, BOD를 일으키는 원인이 된다.
  - colloid성 입자는 브라운 운동(Brown motion)을 하면 전하를 띠고 무게가 가벼워 쉽

게 침전하지 않는다.

- colloid zete potential, Van der Waals force, 중력의 평형상태에 있다.

4. 폐수를 응집제에 의해 처리할 때의 유의해야 할 사항으로 가장 관계가 적은 것은?

㉮ 폐수의 pH ㉯ 폐수의 온도

㉰ 폐수의 용존산소량 ㉱ 응집제의 첨가량

5. 금속을 함유하는 폐수를 약품침전법으로 처리하는 경우 금속 수산화물의 응집 및 침전성은 여러 가지 인자에 의해 변화하는데 다음 중 응집 및 침전성에 가장 관계가 적은 것은?

㉮ 용존산소 농도 ㉯ pH

㉰ 금속농도 ㉱ 공존농도

풀이 용존 산소 농도와 응집과는 무관하다.

6. 화학적 응집처리 조작에서 일반적으로 관계가 먼 사항은?

㉮ pH ㉯ 충돌

㉰ ORP ㉱ 반델발스힘(Van der Waals force)

7. 화학적 응집처리 조작에서 일반적으로 관계가 먼 하상은?

㉮ pH ㉯ 충돌

㉰ 흡착 ㉱ 반델발스힘(Van der Waals force)

8. Colloid 평형과 가장 관계가 없는 항목은 어느 것인가?

㉮ Zeta potential ㉯ 중력

㉰ Van der Waals force ㉱ 표면장력

9. 친수성 colloid의 특성에 해당하는 것은?

㉮ 에멀션상태이다

㉯ 분산상의 전선도와 비슷하다

㉰ Tyndall 효과[$Fe(OH)_3$는 제외]는 대단히 현저하다.

㉱ 냉동이나 건조시킨 후 다시 재생시키기 어렵다.

풀이 친수성 colloid는 emulsion 상태이다

- 친수성 colloid : 물과 친화성이 있고 물분자를 주위에 끌어 당겨서 수화층을 만드는 colloid
- 소수성 colloid : 물과 친화성이 없는 colloid
- 보호 colloid : 전해질을 가하면 응집 침전하는 소수 colloid에 친수 colloid를 가하면 침전이 곤란해진다. 이와 같은 안정작용을 가진 친수 colloid를 보호 colloid라 한다.

10. 응집보조제와 가장 관계가 큰 것은 어느 것인가?

㉮ 전분 ㉯ clay
㉰ alum ㉱ 활성탄

풀이 응집보조제는 응집의 효율을 증가시키기 위하여 통상 소량으로 사용되며 대표적인 것으로 산, 염기, 활성규사, polyelectrolytes, clay 등이 있다.

11. 다음 약품 중 일반적으로 폐수의 응집처리에 사용되지 않는 것은?

㉮ 폴리염화 알루미늄(PAC) ㉯ 황산알루미늄
㉰ 황산 제1철 ㉱ 질산칼륨

풀이 무기응집제는 주로 원자가 큰 금속이온의 염으로 가수 분해되어 입자와 반대 전하를 가지는 이온을 생성시키면 좋다. 일반적으로 alum (황산알미늄), 황산 제1철이 사용되며 이외에도 Poly Aluminum Chloride (PAC), 염화 제2철 등이 있다.

12. 황산 제1철과 소석회를 병용하는 화학적 처리에 있어서 포기를 하는 이유는?

㉮ floc 형성을 위해서 ㉯ 탈색을 위해서
㉰ 살균을 위해서 ㉱ 가용화를 위해서

풀이 제1철염(Fe^{++})을 제2철염(Fe^{++})으로 산화시켜 floc이 잘 형성되도록 하기 위하여 포기가 필요하다. 즉, 제2철염은 제1철염보다 응집력이 뛰어나다.

13. 다음 화학 약품 중 응집제로 주로 사용되는 것은?

㉮ $NaCO_3$ ㉯ K_2SO_4
㉰ $MgCO_3$ ㉱ $Al_2(SO_4)_3$, $18H_2O$

14. 슬러지 수의 응집에 사용되는 응집제가 아닌 것은?

㉮ 황산알루미늄[$Al(SO_4)_3$] ㉯ 황산등($CuSO_4$)
㉰ 염화 제2철($FeCl_3$) ㉱ 황산 제2철($FeSO_4$)

15. Alum을 사용하여 응집침전을 실시하는 경우 어떤 침전물이 생기는가?

㉮ 수산화알루미늄 ㉯ 황산알루미늄
㉰ 염화알루미늄 ㉱ 탄산 알루미늄

풀이
$Al_2(SO_4)_3 \cdot 18H_2O + 3Ca(HCO_3)_2 \rightarrow 2Al(OH)_3 \downarrow + 3CaSO_4 + 6CO_2 + 18H_2O$
$Al_2(SO_4)_3 \cdot 18H_2O + 3Ca(OH)_2 \rightarrow 2Al(OH)_3 \downarrow + 3CaSO_4 + 18H_2O$

16. 음료수의 처리에 있어서 탁도를 제거하는데 유효한 약품 및 적용법이 맞는 것은?

㉮ Na_2CO_3 - 응집침전 - 여과 ㉯ $AgNO_3$ - 응집침전 - 여과
㉰ $CuSO_4$ - 여과 - 침전 ㉱ $Al_2(SO_4)_3$ - 응집침전 - 여과

풀이
탁도란 물의 탁한 정도를 나타내는 것으로 주로 부유성 고형물에 의하여 유발이 된다. 그러므로 탁도 제거법으로는 응집제를 주입하여 응집침전제거하여 여과시킨다.

17. 속도구배(velocity gradient)를 정확하게 나타낸 식은 어느 것인가? (단, μ : 점도, W : 단위액체 체적당 부가한 파워, V : 용기액체량, P : power)

㉮ $G = W/\mu$ ㉯ $G = \sqrt{(\mu/W)}$
㉰ $G = \sqrt{(P/V)}$ ㉱ $G = \sqrt{(W/\mu)}$

18. 산화, 환원 처리법의 설명 중 틀린 항목은?

㉮ 환원에 의한 처리는 산화와는 달리 극히 좁은 법위에서 이용하고 있다.
㉯ 환원은 산화의 역과정(譯科椌)이다.
㉰ 오존처리법은 산화에 의한 처리이다.
㉱ 생물학적 산소요규량은 산소를 소비하는 성분을 환원함으로써 제거된다.

풀이
BOD는 산소를 소비하는 성분을 산화함으로써 제거된다.

- 산화처리 : 산화란 광으로는 각 원소가 갖고 있는 산화수의 증가라고 정의된다. 원소의 산화수가 증가하면 산화, 감소하면 환원, 즉 산화와 환원은 동시에 일어나며 화학양론적으로 반응한다.
- 환원처리 : 환원에 의한 처리는 산화와 달리 극히 좁은 범위 내에서 이용되며 일반적으로 6가 크롬 함유 폐수처리와 동이온을 함유하는 폐수처리에 이용한다.

19. 크롬폐수에 관한 것 중 옳지 않은 것은?

㉮ 6가 크롬을 3가로 환원시킨 후 수산화물로 침전시킨다.

㉯ 크롬 3가의 침전은 pH 2～3에서 효율을 높일 수 있다.

㉰ 낮은 pH에서 환원 처리 시 처리 사간을 단축시킬 수 있다.

㉱ 화장품 공장에서도 유출되기도 한다.

풀이 Cr^{3+}의 침전은 pH 8～9 범위에서 효율을 높일 수 있다. 크롬폐수의 처리법에서는 환원 침전법, 전해 환원법, 이온교환 수지법, 활성탄 흡착법 등이 있다.

20. 다음 중 유리 잔류 염소에 대한 설명으로 가장 적당한 것은?

㉮ 암모니아나 유기성 질소 화합물과 반응하여 존재하는 것

㉯ 물속에 $HOCl^-$이나 OCl^-로 존재하는 염소

㉰ 물보다 강한 일정량의 염소와 일정한 시간 후에 남아있는 결합 잔류 염소와 염소 요구량을 합한 것

㉱ 결합 잔류 염소 내의 NH_3-N로 존재하는 질소

풀이 수중에 HOCl (차아염소산), OCl^- (차아염소산이온)의 형태의 염소를 유리 잔류염소라고 한다.

21. 폐수처리 시 염소소독을 하는 목적이 될 수 없는 것은?

㉮ 살균 및 냄새 제거

㉯ SS 및 탁도 제거

㉰ BOD제거

㉱ 부식 통제

풀이 정수처리장에서 염소주입은 살균이 목적이나 폐수처리에서는 살균 외에 냄새제거, 부식방지, BOD제거 등의 목적에 사용한다.

- 폐수 살균 100%살균이 아니고 15분 후의 잔류염소량 0.5 mg/L 존재시킨다.
- 염소 1 mg/L당 2 mg/L의 BOD가 감소된다.
- 염소주입은 염소의 강한 산화력을 이용 살균, 냄세제거, BOD제거 등의 효과가 있으나 최근에는 염소가 수중의 유기물과 결합하여 인체에 해로운 염소화합물을 생성시키며 이들 중에는 발암물질(THM)인 것도 있기 때문에 논란의 대상이 되고 있다.

22. 하이포 염소산화합물(hypchlorite)은 어디에 사용되는가?

㉮ 응집침전

㉯ 살균

㉰ 염소 gas의 생산

㉱ 이온교환

23. 폐수처리 시 염소 소독을 실시하는 목적이 될 수 없는 것은?

㉮ 살균 및 냄새 제거 ㉯ SS 및 탁도 제거

㉰ 부식 통제 ㉱ 유기물 제거

24. 소독방법이 아닌 것은?

㉮ Br_2, I_2 ㉯ O_3

㉰ 자외선 ㉱ $Ca(OH)_2$

풀이 $Ca(OH)_2$, 즉 소석회는 산성 토양의 중화, 응집 보조제 등의 알칼리제로서 사용된다,

- Br_2, I_2 : 할로겐 원소이며, 취소는 염소보다 화학적으로 불활성이므로 살균력도 작다.
- O_3 : 물의 화학물질이 남지 않고, 물에 염소와 같은 취미를 남기지 않으며, 유기물에 의한 기타 생성물 역시 제거 되지만 고가이고 소독의 잔류효과가 없으며, 별도오존 발생장치가 필요하다.
- 석영유리로 된 수온증기 등에 직류 220 V, 3.5 A의 전유를 통해서 얻은 파장이 짧은 광선으로 수심 120 mm 이내까지 살균효과를 가진다.
- 은(Ag)화합물 : 물에 대한 살균력이 크다.
- 염소 : 반응력이 강하고 유기・무기물과 직접 결합하여 응집・침전을 하며, pH에 따라 살균력이 크게 달라진다.

25. 폐수처리 방법과 그 기초가 되는 물질 이동현상과를 짝지은 것이다. 틀린 것은?

㉮ 활성탄 처리법 – 흡착 ㉯ 이온교화막법 – 투석(透析)

㉰ 역삼투법 – 삼투 ㉱ 포말분리법 – 흡수

풀이

- 포말분리법 : 부상법과 비슷한 원리로 폐수 내에 공기를 확산시켜 거품을 발생시키거나 또는 약품을 넣어서 거품이 생기게 한다. 물속의 colloid나 SS는 부상에 의하여, 용존유기물은 흡착에 의해서 제거된다. 주로 ABS (경성세제) 제거에 응용되며 페놀, 지방산, 아민, 비누 등도 제거할 수 있다.
- 투석 : 반투막을 사용하여 콜로이드나 고분자 용액을 정제하는 방법

26. 이온 교환수 처리법에 있어서 재생 과정에 해당되는 것은?

㉮ $2R\text{-}N\text{-}SO_4 + Na_2CrO_4 \rightarrow (R\text{-}N)_2CrO_4 + Na_4SO_4$

㉯ $2R\text{-}N\text{-}OH\text{-}H_2SO \rightarrow (R\text{-}N)_2SO_4 + H_2O$

㉰ $R\text{-}COOH\text{-}NaOH \rightarrow R\text{-}COONa + H_2O$

㉱ $(R\text{-}N)_2CrO_4 + 2NaOH \rightarrow 2R\text{-}N\text{-}OH + Na_2CrO_4$

27. 다음 보기와 같은 물질들이 폐수 내에 혼합되어 있을 경우 양이온 교환수지로 처리 시 일반적으로 제일 먼저 제거되는 것은?

㉮ Ca^{++} ㉯ Mg^{++} ㉰ Na^{++} ㉱ H^{+}

풀이 이온 교환법은 폐수 내의 이온물질을 제거하기 위하여 사용되며 폐수 내의 이온들은 여러 종류가 있으며 친화력의 차이로 제거되는 순서가 있다. 양이온 및 음이온 교환물질의 경우 ion선택의 순서는 다음과 같다.

- 양이온 : $H^{+} < Na^{+} < K^{+} < Ag^{+} < Mg^{++} < Zn^{++} < Cu^{++} < Co^{++} < Ca^{++} < Sr^{++} < Ba^{++}$
- 음이온 : $OH^{-} < F^{-} < HCO_3^{-} < Cl^{-} < Br^{-} < I^{-} < NO_3^{-} < ClO_4^{-}$

이 방법의 특징은 추가적인 화학물질이 필요 없고 조작이나 관리가 쉽고 반복 사용할 수 있고 저경도의 연수를 얻을 수 있는 장점이 있다. 저압보일러급수, 펄프용수, 염색용수, 냉각용수, 식품공업용수 등에 이용된다,

28. 온열폐수로 인한 오염의 특징이 아닌 것은?

㉮ 식물이 이상 성장한다. ㉯ 물고기의 회유에 장애가 된다.
㉰ 부영양화가 촉진된다. ㉱ 질 좋은 해태(海苔)양식에 좋다.

29. 다음은 공장폐수와 그 처리 방법을 짝지은 것이다. 옳지 않은 것은?

(공장폐수)		(처리방법)
㉮ 수은 함유 폐수	−	이온교환법 수지법
㉯ 카드뮴 함유	−	황화물 응집 침전법
㉰ 납 함유 폐수	−	산화 분해법
㉱ 부유물이 많은 폐수	−	침전법

풀이 납 함유 폐수는 수산화물에 의한 분리법이 일반적으로 이용되고 이외에도 황화물 침전법 전기분해방법, 이온교환 수지법, 추출분리법 등이 있다.

30. 납(Pb)함유 폐수를 배출하는 배출원이 아닌 것은?

㉮ 의약품 제조업 ㉯ 유리제품 제조업
㉰ 금속제품 제조엄 ㉱ 피혁제품 제조업

풀이 납(Pb)함유 폐수를 배출원(발생경로)은 연 제련공장, 연관, 연판 제조공장, 산화연 제조공장, 안료 제조공장, 축전지 제조공장, 인쇄, 유리제품 제조업, 의학품 제조업 등이다, 피혁제품 제조업에는 As가 배출된다.

31. 수질오염 성분과 그에 의한 오염결과를 짝지어 높은 것 중 틀린 것은?

㉮ 부패성 유기물 – 수중 용존산소의 결핍

㉯ 석유계 유부 – 어패류 냄새

㉰ 혐기성 유기성 슬러지 – 황화수소 발생

㉱ 철이 들어있는 폐수 – 녹색굴(oyster)의 발생

풀이 녹색굴은 구리를 함유하는 폐수에 의해서 생기며 맛이 이상하고 설사를 유발한다.

32. 다음의 폐수원이 되는 오염물질과 발생원과의 연결 중 옳지 않은 것은?

㉮ 비소(As) – 석유 정제공장

㉯ 시안(CN) – 코로스 공장

㉰ 수은(Hg) – 가정소다 제조공장

㉱ 크롬(Cr) – 금속표면처리 공장

33. 도금공장에서 배출되는 폐수가 시안착제를 형성하는 철, 카드뮴, 규리 등과 크롬을 함유하는 경우 시안과 크롬과를 전처리 할 필요가 있다. 다음 중 처리방식으로 옳은 것은?

㉮ 사안과 크롬산을 환원

㉯ 시안을 산화 후 크롬을 환원

㉰ 시안을 환원후 크롬산을 산화

㉱ 시안과 크롬을 산화

풀이 먼저 시안착제로부터 시안을 산화 분해시킨 후 Cr^{5+}를 환원하여 Cr^{5+}로 한 다음 알칼리를 가한 후 철, 구리, 카드뮴 등과 수산화물로 공침한다.

34. Cr^{6+}함유 폐수를 처리하기 위한 단위 조작의 조합 중 가장 타당하게 연결한 것은?

㉮ 환원–침전–중화　　㉯ 중화–환원–침전

㉰ 중화–침전–환원　　㉱ 환원–중화–침전

35. 다음의 배수원이 되는 오염물질과 발생원과의 연결 중 옳지 않은 것은?

㉮ 비소(As) – 석유 정제공장　　㉯ 시안(CN) – 코로스 공장

㉰ 수은(Hg) – 가정소다 제조공장　　㉱ 크롬(Cr) – 금속표면처리 공장

풀이

오염물질별 배출원과 그 영향			
오염물질	배출원	영향	배출기준 (mg/L)
시안 (CN)	도금, 금속, 가스공장, 화학, 피혁, 사진제판, 연구소	흡입 시 조직 내 질식, 호흡계 및 소화계 장애	02 ~ 5 이하
크롬 (Cr)	도금, 피혁, 염료, 화학, 석유정제, 섬유, 사진제판	피부부식, Cr^{6+}가 Cr^{3+}보다 100배 독성이 강하다	0.5 ~ 5 이하
아연 (Zn)	화학, 광련제련, 금속, 사진제판 연구소	흡입 시 구토, 발열, 발암물질	1 ~ 10 이하
동 (Cu)	광업, 화학, 금속, 사진제판, 카드뮴, 도그공장, 석유화학	경구치사량 LD_{50} = 300 mg/kg	0.5 ~ 5 이하
카드뮴 (Cd)	아연공장, 금속, 사진제판, 카드뮴, 도금공장, 석유화학	골연화증(이따이이따이병), 위장장해, 내분비장해	0.02 ~ 0.2 이하
PCB	전기기기공장, 도료, 인쇄잉크, 접착제, 합성세제, 생활하수	지방에 축적, 피부장해(농포)	0.003 이하
알킬수은	금속광산, 농약, 의약, 전해소다공장, 도료	신경계이상, 언어지각장애, 시야협착 미나마타병	검출되어서는 안 됨.
납 (Pb)	축전지 제조, 광업제련, 안료, 인쇄, 요업 등	복통, 두통, 구토, 적혈구장애 정신착란 등	0.2 ~ 2 이하
유기인	농약, 유기인 화합물 합성 제조	청력, 언어장해, 시력감퇴, 어류 48 hr TLm 0.5 ~ 1.8 ppm	0.2 ~ 2 이하
불소 (F)	인산비료, 살충제, 방부제 공장	1 ppm 이상 반상치 1 ppm 이하 충치유발, 치사량 4 g	3 ~ 30 이하
온배수	발전소 냉각수, Milk plant 등	수중 생태계 변화, 이상찬란, 이상번식	40 ~ 45 이하

36. Cr^{6+}를 환원하기 위하여 중아황산나트륨을 환원제로 사용하였다. 반응시간이 가장 빠른 것은?

㉮ pH = 1.7　　㉯ pH = 3　　㉰ pH = 4　　㉱ pH = 5

풀이 환원반응의 적정 pH 는 2 ~ 3이 적절하고 반응속도는 pH가 낮을수록 빠르지만 약품이 많이 소모된다. 또한 pH 4 이상이 되면 반응속도가 급격히 떨어진다.

37. Cr^{6+} 폐액(廢液)은 황색을 띠게 되나 $Cr^{6+} \rightarrow Cr^{3+}$로 환원작용이 진행되면 다음 어느 색깔로 변화하는가?

㉮ 황색　　㉯ 적색　　㉰ 청색　　㉱ 흑색

풀이 CrO_4^{2-}나 $Cr_2O_7^{2-}$와 같은 6가 크롬을 함유하는 폐수는 pH를 3 이하로 한 후 환원제에 의하여 Cr^{3+}로 환원시킨다.
환원제로는 NaHSO, Na_2SO_3, $FeSO_4$, SO_2 등이 사용되며 외관적으로는 황색의 폐수가 청록색으로 변화한다.

38. 비소를 함유한 폐수를 처리하는 방법으로 각종 물질에 비소를 흡착시켜 제거하는 방법이 이용되고 있는 바 다음 물질 중 비소의 제거효과가 가장 우수한 것은?

㉮ 제올라이트 ㉯ 안트라사이트
㉰ 금속망 ㉱ 염화 제2철과 석회

풀이 응집제로 철염 및 알루미늄염을 가하고 알칼리를 넣어 공침시키는 방법이 널리 이용되고 있으며 이때 최적 pH는 $FeCl_3$ 사용 시는 pH 9.5～10.5이며, $Ca(OH)_2$ 사용 시는 pH 12 정도로 조정하고 철염을 사용한 공침일 경우에는 Fe/As (비철중량비)가 5 이상이 적당하며 비철비가 적은 경우에는 pH를 중성(6.4～7)으로 하고 클 경우에는 알칼리성(7～10.5)으로 하면 된다.

- 비소(As)함유 폐수 : 비소는 농약, 의학품 등의 제조공장 및 광련 제련소 등의 폐수에 많이 함유되어 있고 폐수 중에는 비산(H_2AsO_4)이나 아비산(H_2AsO_3)의 형태로 존재한다.
  ① 수산화물 공침법 : 일반적으로 칼슘, 마그네슘, 바륨, 철, 알루미늄 등의 금속 수산화물에 흡착시켜서 공침시키는 방법
  ② 기타 : 활성탄, 활성백토 등에 의한 흡착처리 이온교환 처리 등

39. 무기수은을 함유한 공장폐수의 처리방법으로 효과를 기대할 수 없는 것은?

㉮ ion 교환법 ㉯ 오존산화법
㉰ 황화물 응집법 ㉱ 활성탄 흡착법

풀이 오존산화법은 시안함유 폐수처리 방법이다.

40. 수은폐수를 아말감법으로 처리할 경우 금속가루를 첨가한다. 다음 금속가루 중 가장 첨가에 적합한 것은 어느 것인가?

㉮ Sn ㉯ Pb ㉰ Cu ㉱ Zn

풀이 수은은 다른 금속과 아말감(Amalgam)을 만들고 아말감은 이온화 경향이 큰 금속일수록 더욱 효과적으로 만들어진다. 즉, 이온화 경향이 큰 아연(Zn)이 아말감 효과가 좋다. 수은과 아말감을 형성하지 않는 금속은 백금(Pt), 망간(Mn), 크롬(Cr), 철(Fe), 니켈(Ni) 등이 있다.

41. 다음 물질 중 미량의 수은(Hg)을 제거하는데 쓰이지 않는 약품은?

㉮ 활성탄　　㉯ 이온교환수지

㉰ 염산　　㉱ 황화나트륨

풀이

• 수은(Hg) 함유폐수

Alkyl 수은은 수은 중에서도 가장 독성이 강하며 aryl과 Phenyl 및 유기수은은 독성이 비교적 약하다. 수중에 존재하는 수은의 형태는 Hg^{2+}, Hg, C_6H_5Hg (Phenyl수은) CH_3Hg^+ (Methyl수은), $CH_3-O_2C_2H_4-Hg$ (alkoxyalkyl) 등이 있으며, 수은은 자연수 중에서 황과 결합되어 불용해성으로 존재하며 이것은 호기성 조건에서 산화되어 수온으로 유리된다. 또한 불용성의 침전은 미생물에서 의해서 메틸화(methylation)되어 독성을 증가시킨다.

① 황화물 응집 침전법

무기수은 처리공법으로 널리 이용되며, 폐수에 $FeSO_4$를 가한 후 Na_2S를 넣어 Hg^{2+}와 S^{2-}를 반응시켜 HgS로 침전 분리시켜 처리한다. 이때 pH 10 이상인 상태가 되면, 즉 과잉의 Na_2S가 존재할 경우 H_2S가 티오착이온 $[HgS]^{2-}$를 형성해 재용해 되는데 이를 방지하기 위하여 $FeSO_4$를 첨가하여 FeS로 공침시켜야 한다.

$Hg^{2+} + S^{2+} \rightarrow HgS\downarrow$

$HgS + Na_2S = Na_2[HgS_2]$

필요에 따라 침전조에서 분리된 상징수를 활성탄, 킬레이트 수지(chelate resin) 등에 통과시켜 미량의 수은까지 제거할 수 있다.

② 이온 교환법

저 농도 수은폐수에 사용되는 공법으로 Hg이 Hg^{2+}, Hg^+로 존재할 경우 양이온 교환수지가 할로겐 착이온$[HgCl_4]^{2-}$인 존재 시는 음이온 교환수지가 적합하다.

③ 기타 공법

흡착법은 알킬수은의 분자 내에 소수기(疏水基)와 친수기(親水基)를 갖고 있어 흡착성을 이용한 공법이나 알킬기(alkyl radical)인 CH_3^-, $CH_3CH_2^-$가 흡착성이 적다.

화학분해법은 유기수은 처리공법으로 염소에 의해 산화시켜 무기수은을 황화물(HgS)로 침전 분리시킨다.

정답

1. ㉰ 2. ㉱ 3. ㉱ 4. ㉰ 5. ㉮ 6. ㉰ 7. ㉰ 8. ㉱ 9. ㉮ 10. ㉯
11. ㉱ 12. ㉮ 13. ㉱ 14. ㉯ 15. ㉮ 16. ㉱ 17. ㉱ 18. ㉱ 19. ㉯ 20. ㉯
21. ㉯ 22. ㉯ 23. ㉯ 24. ㉯ 25. ㉱ 26. ㉱ 27. ㉮ 28. ㉱ 29. ㉰ 30. ㉱
31. ㉱ 32. ㉮ 33. ㉯ 34. ㉱ 35. ㉮ 36. ㉮ 37. ㉰ 38. ㉱ 39. ㉯ 40. ㉱
41. ㉰

계산 문제

1. 미생물이 분해 불가능한 유기물을 제거하기 위하여 흡착제인 활성탄을 사용하였다. COD가 56 mg/L인 원수에 활성탄 20 mg/L를 주입시켰더니 COD가 16 mg/L, 52 mg/L를 주입시켰더니 COD가 4 mg/L로 되었다, COD 9 mg/L로 만들기 위해 주입되어야 할 활성탄의 양은?
(단, Freundrich 등의 공식 $\frac{X}{M} = KC^{\frac{1}{n}}$ 을 이용하라)

㉮ 30 mg/L　　㉯ 31.5 mg/L
㉰ 33.5 mg/L　　㉱ 41.3 mg/L

풀이

$\frac{56-16}{20} = K \times 16^{1/n}$ … ①

$\frac{56-4}{52} = K \times 4^{1/n}$ … ②

① ÷ ②하면 $2 = 4^{1/n}$　　$\therefore\ n = 2$

①에 대입하면 $2 = K \times 16^{1/2}$　　$\therefore\ K = 0.5$

$\therefore\ \frac{56-9}{M} = 0.5 \times 9^{1/2}$

$\therefore\ M\,(\text{mg/L}) = \frac{56-9}{0.5 \times 9^{1/2}} = 31.3\ \text{mg/L}$

2. pH 2인 폐수와 pH 6인 폐수를 중화시키고자 할 때, 소요되는 중화제 약품량의 비는 얼마인가?

㉮ 100 : 1　　㉯ 1,000 : 1
㉰ 10,000 : 1　　㉱ 1,000,000 : 1

풀이

pH 2 → $[H^+] = 10^{-2} \xrightarrow{(\text{중화})} [OH^-] = 10^{-2}$

pH 6 → $[H^+] = 10^{-6} \xrightarrow{(\text{중화})} [OH^-] = 10^{-6}$

∴ 중화제 약품이 : pH 2 : pH 6 = $10^{-2} : 10^{-6}$ = 104 : 1

3. pH가 4인 HCl용액 100 mL와 pH가 2인 HNO_3용액 300 mL를 완전 혼합하였다. 이때 혼합액의 pH는 얼마가 되겠는가?

㉮ pH 2.1　　㉯ pH 2.6
㉯ pH 3.0　　㉰ pH 3.8

풀이 혼합공식 : $NV - N'V' = N''(V+V')$: 같은 액성일 경우

$\therefore\ N' = \dfrac{10^4 \times 100 + 10^{-2} \times 300}{100+300} = 7.525 \times 10^{-3}\text{N (as H}^+)$

$\therefore\ \text{pH} = -\log(7.525 \times 10^{-3}) = 2.12$

4. 비중이 1.12인 10% 산성폐수 2 m^3을 물로 희석하여 비중 1.0인 0.5% 농도를 희석처리할 때 희석된 액은 이론적으로 얼마가 되는가?

㉮ 2.24 m^3 ㉯ 10.2 m^3 ㉰ 22.4 m^3 ㉱ 44.8 m^3

풀이 $\dfrac{\text{비중} \times 10 \times \%}{\text{당량}} \times V = \dfrac{\text{비중}' \times 10' \times \%'}{\text{당량}'} \times V'$

$\therefore\ V' = \dfrac{1.12 \times 10 \times 10 \times 2}{1 \times 10 \times 0.5} = 44.8\,\text{m}^3$

5. 0.4 M-KOH 용액 600 mL를 0.3 M-H_2SO_4 용액 400 mL와 합했다면 나타나는 용액의 액성은?

㉮ 중성 ㉯ 산성

㉰ 알칼리성 ㉱ 약알칼리 또는 약산성

풀이 혼합공식 $NV - N'V' = N''(V+V')$: 다른 액성일 경우

$\therefore\ 0.4 \times 1 \times 600 - 0.3 \times 2 \times 400 = 0$

∴ 혼합 후의 액성은 중성이다.

N농도 = M농도 × 원자가

6. pH 2.5의 용액을 pH 6.0의 용액을 희석한다. 용량비를 1 : 9로 혼합하면 혼합액의 pH는 얼마인가?

㉮ 2.5 ㉯ 3.0 ㉰ 3.5 ㉱ 4.0

7. 어떤 폐수를 중성으로 조절하는데 0.1%-NaOH가 200 mL 소요되었다, 이 경우 NaOH 대신 1%-$Ca(OH)_2$를 사용하면 얼마가 소요되는가? [단, $Ca(OH)_2$ 분자량은 74, NaOH는 40이다]

㉮ 1.85 mL ㉯ 1.1 mL ㉰ 1.08 mL ㉱ 18.5 mL

풀이 $\dfrac{0.1}{40} \times 20 = \dfrac{1}{37} \times x$

$\therefore\ x = \dfrac{0.1 \times 20 \times 37}{40 \times 1} = 1.85\,\text{mL}$

8. HCL 150 mg을 함유하는 수용액 1 L에 1 N의 NaOH 2 mL를 넣었을 때 이 용액의 pH는?

㉮ 2.39 ㉯ 2.68 ㉰ 2.98 ㉱ 3.29

풀이

HCl의 N농도 = 150 mg/L × 10^{-3} g/mg × 당량/36.5 = 4.1×10^{-3} N

$NV - N'V' = N''(V + V')$에서

$$N'' = \frac{4.1\times10-3\times1000-1\times2}{1000+2} = 2.09\times10-3\,\text{N}(\text{as H}^+)$$

$\therefore$ pH = $-\log(2.09\times10-3) = 2.68$

9. 산성폐수를 중화처리하고자 NaOH 0.5%, 용액 40 mL를 사용했다. 만일 이 중화제를 $Ca(OH)_2$, 0.4%로 바꾼다면 몇 mL가 필요한가? (단, 원자량은 H = 1, Na = 23, Ca = 40이고 용액의 비중은 1로 본다)

㉮ 36 mL ㉯ 46 mL ㉰ 56 mL ㉱ 92.5 mL

10. 어떤 유해물질을 제거하기 위하여 전처리로 폐수를 산성(pH 4)에서 중화시킬 필요가 있었다. 다른 영향이 없고 화학반응식대로 반응할 경우 NaOH(순도 85%)를 1 L에 몇 mg 정도 주입하여야 하는가? (단, NaOH 분자량 = 40)

㉮ 0.05 g ㉯ 0.005 g ㉰ 0.0005 g ㉱ 0.5 g

풀이

pH 11 → POH3 $\xrightarrow{(\text{중화})}$ pH 3 → [H^+] → 103 → H^+의 N농도 = 10^{-3} → H_2SO_4의 N농도 = 10^{-3} N

$$\therefore\ H_2SO_4\text{의 필요량(g/L)} = \frac{10^3\,\text{당량/L}\times49\,\text{g/g당량}}{0.96} = 0.05\,\text{g/L}$$

H_2SO_4 → $2H^+$ + SO_4^{2-} (100%전리)

mol수 → 1 : 2 : 1

당량수 → 1 : 1 : 1

11. 어느 공장폐수를 jar test한 결과 황산알루미늄 300 ppm 정도에서 양호한 결과를 얻었다. 폐수량 250 m^3/day인 공장의 1일의 황산알미늄의 사용량은 얼마인가?

㉮ 25 kg/day ㉯ 30 kg/day ㉰ 50 kg/day ㉱ 75 kg/day

풀이

alum사용량(kg/d) = 농도 × 유량 × 10^{-3} = 300 × 250 × 10^{-3} = 75 kg/d

12. Jar test에서의 최적 주입율이 20 ppm이다. 420 m^3/hr의 폐수에 필요한 alum 5%의 양은 얼마인가? (단, alum 용액의 비중은 1이다)

㉮ 200 L/hr ㉯ 960 L/hr ㉰ 240 L/hr ㉱ 168 L/hr

풀이

$$\text{Alum사용량} = \frac{20\,g/m^3 \times 420\,m^3/h \times 10^3}{0.05} = 168\,kg/hr = 168\,L/hr$$

13. 어떤 폐수를 처리하기 위하여 시료 mL를 취하여 jar test하여 응집제와 조제의 최적 첨가량을 구한 결과 $Al_2(SO_4)_3$ 300 mg/L, $Ca(OH)_2$ 1,000 mg/L였다. 폐수량 500 m^3/일을 처리하는데 하루에 필요한 $Al_2(SO_4)_3$의 양은 얼마인가?

㉮ 750 kg/일 ㉯ 300 kg/일 ㉰ 150 kg/일 ㉱ 30 kg/일

14. 알칼리도 30 mg/L의 물에 어느 양의 황산알루미늄을 첨가하였더니 25 mg/L의 알칼리도가 소비되었다. 여기에 $Ca(OH)_2$를 주입하여 알칼리도를 15 mg/L로 유지시키려고 하면, 필요한 $Ca(OH)_2$는? [단, $Ca(OH)_2$의 분자량은 74, $CaCO_3$의 분자량은 100이다]

㉮ 6.0 mg/L ㉯ 6.4 mg/L ㉰ 7.0 m/: ㉱ 7.4 mg/L

풀이

알칼리도 값은 mg/L as $CaCO_3$이므로 $Ca(OH)_2$로 환원할 경우

$$\text{alkalinity} \times \frac{Ca(OH)_2\text{의 1당량}}{CaCO_3\text{의 당량}}$$

15. 5,000 m^2/day의 하수를 처리하고 있는 하수처리장 방류수의 염소 요구량이 5.5 mg/L이고 잔류염소농도가 0.5 mg/L일 때 1일 염소주입기의 용량은 얼마인가? (단, 주입염소는 40%의 불순물이 함유되어 있다)

㉮ 20 kg/day ㉯ 30 kg/day ㉰ 33 kg/day ㉱ 50 kg/day

풀이

$$\text{염소주입량(kg/d)} = \frac{(5.5+0.5) \times 5{,}000 \times 10^{-3}}{0.6} = 50\,kg/d$$

16. 100 mg/L의 시안함유폐액 10 m^3을 알칼리염소법으로 완전분해하려고 한다. 이때 유효염소농도 10% (W/W)인 NaOCl량은 몇 kg이 소요되겠는가? (단, 반응식은 다음과 같다)

㉮ 57.8 kg ㉯ 68.3 kg ㉰ 7.8 kg ㉱ 96.3 kg

풀이

$2CN^-$: $5Cl_2$

2×26 : 5×71

$100 \times 10 \times 10^{-3}$: x kg

$$\therefore\ x = \frac{100 \times 10 \times 10^{-3} \times 5 \times 71}{2 \times 26} = 6.826\,\text{kg}$$

$$\therefore\ \text{NaCl의 양(kg)} = \frac{6.826}{0.1} = 68.26\,\text{kg}$$

17. 폐수에다 염소를 주입시키면 주입된 염소 1 mg/L당 몇 mg/L율로 BOD가 감소하는가?

㉮ 2 mg/L ㉯ 4 mg/L ㉰ 6 mg/L ㉱ 8 mg/L

18. 3가 크롬 150 mg/L인 폐수 200 m^3을 처리하기 위해 아황산나트륨을 사용하였다. 다음과 같이 반응한다면 처리하는데 필요한 아황산나트륨은 얼마나 소요되는가? (단, Cr 원자량 52, Na_2SO_3 분자량 126, 반응식 : $2K_2CrO_4 + 3Na_2SO_3 \rightarrow Cr_2(SO_4)_3 + 3Na_2SO_4 + 2K_2SO_4 + 5H_2O + 5H_2SO_4$이다)

㉮ 109 kg ㉯ 73 kg ㉰ 10.9 k g㉱ 7.3 kg

풀이 반응식에서 $2Cr^{6+}$: $3Na_2SO_3 \Rightarrow 2 \times 52 : 3 \times 126$

$150 \times 200 \times 10^{-3}$: x kg

$$\therefore\ x = \frac{100 \times 200 \times 10^{-3} \times 3 \times 126}{2 \times 52} = 109.04\,\text{kg}$$

19. 100 mg/L의 시안을 함유한 폐수 50 m^3을 알칼리 염소법으로 처리하는데 필요한 염소이온의 이론적인 양은? 단, CN = 26, Cl_2 = 71의 분자량을 갖고 반응식은 다음과 같다.

$2CN^- + 5Cl_2 + 4H_2O \rightarrow 2CO_2 + N_2 + 8HCl + 2Cl^-$

㉮ 0.73 kg ㉯ 0.34 kg ㉰34 kg ㉱ 73 kg

풀이 $2CN^-$: $5Cl_2$

$2 \times 26 : 5 \times 71$

$100 \times 50 \times 10^{-3}$ kg : χ kg

$$\therefore\ \chi = \frac{100 \times 50 \times 10^{-3} \times 5 \times 71}{2 \times 26} = 34.13\,\text{kg}$$

20. 2,000 m^3/day의 하수에 순도가 60%인 염소 살균제를 20 kg/day의 을로 주입시킨다면 염소의 주입농도는?

㉮ 16.7 mg/L ㉯ 12.5 mg/L ㉰ 10.0 mg/L ㉱ 6.0 mg/L

풀이 염소주입농도 $= \dfrac{\text{주입량} \times \text{순도}}{\text{유량}} = \dfrac{20\,kg/d \times 10^3\,g/kg \times 0.6}{2000\,m^3/d} = 6\,g/m3 = 6\,mg/L$

21. 1시간 평균유량이 400 m^2/h이고, 최대 유량이 평균유량의 1.5배일 때 하수처리장 유출수에 2 mg/L의 농도로 염소를 주입하면 최대 유량에서 염소주입량은 얼마인가?

㉮ 1.2 kg/h ㉯ 1.5 kg/h ㉰ 3.0 kg/h ㉱ 4.8 kg/h

풀이 염소주입량(kg/h) = 주입농도 × 최대유량

$= 2\ g/m^3 \times 400\ m^3/h \times 1.5 \times 10^{-3}$

$= 1.2$ kg/hr

22 1차 반응식이 적용된다고 할 때의 완전 혼합 반응기의 체류시간은 plug flow reactor의 체류시간의 몇 배가 되는가? (단, 반응은 90%달성되는 것으로 한다)

㉮ 0.91 ㉯ 1.91 ㉰ 2.91 ㉱ 3.91

풀이 ① $t_{CRSTR} = \dfrac{(1/0.1-1)}{K} = \dfrac{9}{K}$

② $t_{PFR} = \dfrac{\ln\dfrac{1}{0.1}}{K} = \dfrac{2.3}{K}$

$\therefore\ \dfrac{t_{CFSTR}}{t_{PFR}} = \dfrac{9/K}{2.3/K} = 3.91$

23. Phenol (C_6H_5OH) 500 mg/L의 이론적인 COD는? (단, phenol의 분자량은 94이다)

㉮ 2,383 mg/L ㉯ 1,592 mg/L ㉰ 1,191 mg/L ㉱ 47 mg/L

풀이 $C_6H_5OH + 7O_2 \rightarrow 6CO_2 + 3H_2O$

$94 : 7 \times 32 = 500 : x$

$\therefore\ x = \dfrac{500 \times 7 \times 32}{94} = 1191.48\,mg/L$

24. 도금폐수가 50 m^3/일 유입하고 CN농도가 300 mg/L이었다 이 폐수를 알칼리 염소법으로 처리하고자 한다. 이때 이론적 염소량은 얼마인가? (단, 화학반응식은 $2CN^- + 5Cl_2 + 4H_2O \rightarrow 2CO_2 + N_2 + 8HCl + 2Cl^-$이며, CN = 26, Cl_2 = 71의 분자량은 갖는다)

㉮ 12.4 ㉯ 120.6 ㉰ 14.4 ㉱ 144.6

풀이

$Hg^{2+} + Na_2S \rightarrow HgS \downarrow + 2Na^+$

Hg^{2+} : $Na_2S \cdot 9H_2O$

200 : 240

$20 \times 50 \times 10^{-3}$: χ kg

$$\text{황화나트륨의소요량(kg)} = \frac{20 \times 500 \times 10^{-3} \times 240 \times 1.2}{200} = 14.41\text{kg}$$

정답

1. ㉯ 2. ㉰ 3. ㉮ 4. ㉱ 5. ㉮ 6. ㉰ 7. ㉮ 8. ㉯ 9. ㉯ 10. ㉮
11. ㉱ 12. ㉱ 13. ㉰ 14. ㉱ 15. ㉱ 16. ㉯ 17. ㉮ 18. ㉮ 19. ㉰ 20. ㉱
21. ㉮ 22. ㉱ 23. ㉰ 24. ㉰

PART 05

생물학적 처리

생물학적 반응 13

Biological reaction kinetics

13.1 미생물(Microoranism, Microbe)

미생물 중 환경분야에서 가장 관심이 있는 것은 활성오니조(activated sludge tank) 등에서 서식하는 bacteria이다. Bacteria의 체내 구성은 그림 13.1과 같이 나타낼 수 있다.

그림에서처럼 bacteria의 수분을 제외한 고형분 중 유기물 성분 분석결과 중량비로 탄소(C) 53%, 산소(O) 29%, 질소(N) 12% 및 수소(H) 6%로 구성되어 있다. 건조된 bacteria 100 g을 계산 기준으로 설정하면 다음과 같은 계산을 할 수 있다.

표 13.1 원소별 bacteria 구성성분

component	weight (g)	mole 1	mole 2*
C	53	4.42	5
H	6	6.00	7
O	29	1.81	2
N	12	0.86	1
	100		

* 질소 0.86 mol을 1 mol로 환산하였을 경우

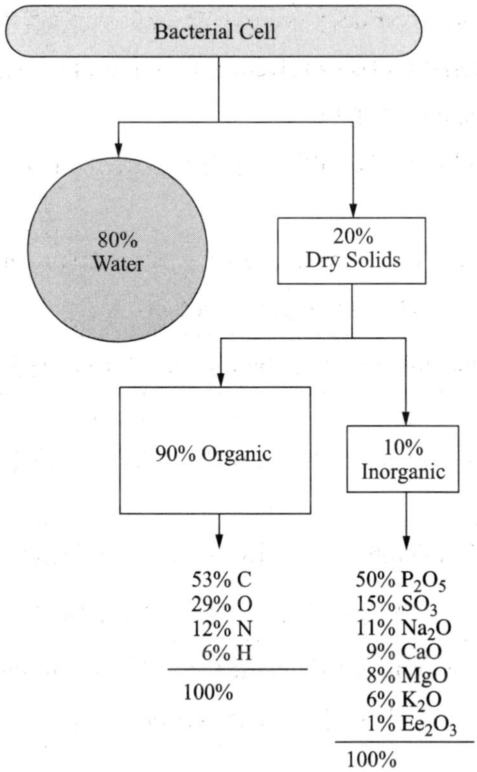

그림 13.1 Bacteria의 구성

이 계산을 바탕으로 활성오니조(activated sludge tank) 등에서 서식하는 bacteria의 실험식적 화학구조는 $C_5H_7O_2N$임을 알 수 있다. 그리고 무기물까지 포함한 경우 bacteria의 화학구조식은 $C_{12}H_{87}O_{23}N_{12}P$로 표현된다.

또한 이러한 bacteria들은 물을 제외한 성분별로 분석하면 다음과 같다.

이 표에서 볼 수 있듯이 bacteria를 구성하는 가장 주된 성분은 단백질이다. 지질은 단백질에 비하여 작은 부분을 차지하며 주로 glyceride, phopholipids 및 high-molecular alcohol

표 13.2 성분별 bacteria 구성성분

주요성분	건조 기준 중량비(%)	주요성분	건조 기준 중량비(%)
단백질(protein)	55.0	RNA	20.5
지질(lipid)	9.1	기타(sugar, amino acid)	6.3
polysaccaride	5.0	무기이온	1.0
DNA	3.1	합계	100%

등으로 구성되어 있다. Polysaccaride는 energy원과 cell 구성물질을 나타내는 building unit로 구성되어 있으며 bacteria의 plasma (glycogen), cell wall (peptidoglycan, teichoic acid, chitin, cellulose) 및 capsule에 존재한다.

미생물의 분류 체계는 아주 다양하지만 큰 분류로 Heterotrophic과 Autotrophic로 나뉜다.

Heterotrophic microbe는 energy 및 carbon source로 유기탄소(organic carbon) 사용
Autotrophic microbe는 carbon source로 CO_2 사용 (algae)

Heterotrophic 미생물 중 수처리에 있어 중요한 미생물들은 다음과 같이 분류할 수 있다.

Aerobic microbe는 위 산소원으로 용존산소(O_2)사용
Anaerobic microbe 반응에서 산소 대신 NO_3^-, SO_4^{2-}, Fe 등 사용
Anoxic (무산소) microbe는 nitrate (NO_3^-) 또는 nitrite (NO^{2-})를 N_2로 환원함(denitrification, 탈질)

Bacteria에 의한 폐수 내 유기물의 생물학적 산화반응(biological oxidation reaction)을 유제품 wastedls casein을 예로 들면 화학식이 다음과 같다.

$$\underset{\text{casein}}{C_8H_{12}N_2O_3} + 3O_2 \xrightarrow{\text{bacteria}} \underset{\text{New Cell}}{C_5H_7O_2N} + NH_3 + 3CO_2 + H_2O$$

이 반응은 촉매 작용을 하는 bacteria가 반드시 필요하며 여기에 관여하는 bacteria는 aerobic heterotrophs이다.

위 반응은 bacteria의 energy 생성 및 새로운 세포 생성 두 부분으로 나눌 수 있다.

① Energy generation (에너지 생성) ; Catabolism

$$\frac{3}{8}C_8H_{12}N_2O_3 + 3O_2 \rightarrow 3CO_2$$

② Synthesis of new cells (새로운 세포 생성) ; Anabolism

$$\frac{5}{8}C_8H_{12}N_2O_3 + \frac{1}{8}H_2O \rightarrow C_5H_7O_2N$$

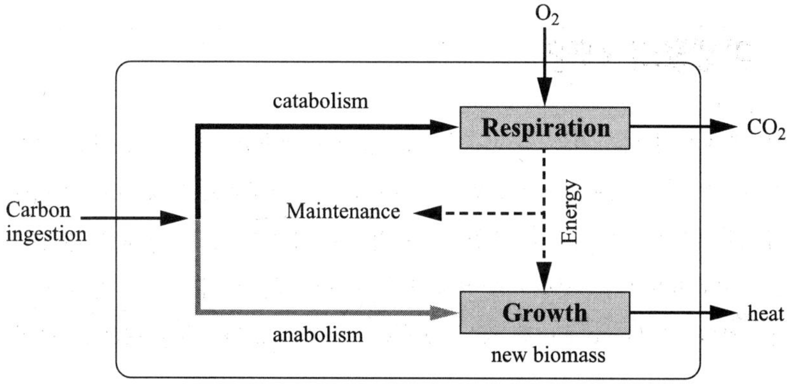

그림 13.2 미생물의 Energy 생성 및 성장

이러한 두 가지 반응을 호흡(respiration)과 성장(growth) 측면에서 보면 다음 그림 13.2와 같다.

Bacteria 성장에 필요 요소들은 다음과 같다.

- 세포 물질을 만들기 위한 탄소원(carbon source)
- 세포 합성을 위한 energy source
  - Bacteria는 화학반응을 이용하여 energy를 생성(chemotrophs)
  - Bacteria 종류(aerobic, anaerobic 및 anoxic)에 따른 respiration system에 맞는 외부 물질, 즉 O_2, NO_3^-, SO_4^{2-}, Fe^{2+} 등 사용
- 세포물질을 만들기 위한 영양소(nutrients)
  - Macronutrient (다량영양소) – N&P
  - 기타 major nutrient – S, K, Mg, Ca, Fe, Na, Cl
  - Minor nutrient – Zn, Mn, Mo, Se, Cu, Ni

Bacteria는 보통 20분~며칠의 주기로 reproduce된다. Reproduce 되는데 소요되는 시간을 generation time이라고 한다.

Ex. 1) 어떤 bacterium의 generation time이 30 min.일 때 12시간 후 bacteria의 수는?
이 bacterium 하나의 질량이 5×10^{-13} g이라고 하면 12시간 후의 질량은?
Answer : 12시간 후 bacteria 개체 수 → 224 = 16,777,216마리
5×10^{-13} g/마리 × 16,777,216마리 = 8.39×10^{-6} g = 8.39 μg

13.2 미생물의 배양

Bacteria의 배양은 실험실적으로 회분식 배양(batch culture)을 주로 사용한다. 회분식 배양은 배양기 내 생물학적 분해가 가능한 한정된 유기물질(food)로 bacteria 배양하는 것으로 bacteria나 유기물 모두 외부로부터 유입 또는 외부로 유출이 없는 상태로 배양한다. 배양 시 유기물질(기질, substrate)의 농도는 줄어들면서 bacteria의 개체수는 증가한다.

회분식 배영에서 기질과 bacteria 농도 변화는 그림 13.3과 같은 형태를 보인다.

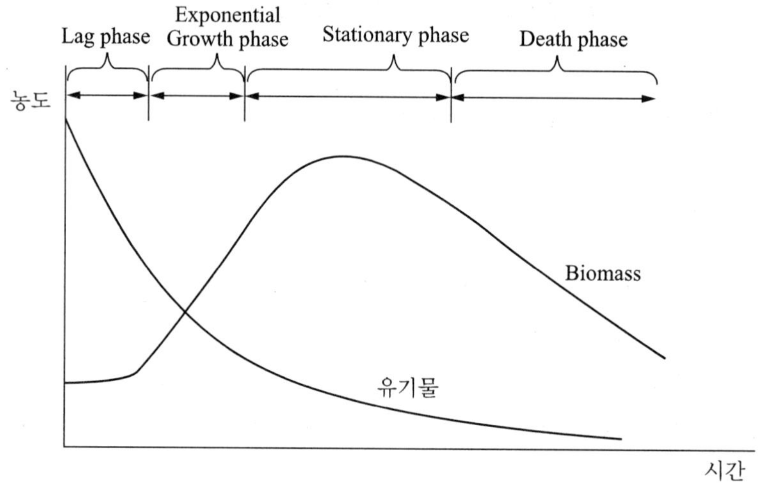

그림 13.3 Batch culture에 의한 bacteria와 유기물 농도 변화

Biomass, 즉 bacteria 증식 곡선은 4단계로 구분되는데, 미생물은 먼저 주어진 새로운 환경과 먹이에 적응하여야 한다. 이 적응 기간을 증식 증식지연기(lag phase)라고 한다. 이 기간은 미생물의 이력 및 종류에 따라 달라진다. 미생물이 비슷한 환경과 먹이에 이미 길들어져 있다면, 증식 지연기는 아주 짧을 것이다. 이 기간이 지나면 증식은 상당히 빨리 진행된다. 박테리아 세포는 이분열에 의하여 번식한다. 즉, 세포는 두 부분으로 분리되어 각각 새로운 독립 세포가 된다. 이 재생산 시간(generation time), 즉 한 세포가 성숙하여 분리되는데 필요한 시간은 환경 인자와 먹이 공급에 좌우되는데, 20 min 정도로 짧을 때도 있다. 이때의 증식 속도는 다음과 같이 지수적이 된다.

$$N = 2^{n-1}$$

여기서, N : 처음의 한 세포로부터 n회의 재생 시간 동안 생성되는 미생물 수 따라서 최대 증식은 지수적 속도로 일어나는데, 이때를 지수 증식기(exponential growth phase)라 한다. 이러한 지수 증식은 무한히 계속될 수 없다. 먹이 공급이 한정될 수도 있고, 환경 조건이 변할 수도 있으며(과밀 상태, 폐기물 축적, 기타), 포식자의 집단이 출현할 수도 있다. 외부원으로부터 먹이를 구할 수 없는 세포는 내생 이화 대사를 시작한다. 즉, 유지 에너지를 얻기 위하여 축적한 세포질을 분해하는 것이다. 어떤 세포는 죽고 분해되거나 파괴되어 그 세포질을 방출하게 되는데, 이것은 다른 세포의 먹이가 된다. 세 번째 단계인 정상기(stationary phase)는 새로운 세포의 생산이 사멸 및 내생 호흡과 거의 맞먹는 기간을 나타낸다. 정상기를 지나서도 다소 번식이 계속되지만, 내생 호흡과 사멸에서는 바이오매스가 천천히 감소하고 이를 내생호흡기(endogeneous phase) 또는 사멸기(death phase)라고 하며 장기간이 경과하면 0에 접근하게 된다.

생물학적 처리는 substrate와 biomass 사이에 균형을 맞추는 것으로 생물학적 처리 반응기는 stationary phase에서 운영하는 것이 가장 이상적이다. 실제 하수처리에 있어 bacteria의 substrate는 하수 중 가장 흔하고 공통적인 유기물질들인 탄수화물(carbohydrate), 지방(fat), 단백질(protein), 비누(soap), 세제(detergent) 및 이들의 분해물이다.

13.3 Biological kinetics 기초

미생물에 의한 반응을 이해하기 위하여 다음 두 가지 사항을 알아야 한다.

① Biomass yield : 유기물이 분해되어 biomass로 전환되는 수율(yield)로 얼마만큼의 유기물이 얼마만큼의 biomass를 생성시키는가를 나타낸다.

② 유기물 감소 속도 : 얼마나 빨리 유기물이 분해되는가를 나타낸다.

13.3.1 Biomass yield

Biomass yield는 소비되는 유기물과 새로 생성되는 biomass와의 관계로 소비된 유기물 대비 biomass로의 전환율을 나타낸다. Biomass yield는 다음 식과 같이 정의된다.

$$Y = \frac{\text{미생물 생성량(mg)}}{\text{기질(유기물) 소비량(mg)}} = \frac{\text{mass of biomass produced (mg)}}{\text{mass of substrate consumed (mg)}}$$

Biomass yield Y는 실험(측정) 또는 계산에 의하여 구하는 것이 가능하다.

1) 실험(측정)에 의한 방법(실제값)

- 기질(유기물)의 소비량은 BOD 또는 COD로 측정(mg/L)
- Biomass의 양은 VSS로 측정

TSS = Total Suspended Solids
= 1.58 μm 유리 섬유에 걸러진 고형물질 질량(mg/L)

VSS = Volatile Suspended Solids
= TSS를 500℃로 연소 시 증발된 고형물질 질량(mg/L)

FSS = Fixed Suspended Solids
= TSS를 500℃로 연소 후 잔류량(mg/L)

TSS = (　　) + (　　)

TS = Total Solids
= 물 증발시킨 후, 104℃에서 건조 후 잔류하는 고형물질 질량(mg/L)

TDS = Total Dissolved Solids
= glass fiber filter를 통과한 액상을 증발시킨 후, 104℃에서 건조 후 잔류하는 고형물질 질량(mg/L)

TS = (　　) + (　　)

2) 계산에 의한 방법(이론값)

탄수화물의 가장 기본적 구조인 기질(glucose) → cell로 변하는 것을 화학식으로 나타내면

$$\underset{\text{glucose}}{3C_6H_{12}O_6} + 8O_2 + 2NH_3 \rightarrow \underset{\text{cells}}{2C_5H_7NO_2} + 8CO_2 + 14H_2O$$

$$Y = \frac{2\text{ mol} \times 113\text{ g/mol}}{3\text{ mol} \times 180\text{ g/mol}} = 0.042\ \frac{\text{g cells}}{\text{g glucose}}$$

- 기질(유기물)의 양을 COD로 나타내는 경우가 많음

※ COD = Chemical Oxygen Demand

= 기질(유기물)이 완전히 산화시킬 때 필요한 산소의 양

$$C_6H_{12}O_6 + 6O_2 \rightarrow 6CO_2 + 6H_2O$$

$$COD = \frac{\text{DELTA } O_2}{\text{DELTA } C_6H_{12}O_6} = \frac{6\text{ mol} \times 32\text{ g/mol}}{1\text{ mol} \times 180\text{ g/mol}} = 1.07\ \frac{\text{g COD}}{\text{g glucose}}$$

Y를 g cells/g COD로 나타내면

$$Y = \frac{0.42\text{ g cells}}{\text{g glucose}} \left| \frac{\text{g glucose}}{1.07\text{ g COD}} \right. = 0.39\ \frac{\text{g cells}}{\text{g COD}}$$

- 실제 yield는 이 값보다 다소 낮은데 그 이유는 생성된 energy의 일부를 cell을 유지하는데 사용하기 때문이다.

13.4 미생물 반응속도

13.4.1 Michales−Menten kinetics

Bacteria 등의 미생물들에 의한 반응은 반응을 촉진시키는 효소(enzyme)가 포함된다. 유기물(먹이)을 분해하려면 촉매와 같은 효소가 분비되어 유기물과의 반응으로 분해되며 이의 model은 lock and key model이라 하며 반응식 및 개략적인 그림은 다음과 같다.

$$E + S \underset{k_{-1}}{\overset{k_1}{\rightleftharpoons}} ES \xrightarrow{k_2} E + P$$

enzyme ↲ ↳ substrate ↳ product

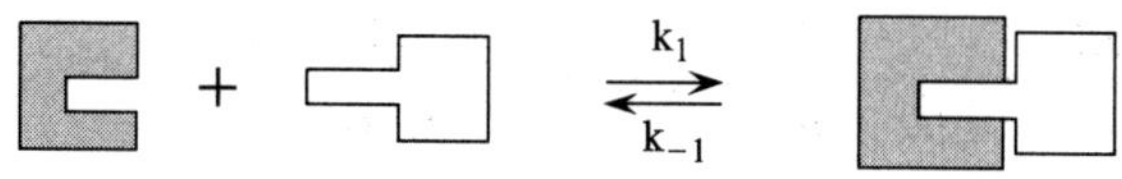

E + S ⇌ ES

그림 13.4 효소에 의한 기질 분해 모델

Scurose	Glucose	Fructose
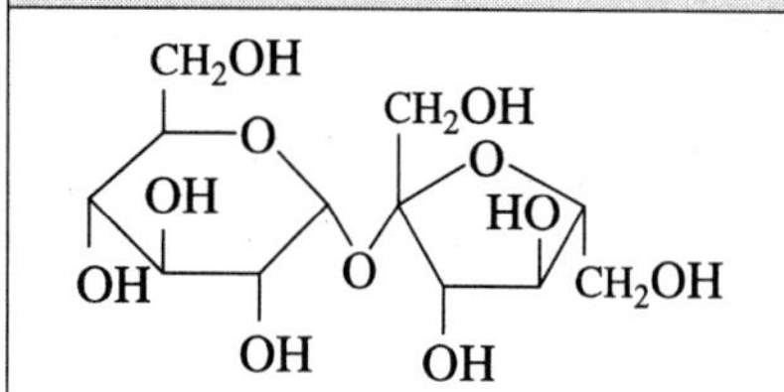	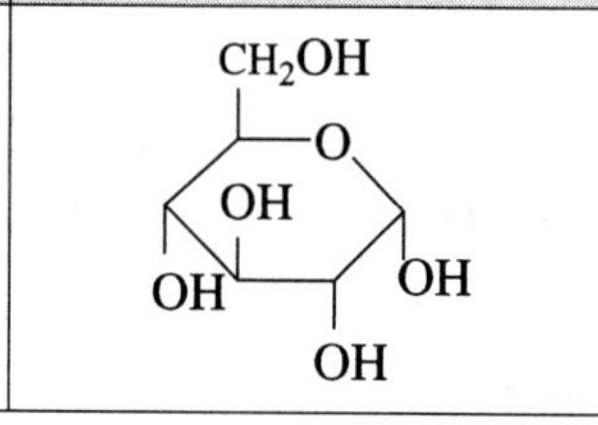	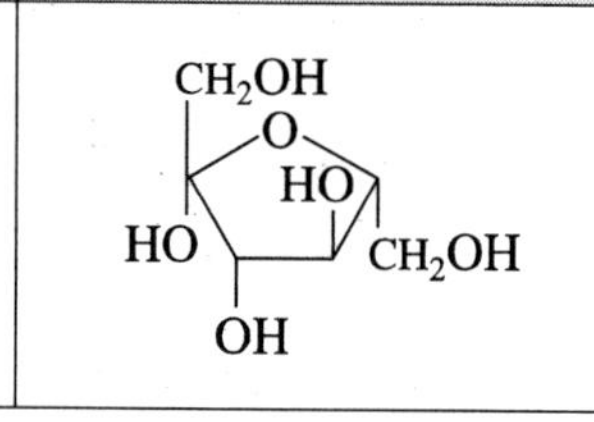

그림 13.5 효소에 의한 scurose의 분해

위 식의 예로서

$$\text{invertase} + \text{sucrose} \rightleftarrows \text{invertase-sucrose} \rightarrow \text{invertase} + \text{glucose} + \text{fructose}$$
$$\text{E} + \text{S} \rightleftarrows \text{ES} \rightarrow \text{E} + \text{P}$$

이 식으로부터 한 개의 기질(먹이, 유기물)과 효소의 반응속도 r을 구해보도록 한다. 즉, 최종 생산물인 P의 시간에 따른 농도변화는

$$r = \frac{d[P]}{dt} = k_2[\text{ES}]$$

또한 시간에 따른 ES의 변화는

$$\frac{d[\text{ES}]}{dt} = k_1[\text{E}][\text{S}] - k_{-1}[\text{ES}] - k_2[\text{ES}]$$

또한

$$[\text{E}] = [\text{E}_0] - [\text{ES}]$$

위 반응식에서 ES는 E와 S와 평형관계를 이루고 있다. 이 평형관계식으로부터

$$K_m = \frac{k_{-1}}{k_1} = \frac{[\text{E}][\text{S}]}{[\text{ES}]}$$

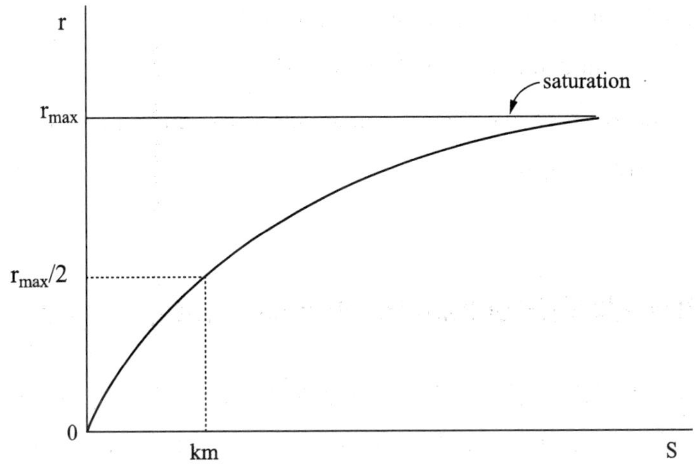

그림 13.6 미생물에 의한 반응속도(Michales – Menten)

$[E] = [E_0] - [ES]$이기 때문에 $[E]$를 치환하면

$$[ES] = \frac{[E_0][S]}{(k_{-1}/k_1) + [S]} = \frac{[E_0][S]}{K_m + [S]}$$

따라서

$$r = \frac{d[P]}{dt} = k_2 \frac{[E_0][S]}{K_m + [S]}$$

그리고 $k_2[E_0] = V_{\max}$로 치환하면 다음과 같은 식이 성립된다.

$$r = r_{\max} \frac{[S]}{K_m + [S]}$$

13.4.2 Biomass 증식 속도(Biomass growth rate, μ_g), Monod equation

Monod (1949)의 bacteria 배양 실험결과 bacteria의 증식속도는 위 효소 반응식과 매우 유사한 것을 증명하였다. 즉,

$$\mu_g = \mu_{\max} \frac{S}{K_S + S}$$

여기서, S : substrate (유기물) 농도(mg/L or kg/m^3)

K_S : half-saturation 상수(mg/L or kg/m^3)

μ_g : specific biomass 증식속도(new cell mass/cell mass · time)

$\mu_{\max}$: 최대 증식속도

13.4.3 유기물 분해속도(Substrate utilization rate, $-r_{SU}$)

생물학적 처리의 목적은 미생물 증식 그 자체가 아니고 배양된 미생물이 물속에 포함된 유기물을 분해하게 하는 것이다. 유기물 분해속도는 미생물 증식속도와 아주 밀접하게 연관되어 있으며 역시 Monod type의 식이 성립된다. 유기물 분해속도는 유기물의 농도(S) 뿐만이 아니라 biomass의 농도(X)의 영향을 받는다. 유기물 분해속도는

$$r_{su} = -\frac{KXS}{K_S + S}$$

여기서, r_{SU} : 유기물 분해속도(mg/L · s, kg/m^3 · hr)

K : 최대 유기물 분해속도(mg S/mg X · time)

X : 미생물농도(mg/L, kg/m^3)

S : 유기물(substrate) 농도(mg/L or kg/m^3)

K_S : half-saturation 상수(mg/L or kg/m^3)

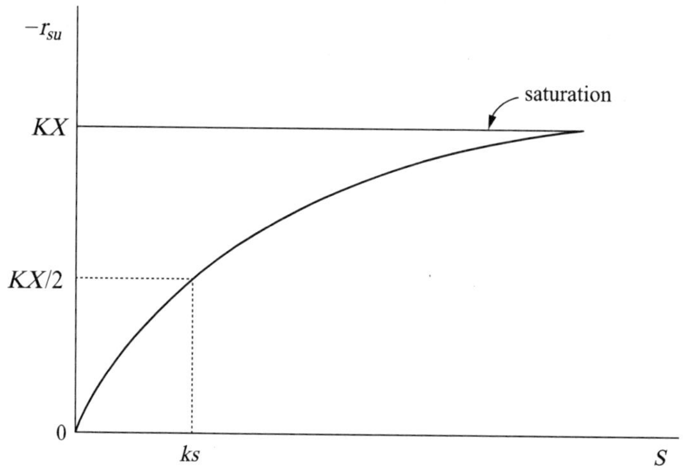

그림 13.7 유기물 분해속도(Monod equation)

13.4.4 미생물 증식속도(μ_g) vs. 유기물분해속도($-r_{SU}$)

다음 세 가지 변수로부터

$$\mu_g = \text{Specific biomass 증식속도 (mg new cell/mg biomass} \cdot \text{time)}$$

$$-r_{SU} = \text{유기물 분해속도 (mg/L} \cdot \text{hr, kg/m}^3 \cdot \text{day)}$$

$$Y = \frac{\text{미생물 생성량(mg)}}{\text{기질(유기물) 소비량(mg)}} = \frac{\text{Mass of biomass produced (mg)}}{\text{Mass of substrate consumed (mg)}}$$

$$-r_{su} \cdot Y = \mu_g \cdot X$$

$$-r_{su} = \frac{\mu_g}{Y} \cdot X = \frac{\mu_{\max} \dfrac{S}{K_S + S}}{Y} \cdot X$$

위의 μ_g는 유기물(substrate)이 부족하여 미생물 증식이 불가능한 내생호흡기(endogenous decay) 또는 사멸기(death phase)를 포함하지 않았다. 이때의 사멸 속도까지 감안한 biomass 증식 속도를 μ라고 하면

$$\mu = \mu_g - K_e = \mu_{\max} \frac{S}{K_s + S} - K_e$$

여기서, K_e : endogenous decay coefficient (L/time)

또한

$$\mu = -r_{su} \frac{Y}{X} - K_e = \frac{Y}{X} \frac{KXS}{K_s + S} - K_e = Y \frac{KS}{K_s + S} - K_e$$

가 된다.

하수 처리에 있어 위 식의 전형적인 상수 값들은 다음과 같다.

- K = 5 g COD/g VSS · day
- K_s = 60 mg BOD/L ≒ 40 mg COD/L
- Y = 0.6 mg VSS/mg BOD ≒ 0.4 mg VSS/mg COD
- K_e = 0.1 mg VSS/mg VSS · day

14 활성오니법

Activated sludge treatment

14.1 개요

1920년대 하수를 땅에다 뿌리기 전에 보관 tank에 지속적으로 공기를 주입하면 하수의 질이 향상되어 냄새가 저하되는 것을 발견하였다. 특히 tank 안에 있던 sludge를 전부 버리지 않고 일부 남겨두면 성능이 더욱 좋아지는 것도 알게 되었다. 이러한 현상을 이용하여 sludge를 일부 다시 사용하는 fill and draw 방식 반응기가 개발되었고 일부 sludge 사용 시 sludge가 점점 활성화(active)하게 되어 이 공정을 활성오니(activated sludge)라고 명명하였다.

현재 하수 또는 폐수 처리에 있어 생물학적 처리 공정(biological treatment process)인 activated sludge 공정은 다음 중 하나 또는 여러 가지 문제를 해결하기 위하여 사용된다.

- 물속에 녹아있는 BOD 유발물질(carboneous biological matter)의 산화
- 질소 화합물(주로 ammonia)의 산화
- 질소, 인 화합물로 구성된 영양염류(nutrient)제거

이중 가장 기본적인 요소가 되는 BOD 유발물질 제거 activated sludge 공정의 일반적인 구성 요소는 다음과 같다.

- 액상(mixed liquor)에 공기(또는 산소)를 주입하는 폭기조(aeration tank)
- 보통 최종 침전조(final clarifier) 또는 2차 침전조(secondary clarifier)라고 하는 침전조, 생물학적 floc (sludge 막)을 침전시켜 처리된 깨끗한 물과 분리시키는 장치

이외 영양염류를 처리하기 위하여 추가적인 무산소조(anoxic tank)가 필요하다.

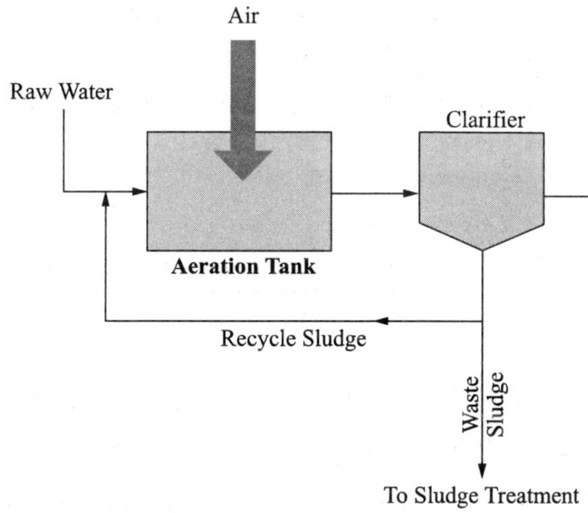

그림 14.1 Activated sludge 공정

그림 14.2 Aeration tank

표 14.1 MLVSS 구성

MLVSS 구성	특 이 점
Bacteria	• 대부분 토양에서 유입되는 bacteria (장에서 유입되는 것 적음) • Aerobic 또는 facultative bacteria
Slime	• 보통 bacteria들은 점액질의 세포외액 고분자 물질(extracellular polymeric substance ; slime) 때문에 floc 형성함. • Slime은 polysaccarides, protein, nucleic acid, lipid 등으로 구성 • 살아있는 bacteria cell들과 죽은 cell들 포함됨.
Protozoa	• Stalked protozoa는 floc에 붙어 있으며 free swimming protozoa 및 rotifer 등이 있으며 전체 biomass의 약 5% 차지 • Protozoa의 먹이는 bacteria (K_e 에 기여) • 좋은 quality의 sludge가 되도록 기여함.
기타	• 난분해성 유기물(non biodegradable oranic matter ; coffee ground, rice hull 등)

Activated sludge 공정은 1차 처리된 물에 공기 또는 산소를 주입하여 미생물들이 biological floc을 형성하게 하여 물속 유기물 함량을 줄일 수 있게끔 해준다. 즉, 하수 또는 폐수는 여러 가지 유기물을 포함하고 있어 미생물들의 먹이가 된다. 이러한 미생물들은 단독적으로 존재하기 보다는 서로가 엉겨 붙어 있는 상태인 floc 형태로 존재한다. 미생물들이 유기물 분해반응에 필요한 산소를 공급과 sludge (floc)들이 suspension 되어 원활하게 유기물을 분해할 수 있도록 지속적으로 air를 주입(aeration, 포기)하여야 한다. 미생물들은 유기물(food)을 분해하여 energy를 얻어 증식되고 나머지는 CO_2와 물로 분해시키게 된다.

상태가 좋은 activated sludge는 갈색 계통의 floc으로 가장 주된 것은 saprotrophic bacteria이며 이와 함께 protozoa인 amoebae, spiotrichs, peritrichs 등이 존재하며 또한 motile 및 rotifer 등으로 생태계를 구성하고 있다. 반면 상태가 좋지 못한 activated sludge는 filamentous bacteria 들이 주종을 이루게 되는데 이러한 bacteria는 floc 형성이 잘 되지 않아 침전성이 떨어지며 물 표면에 얇은 막이 형성되어 최종 침전조 weir를 통과하여 최종 배출수 질에 심각한 영향을 줄 수 있다.

폭기조(aeration tank) 내 폐수와 미생물들의 혼합액을 mixed liquor라고 한다. 침전조에 침전된 sludge의 일부를 반응기 내 미생물 농도를 높고 일정하게 유지시키기 위하여 다시 aeration tank로 보내는데 이를 Returned Activated Sludge (RAS)라고 한다. 미생물의 증식에 의하여 생성된 잉여의 sludge는 지속적으로 침전조에서 배출시키는데 이를 Waste Activated Sludge (WAS)라고 한다. Activated sludge 공정에서는 RAS와 WAS를 적절히 조정하여 반응기에 항상 일정한 양의 미생물 농도를 유지하고 있다.

Mixed liquor 내 suspended solid의 농도를 Mixed Liquor Suspended Solid (MLSS)라고 한다. MLSS는 쉽게 측정 가능하며 mg/L로 나타낸다. Mixed liquor가 aeration tank 내 처리되지 않은 폐수와 activated sludge로 구성되어 있는 반면, MLSS는 미생물과 난분해성 부유물질(non-biodegradable matter)로 구성되어 있다. MLSS는 activated sludge 공정에서 폐수 상태에 따른 미생물들의 농도가 적합한지 판단할 수 있는 중요한 인자이다.

MLSS 중 난분해성 물질을 제외한 농도를 Mixed Liquor Volatile Suspended Solid (MLVSS)라고 하며 일반적으로 폐수 내 미생물을 나타낸다. MLVSS는 MLSS를 500℃ 연소 시 휘발하는 물질의 농도로 측정한다. MLVSS는 서로 엉겨 붙은 상태의 floc을 형성하며 구체적으로 다음과 같이 구성되어 있다.

MLSS와 MLVSS와의 관계는 다음과 같다.

- MLSS = MLVSS + Inert suspended solid
- MLSS = MLVSS + Fixed suspended solid (FSS)

Inert suspended solid 또는 fixed suspended solid는 토사 입자와 같은 비유기성 고형물질(non organic solid)이다.

보통 활성오니조(aeration tank)에서의 MLSS 농도는 1,500～4,000 mg/L 범위이며 가장 전형적인 MLSS 농도는 2,500 mg/L이고 MLVSS －2,000 mg/L 정도이다.

14.2 반응기 모델링(Reactor modelling)

Activated sludge 공정 해석을 위하여 공정변수가 포함된 간략한 공정도를 다음 그림 14.3에 나타내었다.

이 그림에서 나타낸 공정 변수들의 정의 및 실제 조업 범위는 다음과 같다.

X_{in} : 유입 미생물 농도(mg/L)

X : aeration tank 내 미생물 농도(2,000～4,000 mgVSS/L)

X_e : 배출수 내 미생물 농도(15 mgVSS/L 이하)

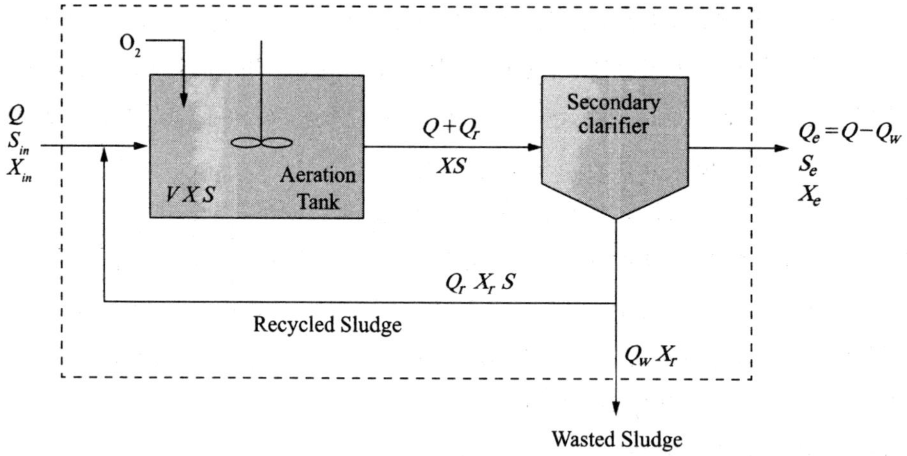

그림 14.3 Activated sludge 처리 공정도

X_r : 반송 및 폐기 sludge 농도(4,000 ~ 12,000 mgVSS/L)

S_{in} : 유입 유기물 농도(220 mg BOD/L)

S : aeration tank 처리 후 유기물 농도(mg BOD/L)

S_e : 배출 수 유기물 농도(mg BOD/L)

Q : 유입유량(m^3/day)

Q_r : 반송 sludge 유량(m^3/day)

Q_w : 폐기 sludge 유량(m^3/day)

V : aeration tank 부피(m^3)

μ_g : specific biomass 증식속도[mg (new cell)/X · day]

Activated sludge system modelling식 도출을 위한 가장 기초적인 변수로서 sludge age 또는 고형물 체류시간을 들 수 있고, 그 정의는 다음과 같다.

$$\Theta_c = \frac{\text{반응기 내 biomass 질량(kg)}}{\text{biomass 배출속도(kg/day)}}$$

$$= \frac{VX}{Q_w X_r + Q_e X_e} = \frac{VX}{Q_w X_r + (Q - Q_w) X_e}$$

14.2.1 Biomass material balance (steady state)

위 그림에서 점선 내 system을 중심으로 물질수지(material balance)식은 다음과 같이 나타낼 수 있다.

input + generation (생성 − 소멸) = output + accumulation

Steady state에서는 accumulation = 0이며 이 상태에서 biomass의 유입 유출 각 항목을 kg/day의 단위로 나타내면

$$Q X_{in} + V \mu_g X - V K_e X = Q_e X_e + Q_w X_r$$

유입 growth death 유출 waste

보통 유입되는 폐수에서의 미생물 수는 극히 적기 때문에 $X_{in} \fallingdotseq 0$으로 가정해도 무방하다. 따라서

$$V(\mu_g - K_e) X = Q_e X_e + Q_w X_r$$

여기서, $Q_e X_e + Q_w X_r = P$ (sludge production)

Ex. 1)

Activated sludge 조업변수 중 가장 중요한 것 중의 하나는 Θ_c (solid residence time, 고형물체류시간)이다. 위 식들을 이용하여 다음과 같이 식이 성립함을 유도하라.

$$\frac{1}{\Theta_c} = \mu_{\max} \frac{S}{K_s + S} - K_e$$

Answer : $\Theta_c = \dfrac{VX}{Q_w X_r + Q_e X_e} = \dfrac{VX}{V(\mu_g - K_e) X}$

또한 $\mu_g = \mu_{\max} \dfrac{S}{K_s + S}$

따라서, $\Theta_c = \dfrac{VX}{V\left(\mu_{\max} \dfrac{S}{K_s + S} - K_e\right) X} = \dfrac{1}{\left(\mu_{\max} \dfrac{S}{K_s + S} - K_e\right)}$

$\therefore \dfrac{1}{\Theta_c} = \mu_{\max} \dfrac{S}{K_s + S} - K_e$

Ex. 2)

위 $\dfrac{1}{\Theta_c}$ 식을 이용하여 $S = \dfrac{K_s(1 + \Theta_c K_e)}{\Theta_c(\mu_{\max} - K_e) - 1}$이 됨을 유도하라.

위 S 식에서 K_s, K_e 및 $\mu_{\max}$는 상수 값이다. 유출수의 BOD, 즉 S는 S_{in}에 의하여 영향 받지 않고 오직 Θ_c에만 영향을 받는 것을 알 수 있다.

14.2.2 2차 침전조(Secondary clarifier) Material balance (steady state)

Activated sludge tank에서 또 다른 중요한 design factor 중의 하나는 반송되는 sludge (recycled sludge)의 양 Q_r 이다. 이를 위하여 secondary clarifier를 중심으로 material balance를 세우면(2차 침전조에서는 미생물에 의한 반응이 없음)

$$\begin{array}{ccccccc} \text{input} & = & & \text{outputs} & & & \\ (Q+Q_r)X & = & Q_e X_e & + & Q_w X_r & + & Q_r X_r \\ \text{유입 sludge} & & \text{유출 sludge} & & \text{waste sludge} & & \text{recycled sludge} \end{array}$$

반송비(recycle ratio) $r = \dfrac{Q_r}{Q}$ 로 정의되며

$$Q_e X_e + Q_w X_r = (Q + Q_r)X - Q_r X_r$$

양변을 Q 로 나누면

$$\frac{Q_e X_e + Q_w X_r}{Q} = \frac{(Q+Q_r)X}{Q} - \frac{Q_r X_r}{Q}$$

$$\frac{Q_e X_e + Q_w X_r}{Q} = (1+r)X - rX_r$$

반면

$$\Theta_c = \frac{VX}{Q_w X_r + Q_e X_e}$$

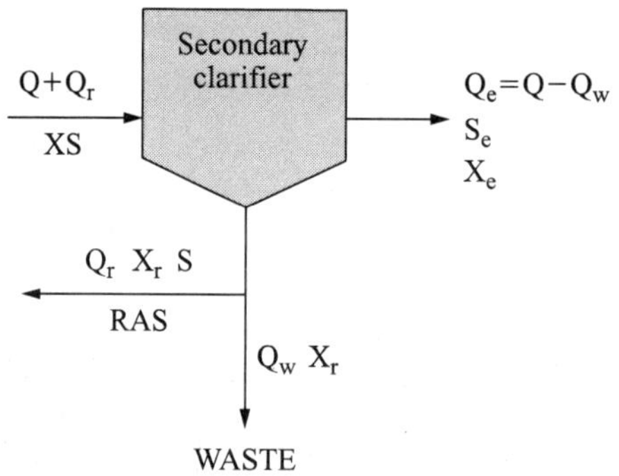

그림 14.4 Secondary clarifier material balance

$$\Theta_c = \frac{VX}{Q[(1+r)X - rX_r]} = \frac{t_R X}{(1+r)X - rX_r} = \frac{t_R}{(1+r) - r\left(\dfrac{X_r}{X}\right)}$$

가 된다.

14.2.3 Substrate material balance (steady state)

위 식들에서 biomass에 대한 material balance로

$$\frac{1}{\Theta_c} = \mu_{\max}\frac{S}{K_s + S} - K_e$$

그리고

$$S = \frac{K_s(1+\Theta_c K_e)}{\Theta_c(\mu_{\max} - K_e) - 1}$$

의 식을 유도하였다. 이번에는 유기물의 material balance 식을 이용하여 MLSS식을 도출하고자 한다($S_e = S$).

그림 14.3을 바탕으로 정상상태에서 유기물의 물질수지식은

input + generation (소멸) = output

이 되고 유기물의 유입, 소멸 및 유출의 각 항목을 kg/day의 단위로 나타내면

$$QS_{cin} - (-r_{su}V) = Q_e S + Q_w S$$

유입 소멸 유출

$Q_e = Q - Q_w$이므로

$$QS_{in} - (-r_{su}V) = (Q - Q_w)S + Q_w S$$

$$QS_{in} - (-r_{su}V) = QS$$

$$Q(S_{in} - S) = (-r_{su}V) \Rightarrow \frac{Q}{V}(S_{in} - S) = (-r_{su})$$

$$\Rightarrow \frac{1}{t_R}(S_{in} - S) = (-r_{su})$$

또한 $-r_{su}Y = \mu_g X$ 이기 때문에 $-r_{su} = \frac{X}{Y}\mu_g$

따라서

$$\frac{1}{t_R}(S_{in} - S) = \frac{X}{Y}\mu_g$$

$$\frac{1}{t_R}(S_{in} - S) = \frac{X}{Y}\mu_{\max}\frac{S}{K_s + S} \quad \cdots ①$$

또한 $\frac{1}{\Theta_c} = \mu_{\max}\frac{S}{K_s + S} - K_e$ 에서 $\mu_{\max}\frac{S}{K_s + S} = \frac{1}{\Theta_c} + K_e$ 이 되고

이를 ①식에 대입하면

$$\frac{1}{t_R}(S_{in} - S) = \frac{X}{Y}\left(\frac{1}{\Theta_c} + K_e\right)$$

$$\frac{1}{t_R}(S_{in} - S) = \frac{X}{Y}\left(\frac{1 + \Theta_c + K_e}{\Theta_c}\right)$$

따라서

$$X = \frac{\Theta_c}{t_R}\left[\frac{Y(S_{in} - S)}{1 + \Theta_c K_e}\right]$$

Ex. 3) $X = \frac{\Theta_c}{t_R}\left[\frac{Y(S_{in} - S)}{1 + \Theta_c K_e}\right]$ 식과 $S = \frac{K_s(1 + \Theta_c K_e)}{\Theta_c(\mu_{\max} - K_e) - 1}$ 을 이용하여
$X = \frac{\Theta_c}{t_R}Y\left[\frac{S_{in}}{1 + \Theta_c K_e} - \frac{K_s}{\mu_{\max}\Theta_c - (1 + \Theta_c K_e)}\right]$ 이 됨을 유도하라.

[case study of activated sludge treatment]
A시 하수처리장의 activated sludge tank의 성능을 높이고자 한다. 배출 BOD_5 (S)를 11.1 mg/L로 하고자 한다. 현재 유입되는 폐수의 유량(Q)은 0.15 m^3/s이고 유입 BOD_5 (S_{in})는 84 mg/L이다. 또한 반응기 내 MLSS의 농도를 2,000 mg/L로 유지하고자 할 때 요구되는 반응기 부피(m^3)를 다음과 같은 순서로 구하라. 또한 예비 실험 결과 data는 다음과 같다. K_s = 100 mg/L BOD_5 $\quad$ $\mu_{\max}$ = 2.5 day^{-1} K_e = 0.05 day^{-1} $\quad$ Y = 0.5 mg VSS/mg BOD_5 removed

Ex. 4) $S = \dfrac{K_s(1+\Theta_c K_e)}{\Theta_c(\mu_{\max} - K_e) - 1}$ 의 식을 이용하여 Θ_c를 구하라.

Answer : $\Theta_c = 5\,\text{days}$

Ex. 5) $X = \dfrac{\Theta_c}{t_R}\left[\dfrac{Y(S_{in} - S)}{1+\Theta_c K_e}\right\}$ 식을 이용하여 t_R을 구하라.

Answer : $t_R = \dfrac{V}{Q} = 1.7496\,\text{hr}$

Ex. 6) 최종적으로 반응기 부피 V를 구하라.

14.2.4 기타 activated sludge 처리 조업변수

- BOD 용적 부하(BOD loading) : 반응기 유효 용적 1 m^3당 하루에 가해지는 BOD 부하량을 (kgBOD/m^3 · d)로 표시한다.
- BOD 용적 부하(kg/m^3 · d) $= \dfrac{\text{BOD}\,(\text{kg/m}^3) \times Q\,(\text{m}^3/\text{d})}{V\,(\text{m}^3)}$
- BOD 용적 부하(kg/m^3 · d) $= \dfrac{\text{BOD}\,(\text{mg/L}) \times Q\,(\text{m}^3/\text{d}) \times 10^{-3}}{V\,(\text{m}^3)}$

$$= \frac{\text{BOD}\,(\text{mg/L}) \times 10^{-3}}{t\,(\text{day})}$$

$$= \text{F/M비}\,(\text{day}^{-1}) \times \text{MLSS 농도}\,(\text{mg/L}) \times 10^{-3}$$

- F/M비(Food to Microorganism ratio) : 반응기 혼합액 부유 고형물(Mixed Liquor Suspended Solid, MLSS)의 단위 무게 당 하루에 가해지는 BOD 무게로 나타낸다. 즉, kg BOD/kg MLSS · day로 나타내며 MLSS 대신에 혼합액 휘발성 고형물(MLVSS)을 사용하여 kg BOD/kg MLVSS · day로 나타내기도 한다.
- F/M비(kg BOD/kg MLSS · day) $= \dfrac{\text{BOD}\,(\text{kg/m}^3) \times Q\,(\text{m}^3/\text{d})}{\text{MLSS}\,(\text{kg/m}^3) \times V\,(\text{m}^3)}$
- F/M비(kg BOD/kg MLVSS · day) $= \dfrac{\text{BOD}\,(\text{kg/m}^3) \times Q\,(\text{m}^3/\text{d})}{\text{MLVSS}\,(\text{kg/m}^3) \times V\,(\text{m}^3)}$

14.3 Activated sludge 운전 조건

14.3.1 최적 운전조건

Activated sludge 처리 공정에 있어 핵심적인 요소는 MLSS이다. MLSS는 유입폐수에서 20～45 min. 내로 비교적 빠르게 유기물을 흡수하고 MLSS 내 bacteria는 유기물을 용해시키고 산화시킨다. MLSS로 형성되는 floc의 성질은 이를 구성하고 있는 bacteria에 의하여 결정된다. Bacteria와 floc의 상태에 직접적으로 영향을 주는 인자는 F/M비이다. 따라서 activated sludge 공정에서 주요 운전 조건들은 F/M비와 연관을 갖게 된다.

다음 그림 14.5에 F/M비와 미생물의 증식 및 운전조건과의 관계를 나타내었다. 이 그림에서 오른쪽 부분, 즉 F/M비가 높은 조건에서는 다음과 같은 특징을 나타낸다.

- 높은 F/M비 조건
  - Food, 즉 유기물이 과잉인 상태
  - Bacteria는 아주 빠르게 성장하고 slime 층은 얇은 상태
  - Bacteria는 food를 향해 움직일 수 있는 energy가 있고 food는 풍부한 상태로 움직일 수 있는 bacteria에게 유리한 조건

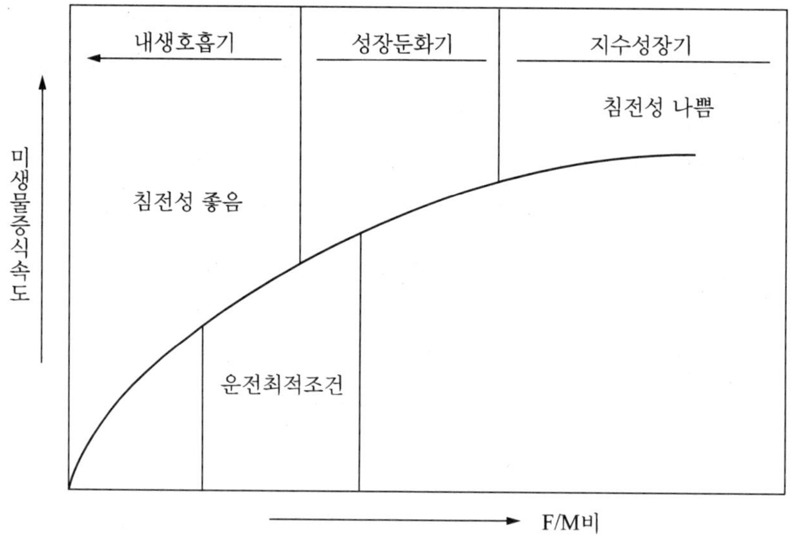

그림 14.5 F/M비와 운전조건

- 이에 따라 자그마한 floc (pin floc)이 형성되고 결과적으로 2차 침전조에서 침전성이 좋지 못함.
- 또한 과잉의 유기물(food)이 유출수에 포함되어 처리효율 저하됨.

Activated sludge 공정에서 처리 효율, 즉 BOD 제거율과의 관계는 다음과 같이 유도할 수 있다.

$\frac{1}{\Theta_c} = \mu_g - K_e$ 이고, $-r_{su} \cdot Y = \mu_g \cdot X$ 로부터 $\mu_g = Y\frac{-r_{SU}}{X}$ 이고

$$-r_{SU} = \frac{(S_{in} - S)\,Q}{V}\ (\text{kg BOD/m}^3\text{day})$$

이를 μ_g에 대입하면

$$\mu_g = Y\frac{(S_{in} - S)Q}{VX} = Y\frac{(S_{in} - S)\,QS_{in}}{VXS_{in}}$$

이고, 이를 정리하면

$$\mu_g = Y\frac{S_{in}Q}{VX}\frac{(S_{in} - S)}{S_{in}}$$

이 되며 또한

$$\frac{S_{in}\,Q}{VX} = \frac{F}{M}$$

이며,

$\frac{(S_{in} - S)}{S_{in}} = E$ (efficiency)로 정의하면 $\mu_g = Y\frac{F}{M}E$ 가 되고 결론적으로

$$\frac{1}{\Theta_c} = Y\frac{F}{M}E - K_e$$

이 식에서 볼 수 있듯이 Θ_c, Y 및 K_e 값을 일정하게 유지될 때 F/M비가 커지면 처리효율은 낮아지게 된다.

또한 그림 14.5 왼쪽 부분, 즉 F/M비가 낮은 조건에서는 다음과 같은 특징을 나타낸다.

- 낮은 F/M비 조건
  - Bacteria는 food가 부족한 상태로 내생호흡기(endogenous respiration) 과정 중에 있다.
  - Bacteria의 사망률이 비교적 높아 K_e 값이 증가한다.
  - 거의 모든 유기물들이 소모되어 높은 처리 효율을 나타낸다.
  - 대부분의 bacteria가 floc에 붙어 있어 2차 침전조에서 침전성이 좋다.
  - 내생호흡기 초반이 slime layer가 가장 두꺼워서 가장 좋은 floc 형성(flocculation) 조건이 된다.
  - 지속적으로 slime 층이 만들어지기 위하여 좋은 포기(aeration) 조건 필요하다.

따라서 그림 14.5에서 볼 수 있듯이 폭기조 운전의 최적 조건은 낮은 F/M비를 유지하면서 성장지체기(decline growth phase)에서 내생호흡기로 접어드는 구간임을 알 수 있다. 일반적으로 바람직한 운전조건을 다음 표 14.2에 나타내었다.

그림 14.6에 aeration tank 내 floc이 양호한 상태와 그렇지 못한 경우를 나타내었다.

표 14.2 Aeration tank 최적 운전 조건

Θ_c	F/M
5 ~ 15 days	0.2 ~ 0.4 kg BOD/kg MLSS day
	0.3 ~ 0.6 kg COD/kg MLSS day

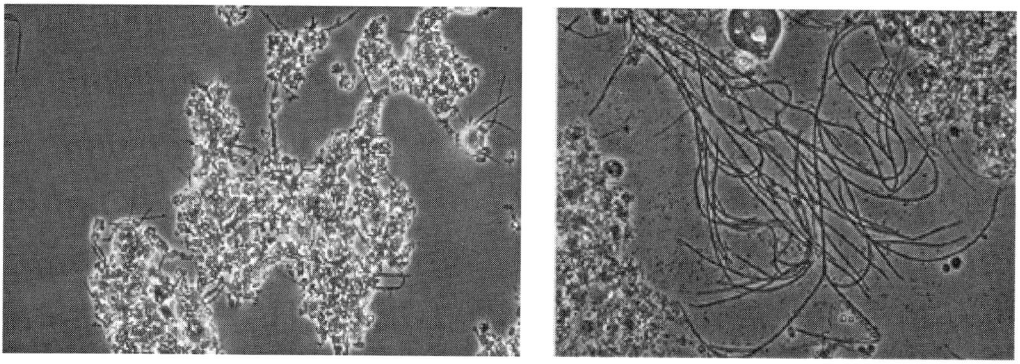

(a) Good floc condition　　(b) Poor floc condition

자료출처 : Sludge Bulking homepages.wmich.edu

그림 14.6 Aeration tank 내 floc의 상태

14.3.2 Activated sludge 운전상의 문제

F/M비는 또한 sludge bulking 및 foaming 등 운전상의 문제점을 야기한다. Filamentous microorganism들이 sludge의 bulking을 유발하는 것으로 알려져 있으며 팽화(bulking)된 sludge는 침전성이 좋지 않아 2차 침전조에서 침전이 되지 않은 상태로 축적되고, 심지어는 거품을 형성하여 표면 또는 벽면에 남아있게 된다.

Sludge bulking 및 foaming의 원인은 정확히 밝혀지지는 않았지만 다음과 같은 원인들이 제안되어 왔다.

① 높은 F/M비(≥ 0.8 kg BOD/kg MLSS day)는 sphaerotilus 성장을 촉진하여 bulking sludge의 원인이 된다(Reynold and Richard, 1996).

② 낮은 F/M비, 긴 sludge age 및 높은 온도가 Norcadia 성장을 촉진하고 이 bacteria로 인해 sludge의 bulking과 foaming을 유발할 수 있다(Droste, 1997).

또한 bacteria의 slime 과잉 생산으로 non-filamentous bulking (viscous bulking, slime bulking)을 유발할 수 있다. 이러한 경우는 대부분 유기물의 농도가 충분하지 못할 때 나타난다. 이러한 모든 현상은 복잡한 활성오니조의 생태계(ecosystem)를 나타낸다.

(a) Sludge bulking on secondary clarifier (b) Sludge foaming in aeration tank

자료출처 : Sludge Bulkinghomepages.wmich.edu, Foaming http://web.deu.edu.tr/atiksu/toprak/ani4094.html

그림 14.7 Sludge bulking과 foaming

14.3.3 Aeration tank에서 산소 요구량

Activated sludge 처리에 있어 가장 핵심적인 aeration tank design을 위하여 O_2 요구량을 알아야 한다. 폐수에 함유된 유기물을 glucose라고 가정할 때 액상에 전달된 산소는 glucose를 분해하여 energy와 biomass 생성에 사용된다.

① 1 g COD 제거를 위한 산소량

$$3C_6H_{12}O_6 + 8O_2 + 2NH_3 \rightarrow 2C_5H_7NO_2 + 8CO_2 + 14H_2O$$

$$\frac{O_2 \text{ used}}{\text{g glucose}} = \frac{8 \text{ mol} \times 32 \text{ g/mol}}{3 \text{ mol} \times 180 \text{ g/mol}} = 0.474 \frac{\text{g } O_2}{\text{g glucose}}$$

또한

$$\frac{O_2 \text{ used}}{\text{g COD}} = \frac{0.474 \text{ g } O_2}{\text{g glucose}} \left| \frac{\text{g glucose}}{1.07 \text{ g COD}} \right. = 0.44 \frac{\text{g O}}{\text{g COD used}}$$

② Cell의 COD

$$C_5H_7NO_2 + 5O_2 \rightarrow 5CO_2 + NH_3 + 2H_2O$$

$$\frac{\text{g COD}}{\text{g cell}} = \frac{5 \text{ mol} \times 32 \text{ g/mol}}{1 \text{ mol} \times 113 \text{ g/mol}} = 1.42 \frac{\text{g COD}}{\text{g cell}}$$

이 식들을 바탕으로 aeration tank에 요구되는 산소는 kg O_2/day로 나타내고 기호로 R_{O_2}로 나타내고 다음과 같이 쓸 수 있다.

$$R_{O_2} = Q(S_{in} - S) - 1.42P$$

여기서, P는 sludge 생산률(sludge production rate)로 $P = Q_e X_e + Q_w X_r$ (kg VSS/day)이며 1.42는 cell 1 g 당 소비되는 산소, 즉 COD를 나타낸다.

$1.42P$를 빼주는 이유는 유기물이 cell로 변하여 COD로 작용하였으나 분해되기 전 system에서 제거되었기 때문이다.

또한 aeration tank에서 단위 부피당 산소 요구량을 Oxygen Uptake Rate (OUR)로 나타낼 수 있고 다음과 같이 표현할 수 있다.

$$\text{OUR} = \frac{R_{O_2}}{V} = \frac{(S_{in} - S)}{t_R} - 1.42\frac{P}{V}$$

보통 activated sludge 공정에서 운전하는 전형적인 volumetric air rate는 $62\frac{m^3\ air}{kg\ BOD}$ 정도 이다. 요구되는 최소 DO는 0.2～2.0 mg/L이며 산소 전달 효율은 다음과 같이 정의된다.

$$O_2\ \text{transfer efficiency} = \frac{O_2\ \text{mass dissolved in water}}{O_2\ \text{mass applied as gas}}$$

원활한 산소 전달을 위하여 fine bubble diffuser, jet aerator, static aerator 및 mechanical surface aerator 등 여러 형태의 산소 전달 장치 등을 사용한다.

14.3.4 슬러지 지표(Sludge indicators)

Sludge 상태를 파악하기 위하여 보편적으로 사용되는 sludge 관련 지표 및 측정 방법은 다음과 같다.

① SV_{30} = 폭기조 내 혼합액 1 L를 Imhoff cone 또는 graduated cylinder에 넣어서 30분간 침전시킨 후 침전된 슬러지가 차지하는 부피(mL/L)

② 슬러지 용적지수(Sludge Volume Index, SVI) : MLSS 1 g당 침전된 슬러지가 차지하는 부피(mL), 즉 mL(sludge)/g(MLSS)

$$SVI = \frac{SV_{30}(mL/L) \times 10^3}{MLSS(mg/L)}$$

SVI 값이 낮을수록 좋은 침전성을 나타낸다.

③ 슬러지 밀도지수(Sludge Density Index, SDI) : 침전된 sludge 100 mL 당 고형물의 질량(g), 즉 g (sludge)/100 mL (침전 sludge)

14.4 Activated sludge tank 종류

1) Complete mix

Continuous Stirred Tank Reactor (CSTR)를 적용한 형태로 Θ_c = 3~15 days, F/M = 0.2~0.6 kg BOD/kg MLSS day 범위로 운전한다.

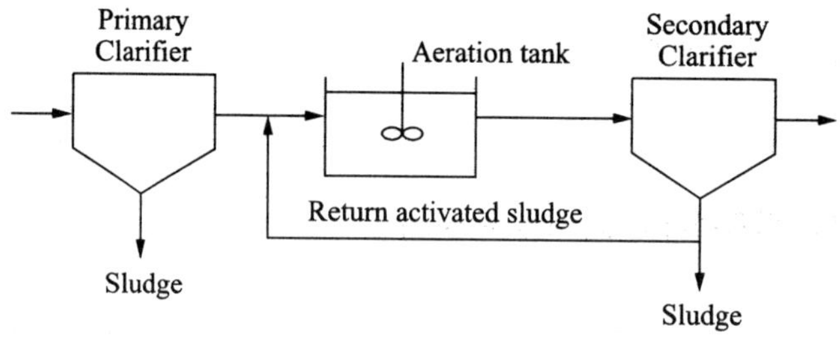

그림 14.8 완전혼합형 활성오니조

2) Conventional plug flow

폐수와 반송 슬러지가 tank 앞부분으로 유입되며 diffused air 또는 기기적 조작으로 혼합된다. 공기 주입량은 거리에 관계없이 전체 공정에 일정하게 유지되며 Θ_c = 3~15 days, F/M = 0.2~0.4 kg BOD/kg MLSS day 범위로 운전한다.

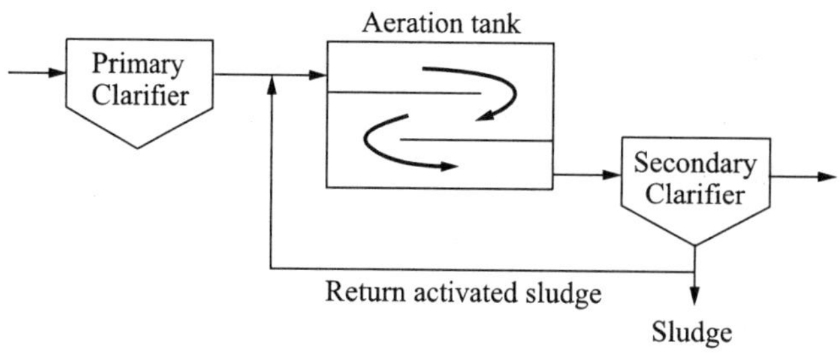

그림 14.9 Plug Flow형 활성오니조

3) Step feed aeration

Conventional plug flow 반응기의 변형 형태로 폐수가 aeration tank의 여러 부분으로 유입되어 F/M비를 일정하게 유지하면서 운전한다.

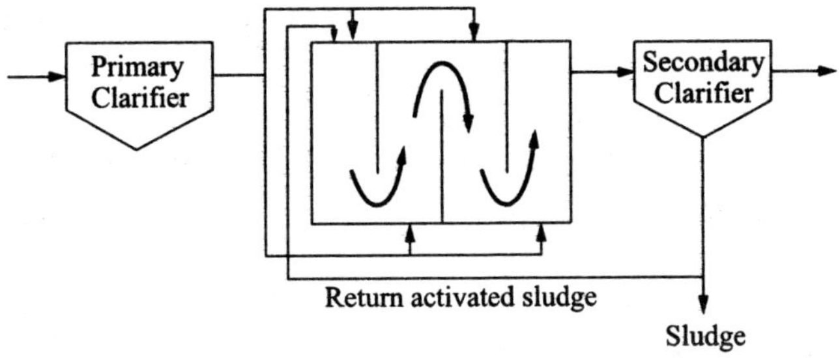

그림 14.10 Step Feed형 활성오니조

4) Extened aeration

Conventional plug flow 반응기와 동일하나 미생물의 내생호흡기 phase에서 운전한다. 따라서 비교적 낮은 유기물 유입과 긴 시간의 폭기가 요구된다.

5) High purity oxygen

공기대신 cover가 있는 aeration tank로 순수한 산소를 사용하여 폭기한다. 순수 산소를 사용하여 폭기 시간을 단축할 수 있으며 물을 통과한 산소는 순환시켜 재사용한다. Θ_c = 1 ~ 4 days, F/M = 0.5 ~ 1.0 kg BOD/kg MLSS day 범위로 운전한다.

6) Oxidation ditch

원 또는 타원 형태로 수로(channel)를 형성하고 기계적 폭기 장치를 수로에 설치한다. 여과된 폐수가 ditch에 유입되면 0.25 ~ 0.35 m/s의 유속으로 순환된다. 보통 extened aeration 조건으로 폐수 체류시간과 고형물 체류시간을 길게 유지한다.

15 기타 생물학적 처리

15.1 Attached growth process

15.1.1 개요

Activated sludge 공정은 미생물들이 현탁되어 있어 있고 그 상태로 증식하기 때문에 'suspended growth' 공정이라고도 한다. 반면 반응기 내 여재(filter media)에 부착된 미생물들이 하수 또는 폐수 내 유기물을 처리하는 공정을 'attached growth' 공정이라고 한다. 이 공정에서는 하수 또는 폐수가 여재 위를 흐르면서 처리된다. 살수여상(trickling filter)과 회전원판법(rotating biological contactor)은 이러한 attached growth 공정이다. 이러한 공정은 BOD 제거, 질산화 및 탈질화 공정에 사용된다.

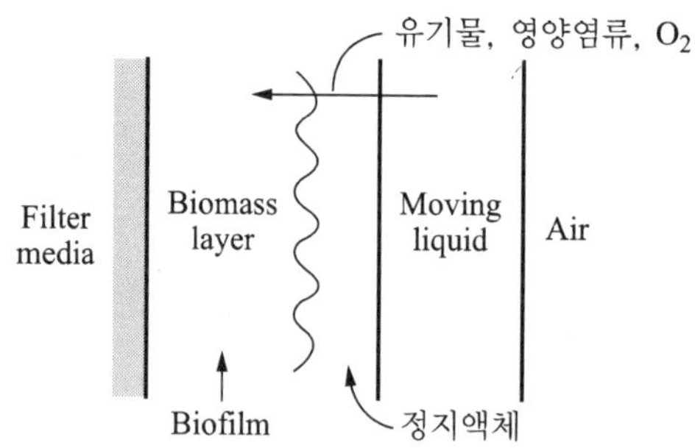

그림 15.1 Attached growth 공정의 biofilm 형성

폐수가 여재(filter media) 위를 천천히 흘러가면(trickle) bacteria는 여재 표면에서 성장하여 그림 15.1과 같이 생물막(biofilm)을 형성한다.

폐수 내 유기물이 처리되기 위해서는 액상 본체(bulk liquid)에 있는 유기물이 biofilm이 있는 곳까지 물질전달(mass transfer)이 되어야 하며 이는 다음 그림 15.2와 같이 물질전달 저항(resistance)이 있는 얇은 막(thin film)인 boundary layer를 통과하여야 한다.

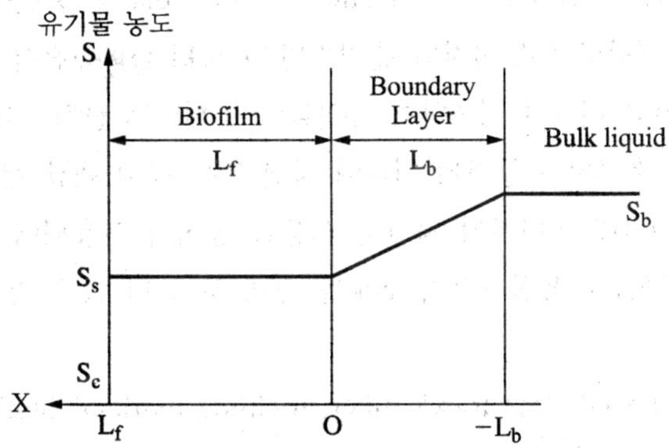

그림 15.2 Biofilm으로의 물질전달

유기물(substrate), O_2 및 영양염류는 stagnant boundary layer에서 확산(diffusion)을 통하여 물질전달이 이루어진다. 이 공정의 율속단계(rate limiting step)는 확산단계(diffusion-limited)로 얼마나 빨리 확산하느냐에 따라 속도가 결정된다.

Biofim으로 유기물이 물질전달 되는 속도, 즉 substrate flux는 다음과 같이 표현할 수 있다.

$$r_s = -D\frac{dS}{dx} = -D\frac{(S_b - S_s)}{L_b}$$

여기서, r_s : 유기물 전달속도, substrate flux (mol/cm^2 s)

D : 물속에서 유기물 확산 계수, diffusion coefficient (cm^2/s)

dS/dx : 유기물 농도구배, substrate concentration gradient (mol/L cm)

S_b : 액상 본체의 유기물 농도, substrate concentration in bulk liquid (mol/L)

S_s : biofilm 표면의 유기물 농도, substrate concentration at biofilm surface (mol/L)

15.1.2 살수 여상(Trickling filter)

Trickling filter는 실제 filter가 아니다!

살수여상은 하수 또는 폐수를 처리하는 system으로 고정상(fixed bed)에 돌, 자갈, 광재(slag), polyuethane foam, ceramic 또는 platic 충진재(media)를 충진하고, 그 위로 폐수를 흘려보내면 폐수가 아래방향으로 천천히 흘러가면서(trickling) 충진재 표면에 biofilm이 형성되고, 형성된 biofilm과 폐수가 접촉하여 유기물이 분해되는 공정이다. 폐수가 공급되면서 여재 표면에서 튀기고 혼입되는 공기에 의하여 자연 또는 강제 대류 현상으로 호기(aerobic) 조건이 형성된다. 1900년대 초반부터 자갈을 이용한 공정이 사용되어 왔고 1950년대 이후 자갈대신 plastic 충진물을 사용함으로써 tank를 깊게 하고 더 많은 양의 폐수를 처리할 수 있게 되었다.

살수여상(trickling filter)은 종종 trickle filter, trickling biofilter, biofilter, biological filter 및 biological trickling filter라고도 한다.

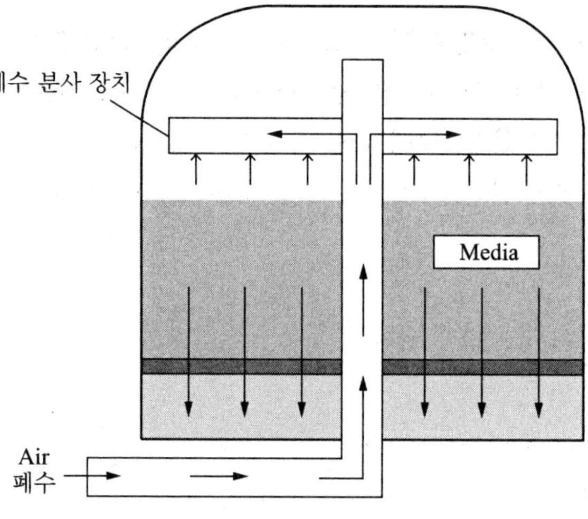

그림 15.3 살수여상(trickling filter)

그림 15.3은 rotating spray arm에 의하여 폐수가 여재 위로 뿌려지는 trickling filter이다.

살수여상에 의한 오염물질 제거는 유기물질과 nitrite 및 nitrate와 같은 무기물질들의 microbal slime layer (biofilm)로의 흡수(absorption)와 흡착(adsorption)에 의하여 이루어진다. 여재는 부피 대비 표면적이 넓은 것을 사용한다. 보통 다공성의 여재가 많이 사용되며 폐수 내 용존 산소 및 대기와의 접촉에 의하여 공급된 산소에 의하여 유기물이 분해되고 biofilm이 두꺼워지면서 혐기(anaerobic) 조건이 형성되어 탈질도 이루어진다. 여재 표면의 모식도를 그림 15.4에 나타내었다.

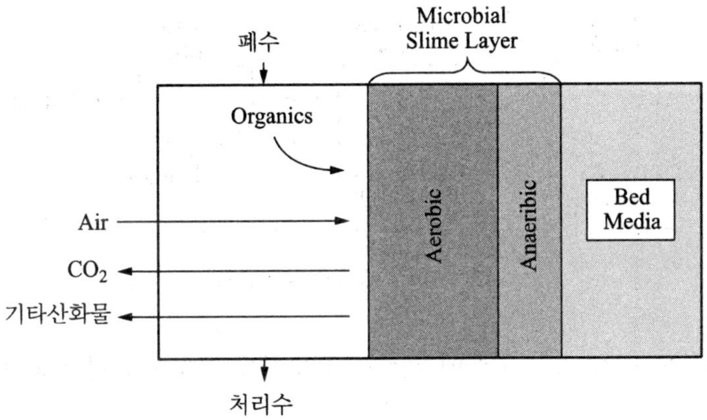

그림 15.4 Trickling filter 여재 접촉면

살수 여상은 activated sludge 공정과 비교할 때 다음 표 15.1과 같은 장단점을 갖고 있다.

표 15.1 Trickling filter vs. Activated sludge

살수여상 공정의 장단점	
장 점	단 점
• 저 에너지 공정 • 간단한 운전 조작 • Sludge bulking 문제없음 • 두꺼운 sludge 형성 • 산소 공급 필요 없음 • 독성 물질 유입 내성	• 처리 효율 낮음 • 온도에 민감 • 냄새 발생 • Biofilm 붕괴 시 단시간 동안 다량의 sludge 생성 • 질소 제거 어려움

살수여상에 있어 유입되는 하수 또는 폐수는 1차 침전조의 상등액(supernant)이다. 공급된 폐수는 체류시간을 조절하여 원하는 오염물질 양 수준이 될 때까지 체류하게 하여 배출된다. 이 때 처리 되지 않은 suspended solid와 공정 중 탈착된 biofilm이 폐수에 포함될 수 있기 때문에 반드시 최종 침전조를 거치게 된다. 전형적인 살수여상의 배치도를 그림 15.5에 나타내었다.

또한 낮은 유량으로 운전 시(밤 시간대) biofilm의 건조 방지를 위하여 그림 15.5처럼 재순환(recirculation)이 필요하다. 또한 2차 침전조 sludge는 재침전(re-settling)과 처분을 위하여 보통 1차 침전조로 보내진다.

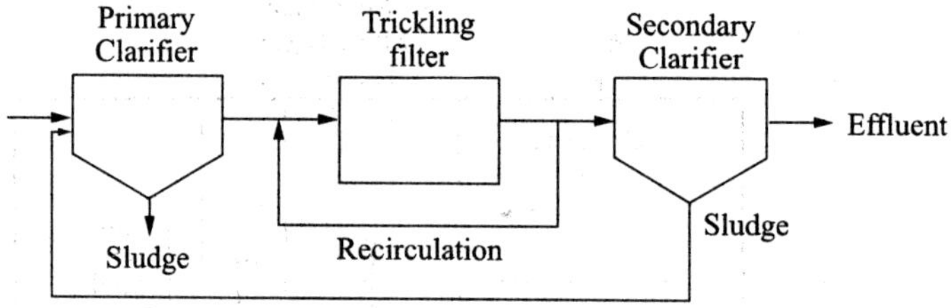

그림 15.5 살수여상 배치도

표 15.2는 체류시간 및 처리 효율에 의하여 살수여상의 종류를 나타내었다.

표 15.2 Tickling filter 종류

Low rate 또는 Standard rate	
재질 : 자갈	깊이 : 1~3 m
BOD 부하량	0.08~0.32 kg BOD/m^2 day
효율	90~95% BOD 제거 유출수 : 12~25 mg BOD/L
High rate	
재질 : 자갈 또는 plastic 충진재	깊이 : 1~2 m
BOD 부하량	0.32~1.0 kg BOD/m^2 day
효율	85~90% BOD 제거 유출수 : 20~30 mg BOD/L
Super rate	
재질 : 합성 충진재	깊이 : 1~3 m
BOD 부하량	0.8~6.0 kg BOD/m^2 day
효율	90~95% BOD 제거

살수여상 처리 공정에서 가장 핵심은 biofilm에서 일어나는 현상이지만 대부분의 design 식들은 biofilm 내 자세한 사항(detail)이 무시된 실험식(empirical formular)들이다.

1) Eckenfelder formular

Eckenfelder는 유기물 분해속도가 다음 식에 따른다고 제안하였다.

$$-\frac{1}{X}\frac{dS}{dt} = kS \rightarrow \text{유기물 분해 속도}$$

여기서, k : 실험적 속도 상수

S : 폐수 내 유기물 농도

이를 정리하면

$$\frac{dS}{S} = -kXdt$$

$$\int_{S_{in}}^{S_{out}} \frac{1}{S}\, ds = -\int_0^t kX\, dt$$

$$\ln S_{out} - \ln S_{in} = -k\overline{X}t$$

$$\ln \frac{S_{out}}{S_{in}} = -k\overline{X}t$$

$$S_{out} = S_{in}\, e^{-k\overline{X}t}$$

여기서, $\overline{X}$: filter 내 미생물 평균 농도

Schulze (1962)는 trickling filter에서의 접촉시간 t는 filter 깊이에 비례하고 폐수의 loading rate에 반비례하는 것으로부터 다음과 같은 식을 제안하였다.

$$t = \frac{CD}{(Q/A)^n}$$

여기서, C, n : 실험적 상수

D : filter 깊이(m)

Q : 폐수 유입 유량(m^3/s)

A : 폐수가 유입되는 filter 면적(m^2)

따라서 이를 대입하면

$$S_{out} = S_{in}\exp\left[-k\overline{X}\frac{CD}{(Q/A)^n}\right] = S_{in}\exp\left[-\frac{K'D}{(Q/A)^n}\right]$$

$$K' = k\overline{X}C$$

2) National Research Council (NRC) formular

Trickling filter 운영을 바탕으로 NRC에서 다음과 같은 경험식 도출하였다.

$$E = \frac{1}{1+4.12\left(\frac{QS_{in}}{VF}\right)^{0.5}}$$

여기서, E : BOD 제거 효율

Q : 폐수 유입 유량(m^3/s)

S_{in} : 유입 BOD (mg/L)

V : 여재 부피(m^3)

F : recirculation factor

Recirculation factor는 다음과 같이 표현된다.

$$F = \frac{1+R}{(1+\ 0.1R)^2}$$

여기서, R : 반송비(recirculation ratio) $Q_r\,/\,Q$

15.1.3 회전원판법(Rotating Biological Contactor, RBC)

살수여상과 마찬가지로 회전원판법은 1차 처리수(primary treatment)를 생물학적으로 처리하는 장치이다. RBC 역시 오염물질 제거를 위해 biofilm이 형성된 생물학적 media에 접촉하게 하는 것으로 여기서는 회전하는 원판을 사용한다. 회전 원판은 그림 15.6과 같이 여러 개가 한 shaft에 의하여 회전할 수 있게 설계되어 있으며 각각의 원판에 biofilm이 형성 부착되어 있다. 폐수 tank 내에서 plastic 원판이 회전 하면서 biofilm 성장의 매체 역할을 하면서 폐수를 처리한다.

또한 회전원판법의 장단점을 표 15.3에 나타내었다.

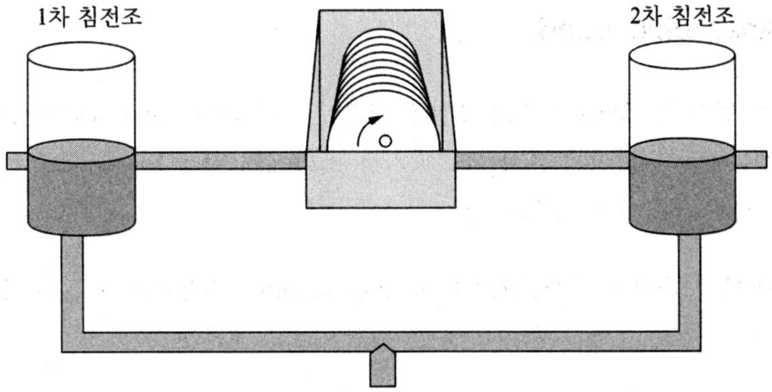

그림 15.6 Rotating biological contactor

표 15.3 회전원판법의 장단점

장 점	단 점
• 저 에너지 공정 • 조작인력 거의 필요 없음. • 짧은 체류시간 • 조작이 용이하며 속도 조절 쉬움. • Sludge 생성량 적음.	• 온도에 민감 • Bearing, 구동부 등 지속적인 기계적 유지보수 필요

15.2 Stabilization ponds

폐수처리에 있어 가장 단순한 기술로 폐수를 자연적으로 처리하기 위한 크고 얕은 연못(물웅덩이)을 사용한다. 물속 유기물의 산화 속도는 engineering system보다 당연히 늦다.

산화지(stabilization pond)는 일반적으로 다음과 같은 범주로 구분된다.

- Aerobic pond
- Anaerobic pond : 침전에 의하여 BOD 제거, 바닥 층에서 sludge의 소화(digestion)
- Facultative pond : Bacteria가 유기물을 분해하면서 O_2를 소모하고 CO_2를 발생시킨다. 또한 조류(algae)는 CO_2를 사용하여 O_2를 생성한다.
- Maturation pond

15.2.1 Anaerobic pond

주로 침전이 일어나는 pond로 고형물질은 바닥에 가라앉으며 용존산소가 고갈되면서 혐기조건이 형성되면서 바닥에서 sludge의 혐기성 소화(anaerobic digestion)가 일어난다. 이 조건에서 일어나는 반응들은 다음과 같다.

① 가수분해(Hydrolysis) : 단백질(protein), polysaccaride, 지방(fat)과 같은 다양한 유기물들이 여러 bacteria들에 의하여 단순한 화합물로 분해된다.

② Acidogenesis (fermentation) : 지방산(fatty acid)이 산화, amino acid, 탄수화물(carbohydrate)이 발효되어 휘발성 지방산(volatile fatty acid), 수소 등으로 전환된다.
예) Sugar (glucose) → acetic acid

$$C_6H_{12}O_6 + 2H_2O \rightarrow 2CH_3COOH + 4H_2 + 2CO_2$$

또는 H_2 농도가 높은 경우 propionic acid와 butyric acid 생성된다.

$$C_6H_{12}O_6 + 2H_2O \rightarrow \underset{\text{propionic acid}}{CH_3CH_2COOH} + 5H_2 + 3CO_2$$

$$C_6H_{12}O_6 \rightarrow \underset{\text{butyric acid}}{CH_3(CH_2)_2COOH} + 2H_2 + 2CO_2$$

③ Acetogenesis : 여러 다양한 fatty acid가 acetic acid로 전환

$$\underset{\text{propionic acid}}{CH_3CH_2COOH} + 2H_2O \rightarrow \underset{\text{acetic acid}}{CH_3COOH} + 3H_2 + CO_2$$

④ Methanogenesis : Acetic acid가 methane과 CO_2로의 전환, 그리고 CO_2와 H_2 반응으로 methane 형성

$$CH_3COOH \rightarrow CH_4 + CO_2$$

$$CO_2 + 4H_2 \rightarrow CH_4 + 2H_2O$$

이러한 anaerobic digestion에 영향을 주는 인자들은 다음과 같다.

1) 온도

15℃ 이상이면 혐기성 소화로 비교적 충분한 biogas 생성되어 산화지 표면에 bubble이 형성된다. 보통 Biogas 구성은 CH_4 70%, CO_2 30%이다.

2) 운전 조건

소화되어 바닥에 축적된 고형 물질들의 청소는 1~3년 주기로 시행하고 물의 체류기간(hydraulic detention time)은 비교적 짧아 1일 이하로 유지한다. Pond의 깊이는 2~5 m (보통 3 m)로 유지한다.

3) 유입 BOD

다음과 같이 실험적 design data로 유입 BOD를 조절한다.

온도	유입 BOD
T ≤ 10℃	100 g BOD/m^3 day
T ≒ 20℃	300 g BOD/m^3 day
T ≥ 25℃	350 g BOD/m^3 day

4) pH

Anaerobic pond에서 pH는 냄새 유발 물질을 결정하는 가장 중요한 요소이다. 아주 잘 운전되는 pond의 pH는 7.5부근으로 이때의 황화합물 형태는 bisulfite ion (HS^-)으로 이 이온은 냄새가 없다. pH가 7 이하인 경우 황화합물의 형태는 H_2S로 심한 냄새 유발하고 pH가 6.2 이하인 경우에는 혐기성 bacteria에게 해가 될 수도 있다.

15.2.2 Facultative pond

Facultative pond의 경우 위 표면은 호기성 조건으로 용존산소가 있으며 비교적 높은 밀도의 조류가 분포하여 있다. 낮 동안 조류는 광합성에 의하여 산소 생성하고 이 산소는 bacteria에 의하여 유기물 분해에 사용된다. 물 밑은 혐기성 바닥 층(anaerobic bottom layer, sludge)으로 여기서 sludge의 소화가 일어난다.

Facultative pond는 anaerobic pond 없이 1차(primary) pond로 운영되거나 또는 anaerobic pond 후의 2차(secondary) pond로 운영된다. Pond의 성능은 1일 중 시간대와 깊이 두 가지 변수가 복합적으로 작용하여 결정된다.

이 pond의 경우 깊이에 따라 다양한 변화가 나타나는데 그 인자들은 다음과 같다.

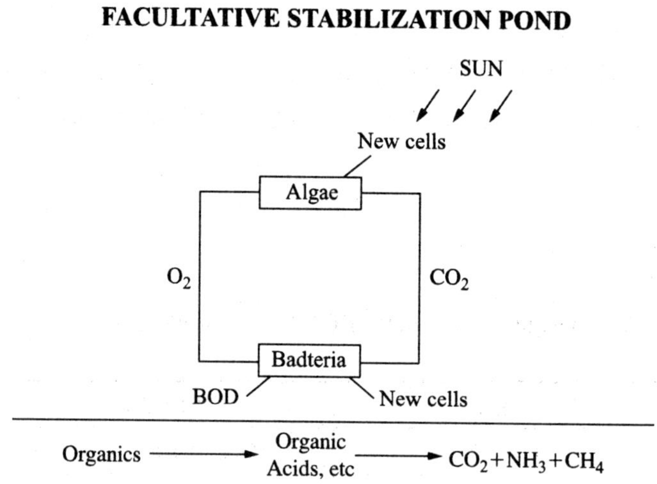

그림 15.7 Facultative Pond

1) DO

조류들은 빛을 필요로 하지만 빛이 투과할 수 있는 깊이(photic zone)는 물의 탁도와 조류 성장 및 개체 수 등과 연관되어 한정되어 있으며 그 깊이는 대략 30 cm 정도이다. 바람은 photic zone에 있는 O_2를 더 깊은 곳까지 전달할 수 있다. 바람의 영향은 산화지에서 결정적인 요소로 다음과 같은 실험결과가 있다.

- 산화지에 2 m fence 설치 : 2~3일 후 호기성에서 혐기성 pond로 전환
- Fence 제거 : 다시 호기성 조건으로 전환

하루 시간대별 DO는 오전에 점점 증가하여 오후 4시경 최고를 보이다 감소하는 형태로 나타난다. Pond에는 대부분 DO 농도가 0이 되는 지점인 oxypause가 있으며 이 깊이는 낮과 밤에 따라 위아래로 움직인다.

2) pH 변화

Bacteria에 의한 산소 발생뿐만 아니라 조류에 의한 CO_2 소모는 다음과 같은 carbonate의 평형을 변화시킨다.

$$2HCO_3^- \rightleftarrows CO_3^{2-} + H_2O + CO_2$$

$$CO_3^{2-} + H_2O \rightleftarrows CO_2 + 2OH^-$$

CO_2 소모에 따라 pH가 높아지고 높아진 pH에 의하여 대장균들을 사멸할 수 있다.

3) Pond의 처리 성능

하루 시간대별 처리 성능은 온도와 빛에 의하여 결정된다. 보통 다음과 같은 상관관계가 존재한다.

- 낮 시간 대 DO와 pH 상승함에 따라 대장균 농도 감소
- 엽록소(chlorophyll a) 농도 증가에 따라 BOD 및 TSS 농도 증가
- 배출수 BOD는 여전히 높지만 이는 유기성 폐수에 의한 것이 아니고 chlorophyll a에 의한 것이다.

4) Pond 깊이

실험결과 pond 깊이에 따라 다음과 같은 결과를 얻었다.

- H < 1 m : 급속한 식물 성장, 모기 급증
- H > 1.8 m : oxypause점이 상대적으로 얕고 혐기성 조건으로 되기 쉽다.
- 최적 깊이 ≒ 1.5 m

5) Pond design

실험 및 경험적인 요소로부터 다음과 같은 온도에 따른 면적당 loading rate의 design data 도출되었다.

온도	유입 BOD
8℃	80 kg BOD/ha day
25℃	350 kg BOD/ha day
35℃	500 kg BOD/ha day

- 물의 체류시간($t_R = V/Q$)

t_R	온도
$t_R \geq 5$ days	T < 20℃
$t_R \geq 4$ days	T ≥ 20℃

16 영양염류 제거

Nutrient removal

질소(nitrogen)와 인(phosphorous)은 수생 식물 성장에 반드시 필요한 영양소이다. 물속에 이용 가능한 질소와 인이 과잉이 될 경우 물은 부영양화(富營養化 : 영양소가 많은 상태) 또는 eutrophic (=well fed) 상태가 된다. 부영양화의 직접적 원인이 되는 algae는 화학식적으로 $C_{106}H_{263}O_{110}N_{16}P$로 표현할 수 있다. 따라서 조류(algae) 성장에는 다음과 같은 비율의 원소가 필수적이다.

C : N : P = 106 : 16 : 1 (mole 비)
C : N : P = 41 : 7 : 1 (질량 비)

Algae 등 식물 성장 속도는 성장에 필요한 영양소 중 최소로 있는 영양소에 의하여 결정되는 Liebig's Law of minimum에 따라 다음과 같은 결과가 도출된다.

- 민물에서는 보통 인(P)이 제한 영양소(limiting nutrient)로 작용
- 하구 또는 해안에서는 질소(N) 제한 영양소로 작용

따라서 부영양화가 문제시 될 수 있는 지역에서는 반드시 이 두 영양소를 제거 하여야 한다. 이 두 원소의 농도가 높은 상태인 N 50 mg/L, P 10 mg/L가 포함된 폐수를 처리할 경우 전형적으로 감소되는 농도는 다음과 같다.

표 16.1 N, P농도감소 형태

구분	Total N (mg/L)	Total P (mg/L)
폐수	50 (15～100)	10 (4～15)
1차 처리	～40	～7
2차 처리	25～30	～6
생물학적 N 처리	5～8	
생물학적 P 처리		< 1

영양염류 제거 반응기는 여러 조건이 조합하여 구성되어 있는데 그 각각의 정의는 다음과 같다.

- 호기조 – aerobic (oxic)
  자유산소(free oxygen) 및 용존산소가 물속에 존재하는 조건
- 무산소조 – anoxic
  자유산소 또는 용존산소가 없으며 물속의 산소는 NO_3^-, NO_2^-, SO_4^{2-} 등 결합된 화합물 형태로 존재하는 조건
- 혐기조 – anaerobic
  물속에 자유산소, 용존산소가 및 결합된 화합물 형태의 산소가 없는 조건

16.1 질소 제거(Nitrogen removal)

물속에서 질소화합물은 다양한 형태로 변환이 가능하며 그 개요를 그림 16.1에 나타내었다. 이 그림에서 볼 수 있듯이 질소 제거를 위해서는 nitrification과 denitrification 공정이 필수적이다.

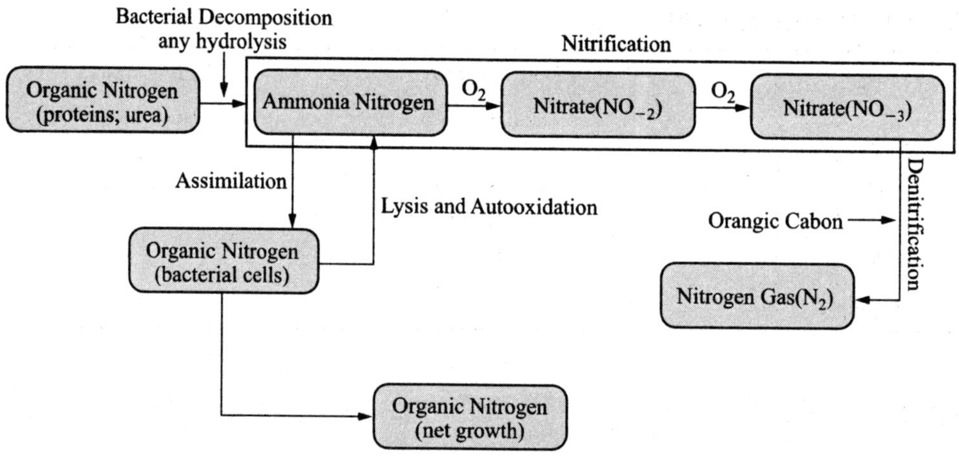

그림 16.1 물속 질소화합물의 변환

16.1.1 Nitrification

Nitrification은 ammonia를 nitrate로 변화시키는 공정으로 다음과 같이 두 단계 과정을 거친다.

1) Ammonium ion (NH_4^+)의 nitrite (NO_2^-)로 산화(oxidation)

$$2NH_4^+ + 3O_2 \xrightarrow{\text{nitroso}-\text{bacter}} 2NO_2^- + 4H^+ + 2H_2O$$

2) Nitrite (NO_2^-)의 nitrate (NO_3^-)로 산화

$$2NO_2^- + O_2 \xrightarrow{\text{nitro}-\text{bacteria}} 2NO_3^-$$

이 반응은 쉽게 일어나는 수월한 반응은 아니지만 activated sludge tank 등에서 진행된다. 이러한 nitrification bacteria는 보통 heterotrophic bacteria보다 성장속도가 느리며 낮은 세포 전환율(cell yield)을 나타낸다. 따라서 activated sludge tank에서 좀 더 긴 체류시간이 필요하다.

3) 전체 반응(overall reaction)

$$NH_4^+ + 2O_2 \rightarrow 2H^+ + H_2O + NO_3^-$$

이 식의 화학양론(stoichiometry)에 의하면 1 g의 N는 4.57 g의 산소를 소모한다.
(∵ ammonium ion 18 g이 64 g의 산소 소모, ammonium ion 18 g 중 질소는 14 g, 즉 14 g 질소가 64 g 산소 소비, 이를 질소 1 g으로 환산하면 산소 4.57 g이 됨)

실제로는 이보다 적은 양의 산소를 사용하는데 그 이유는 CO_2의 고정화(fixing)와 N의 일부가 cell로 전환되기 때문이다. 이를 감안하여 화학식으로 나타내면 다음과 같은 식이 성립되는 것으로 추정된다.

$$NH_4^+ + 1.863O_2 + 0.098CO_2 \rightarrow \underset{\text{(New Cell)}}{0.0196C_5H_7NO_2} + 0.98NO_3^- + 0.0941H_2O + 1.98H^+$$

이 식에 의하면 1 g N는 4.25 g O_2를 소모하며 0.16 g의 new cell을 생성한다.

16.1.2 Denitrification

Bacteria가 nitrate (NO_3^-) / nitrite (NO_2^-)를 electron acceptor로 사용하여 유기물을 산화하는 공정이다. Nitrate는 다음과 같은 과정을 거치게 된다.

$$NO_3^- \rightarrow NO_2^- \rightarrow NO \rightarrow N_2O \rightarrow N_2$$

탄소원(carbon source)인 가정하수(domestic wastewater)의 조성(화학식)은 실험식인 $C_{10}H_{19}O_3N$으로 나타낼 때 다음과 같은 반응을 거친다.

$$C_{10}H_{19}O_3N + 10NO_3^- \rightarrow 5N_2 + 10CO_2 + 3H_2O + NH_3 + 10OH^-$$

16.1.3 탈질공정

1) Preanoxic denitrification

위 nitrification 및 denitrification 반응들이 원활히 일어날 수 있도록 무산소조를 Activated Sludge Tank (AST) 전에 배치하여 denitrification 반응이 일어나게 하는 공정이다.

이러한 공정을 'substrate－driven' denitrification이라 하며 여기서 폐수는 electron donor로 작용한다.

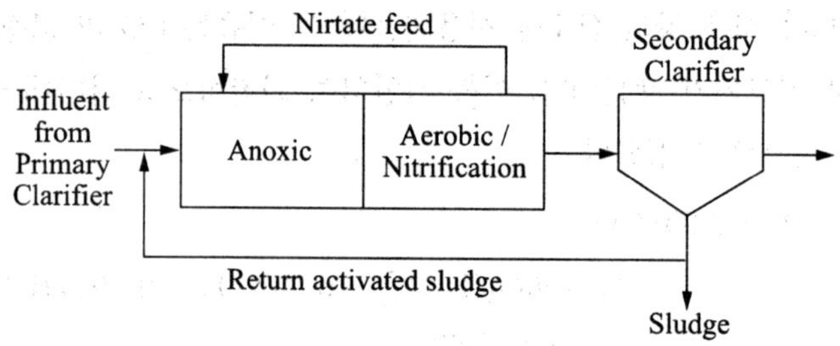

그림 16.2 Preanoxic denitrification process

2) Postanoxic denitrification

그림 16.3과 같이 호기 조건에서 AST에서 nitrification 반응이 일어나게 한 후 그 후단에 무산소(anoxic)조를 배치하여 denitrification 반응이 일어나게 한다.

이러한 공정을 'endogeneous driven' denitrification이라 하며 내생호흡기(endogeneous decay)에 있는 cell들이 electron donor를 제공한다. 이 공정은 반응속도가 늦어 더 긴 체류 시간을 요한다.

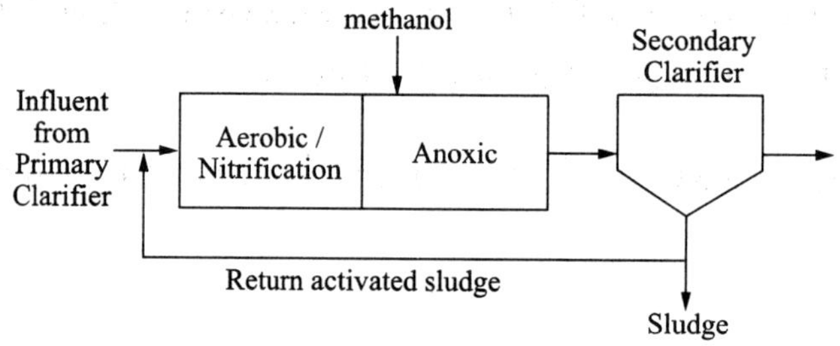

그림 16.3 Postanoxic denitrification process

대개 이러한 공정에서는 electron donor로서 보조적인 탄소원(source of carbon)이 필요하며 보통 methanol 또는 acetate가 사용되며 이들의 화학반응은 다음과 같다.

$$\text{methanol} : 5CH_3OH + 6NO_3^- \rightarrow 3N_2 + 5CO_2 + 7H_2O + 6OH^-$$

$$\text{acetate} : 5CH_3COOH + 8NO_3^- \rightarrow 4N_2 + 10CO_2 + 6H_2O + 8OH^-$$

Denitrification 공정에 있어 액상본체(bulk liquid) 용존산소는 DO $\leq$ 0.2 mg/L인 조건으로 운전된다. 실제 floc 내의 용존산소 농도는 bulk liquid보다 낮으며 그림 16.4와 같이 nitrification과 denitrification이 동시에 일어난다.

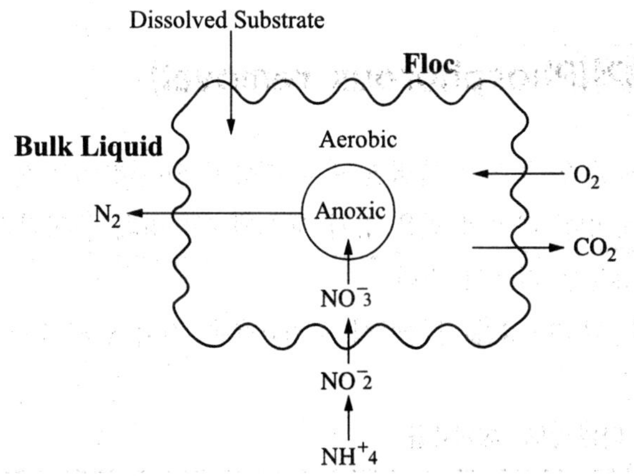

그림 16.4 Floc 내 nitrification과 denitrification 반응

3) 기타 denitrification 공정

이 외 사용되는 공정은 다음과 같으며 이 모두 preanoxic system과 같은 원리이다.

- Two-sludge system

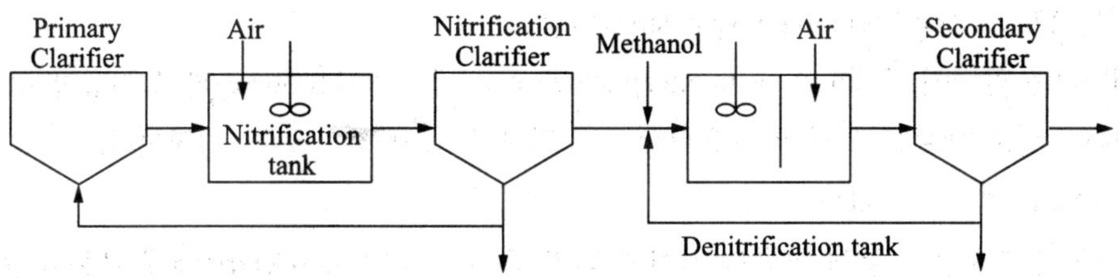

그림 16.5 Two-sludge system

- Oxidation ditch

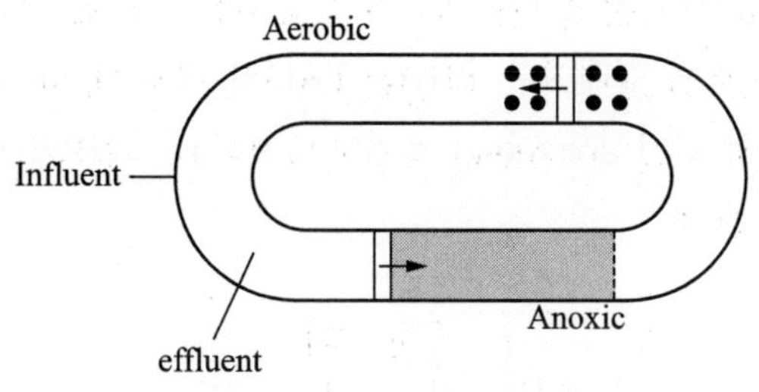

그림 16.6 Oxidation ditch

16.2 인 제거(Phosphorous removal)

폐수처리장 유출수 중 인 농도는 특별한 관심 대상이 되는데 이는 인이 수중에서 제한 영양소로 작용하기 때문이다. 따라서 인은 강과 호소에 부여양화의 직접적인 원인이 된다. 전형적인 물 속 인의 농도는 다음과 같다.

표 16.2에서 볼 수 있듯이 2차 생물학적 처리효율은 전체 인의 10~30% 수준이다.

표 16.2 수처리에 따른 인의 제거효율

종 류	Total P (mg/L)	Soluble P (mg/L)
처리되지 않은 가정하수	10	7
1차 처리 후	7	6
2차 처리 후	6	6

생물학적 인 제거 mechanism을 이해하기 위하여 다음과 같은 용어의 정의가 필요하다.

① Phosphate Accumulating Organism (PAO)

PAO는 물속에 존재하는 orthophosphate를 cell 내로 흡수(uptake)하고 저장할 수 있는 bacteria로 대부분 그들의 생물학적 요구량보다 과잉으로 흡수, 저장한다.

② Volatile Fatty Acid (VFA)

물속 유기물들이 분해 반응을 거치게 되면 좀 더 작아지고 bacteria에게 유용한 물질로 변하는데 이를 VFA라고 한다. 전형적으로 폐수 내 존재하는 VFA는 acetic acid (CH_3COOH)와 propionic acid (C_2H_5COOH)이다. VFA는 PAO의 먹이가 된다.

③ Polyhydroxybutyrate (PHB)

PHB는 bacteria 세포 내 존재하는 에너지가 풍부한 탄소계 고분자 물질로 VFA가 세포내로 흡수되어 변형된 형태이다. PHB는 PAO의 세포 내 에너지 저장소이다. 생물학적 인 제거 공정에서 호기성(aerobic) 조건에서 PAO는 PHB를 에너지원으로 사용하여 폐수 내 인을 흡수한다.

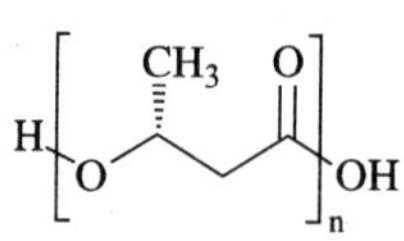

④ Polyphosphate (Poly-P)

Polyphosphate는 phosphate (PO_4^{3-})가 서로 연결되어 있는 상태이다. 모든 bacteria에게 polyphophate가 존재하지만 PAO는 이를 과잉으로 축적할 수 있어 생물학적 인 제거가 가능하다.

1) 생물학적 인 제거 원리

생물학적 인 제거는 인 축적 미생물(Phosphorous Accumulating Organism, PAO)들이 잘 자랄 수 있는 조건을 만들 수 있도록 하는 것이다. 어떠한 bacteria (acinetobacter)는 polyphosphate를 합성하고 이를 체내에 보관하는데 이를 'luxury uptake'라고 한다.

PAO는 호기(aerobic) / 혐기(anaerobic) 두 조건 모두에서 생존할 수 있으며 Biological Phosphorous Removal (BPR) 공정에서 PAO는 호기/혐기 조건을 모두 거치게 되며 첫 번째 공정은 혐기 조건이다.

① Anaerobic zone

혐기성 조건에서는 그림 16.7의 왼쪽 그림과 같이 PAO는 세포 내 저장되어 있는 poly-phosphate와 glycogen을 에너지원으로 사용하여 물속에 녹아 있는 VFA를 흡수한다. 흡수된 VFA을 PHB로 전환되어 PAO 세포 내에 저장된다. VFA가 흡수되면서 PAO는 orthophosphate를 mixed liquor에 방출한다. PAO는 혐기 조건에서 증식하지는 못하지만 이 다른 bacteria 보다 VFA를 흡수하는 우위를 갖고 있다.

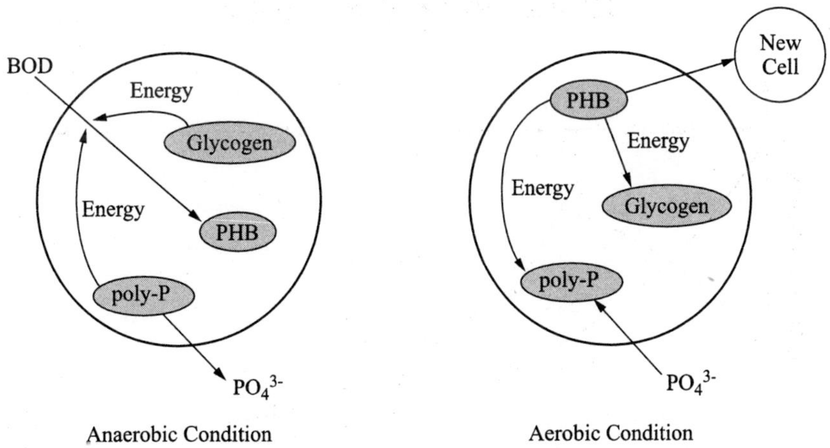

그림 16.7 생물학적 인 제거 원리

② Aerobic zone

호기성 조건에서는 PAO는 대사에 필요한 탄소원(energy source)과 에너지원으로 PHA를 사용하면서 증식한다. 또한 glycogen과 poly-phosphate를 호기조건에서 저장한다. 혐기조건에서 사용된 poly-phosphate를 보충하기 위하여 PAO는 lixed liquor에서 과잉의 phosphate를 흡수하며 이것이 인 제거의 가장 핵심적인 mechanism이다. 마지막 단계는 인을 많이 함유한 PAO를 폐 sludge로 버리게 되면 물속의 인의 함량이 줄어들게 된다.

혐기조건에서 PAO는 빠르게 BOD (VFA)를 흡수하면서 mixed liquor에 phosphate를 방출하기 때문에 물이 혐기조를 통과하면서 VFA는 빠르게 감소하면서 phosphate 농도는 증가하게 된다. 다음 단계인 호기조에서 BOD는 계속적으로 감소하고 PAO가 poly-phosphate를 보충함에 따라 mixed liquor 내 orthophosphate 농도는 빠르게 감소하게 된다.

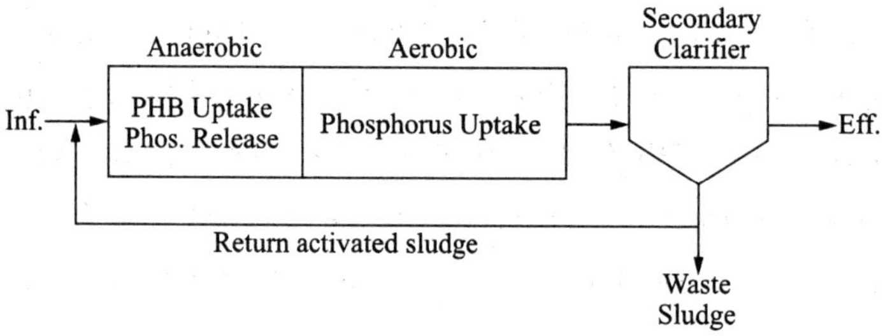

그림 16.8 생물학적 인 제거 장치구성

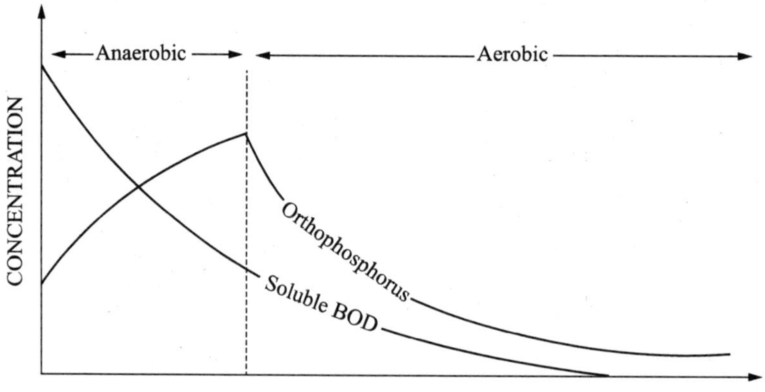

그림 16.9 생물학적 인 제거 장치 내 인 농도 변화

혐기조는 BOD를 PAO에 적합한 (PAO가 좋아하는) acetate로 변화시키는 발효(fermentation) 반응을 유발한다. 이 공정을 때때로 selector라고 하는데 이는 PAO에 적합한 조건을 만들어 PAO가 선택적(select)으로 생존하게끔 하기 때문이다.

2) 생물학적 인 처리 공정

현재 보편적으로 사용되는 생물학적 인 처리 공정은 다음과 같다.

① Predinitrification = A2O

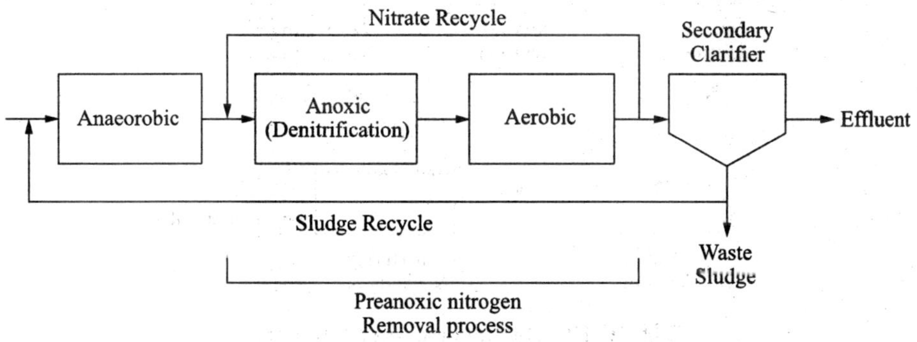

그림 16.10 인 처리를 위한 A2O 공정

② Bardenpho process

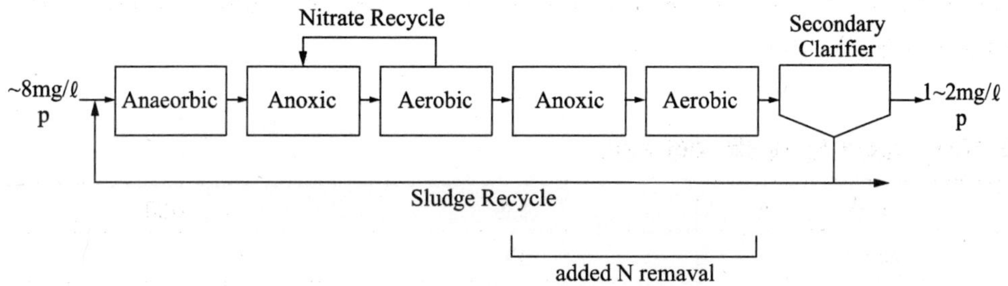

그림 16.11 Bardenpho process

16.3 Sequencing Batch Reactor (SBR)

SBR은 공정을 연속적으로 운전하기 보다는 여러 공정을 단계적으로 진행하며 모든 단계는 하나의 tank에서 그림 16.12와 같이 단계적으로 진행된다.

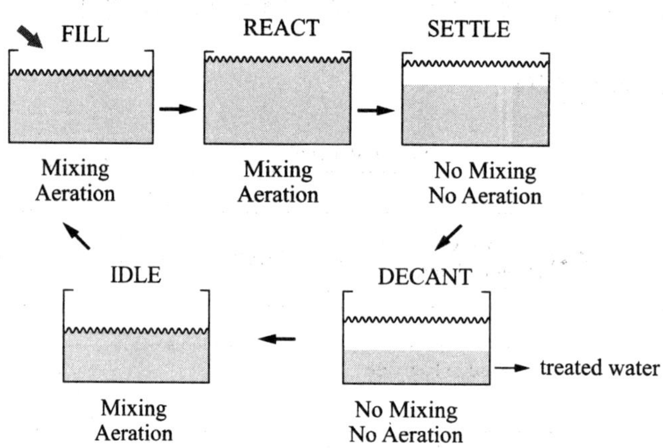

그림 16.12 Sequencing Batch Reactor

SBR은 매우 유연한 공정이어서 질소와 인 제거를 위한 무산소(anoxic) 그리고 혐기(anaerobic) 공정을 추가할 수 있다.

질소와 인 제거를 위한 SBR 공정은 다음 표 16.3과 같이 7개 단계로 구성되며 이 중 3~4단계는 반복될 수 있다.

표 16.3 질소와 인 제거를 위한 SBR

구분	내용	비고
step 1	fill	
step 2	anaerobic reaction	mixing, no aeration
step 3	aerobic reaction	
step 4	anoxic reaction	denitrification
step 5	settle	
step 6	decant	
step 7	idle	waste sludge

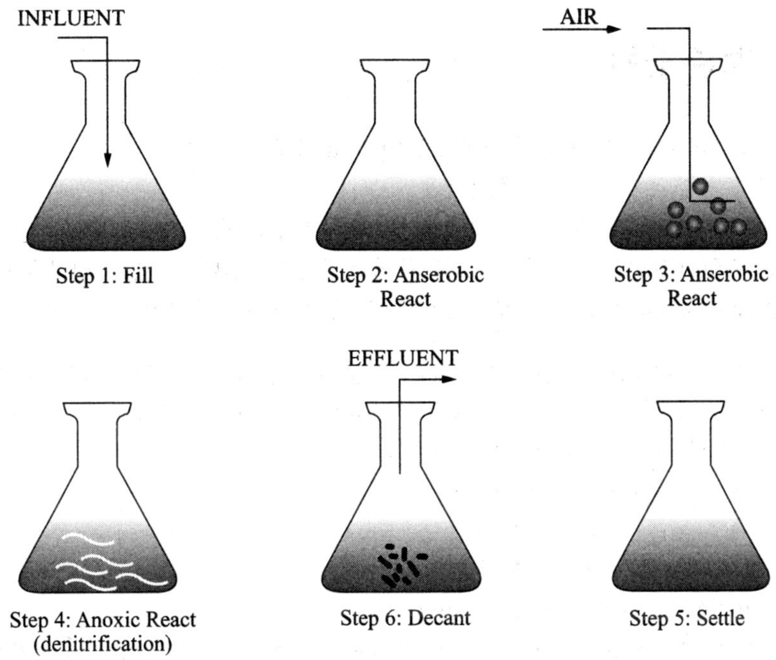

그림 16.13 질소와 인 제거를 위한 SBR 공정

16.4 Chemically Enhanced Primary Treatment (CEPT)

이 공정은 'Advanced Primary Treatment', 'Chemically Assisted Primary Treatment' 또는 'Chemically Assisted Settling'이라고도 하며 1차 처리(primary treatment)에서 침전성능 강화(enhancing settling)를 통하여 인 제거 효율을 향상시키는 공정이다.

Ferric chloride ($FeCl_3$), alum [$Al_2(SO_4)_3$]과 같은 금속염(metal salt)과 음이온계 폴리머(anionic polymer) 등의 물질들이 사용되며 사용되는 농도는 $FeCl_3$의 경우 20～30 mg/L, 음이온계 폴리머의 경우 0.25 mg/L 정도가 사용된다.

Ferric chloride의 경우 다음과 같은 반응에 의한 화학침전(chemical precipitation)이 일어난다.

$$FeCl_3 + H_2PO_4^- + 2HCO_3^- \rightarrow FePO_4 \downarrow + 3Cl^- + 2CO_2 + 2H_2O$$

개념 문제

1. 다음은 폐수의 생물학적 처리에 관한 설명이다. 옳지 않은 것은?
   ㉮ 주로 유기성 폐수의 처리에 적용된다.
   ㉯ 호기성인 처리 방법에서 활성 슬러지법과 메탄 발효법 등이 있다.
   ㉰ 활성 슬러지법에는 폐수 중의 유기물이 슬러지 중의 미생물과 접촉, 산화된다.
   ㉱ 활성 슬러지법에서 포기조 내의 용존산소가 많은 상태로 운전한다.

풀이 호기성 처리방법에서는 활성 슬러지법, 살수여상법, 회전원판법, 산화지법, 호기성 소화법 등이 있다. 메탄 발효법은 혐기성 분해시의 알칼리 발효기에 있어서 메탄균에 의하여 메탄이나 탄산가스를 생성하는 반응이다.

- 호기성 처리(aerobic process)법
  폐수 중에 용존산소가 충분하도록 공기나 산소를 주입하여 호기성균이 오수 속의 유기물을 섭취 분해하도록 한다.
- 혐기성 처리(anaerobic process)법
  주로 고농도 유기성 폐수처리 시에 사용하며 혐기성 균이 오니 속의 유기물을 섭취분해 하도록 한다. → 부패조(septic tank), Imhoff tank, 혐기성 소화조, 혐기성 산화지, 혐기성 접촉소화조 등

2. 활성오니 중의 친온성 미생물에 영향을 주는 요인으로서 관계가 먼 것은?
   ㉮ pH는 6~8로서, 될 수 있으면 중성이 좋다.
   ㉯ 독물질은 미생물에 영향을 미치나 그 양을 조금씩 증가시키면 독작용을 받지 않는다.
   ㉰ 온도는 높을수록 성장률이 좋아 처리효율이 높아진다.
   ㉱ 산호는 포기조 중에 2 ppm 정도 용존이 필요하다.

풀이 독물질은 미생물의 성장에 영향을 미치며 미생물이 적용하여 살 수 있는 한계농도가 있다,

- 친온성 미생물(Mesophilic microbes) : 5~35℃에서 잘 성장하는 미생물로 우리나라 폐수처리에 이용되고 있다. 대체적으로 5~35℃범위에서 온도가 10℃ 증가함에 따라 미생물의 성장속도가 약 2배 정도 증가한다.
- 친냉성 미생물(psychophiles) : 0℃ 부근에서 잘 성장하는 미생물
- 친열성 미생물(thermophiles) : 65~70℃에서 잘 성장하는 미생물

3. 다음 중 생물학적 폐수처리의 적합여부를 판정할 수 있는 지표가 아닌 것은?
   ㉮ COD/BOD　　㉯ TSS/TDS
   ㉰ USS/SS　　㉱ pH

풀이 pH는 화학적으로 처리를 함으로써 사전에 중성 부근(pH 6～8)으로 조정하게 되므로 생물학적 적합여부의 판정지표는 아니다.

4. 다음 활성 슬러지의 미생물학적 설명 중 틀린 것은?
㉮ 대수성장단계는 영양분이 충분한 가운데 미생물이 최대율로 번식하는 단계이다.
㉯ 감소성장단계는 살아있는 미생물의 무게보다 미생물 원형질의 전체무게가 감소한다.
㉰ 내생성장단계는 미생물 그들 자신의 원형질을 분해시켜 원형질의 전체무게는 감소한다.
㉱ 미생물의 성장곡선은 증가하다가 감소하는 현상을 나타낸다.

풀이 감소성장단계는 살아있는 미생물의 무게보다 원형질의 전체무게가 더 크게 된다. 미생물이 서로 엉키어 floc이 형성되기 시작하므로 침전성이 양호해 진다.

5. 다음 설명 중 옳지 못한 것은?
㉮ 감소성장단계는 번식률과 사망률이 같게 되므로 증식률은 줄며, floc의 형성이 좋다.
㉯ 미생물의 배양성장단계는 감소성장단계, 대수성장단계, 내생호흡단계로 변천한다.
㉰ 대수성장단계는 충분한 영양으로 미생물에 의한 분해율이 최대가 된다.
㉱ 내생성단계에서는 슬러지 침강성이 양호하다.

풀이 미생물의 성장단계는 대수성장단계, 감소성장단계, 내성성장단계로 변천한다.

6. 다음 중 용해성 유기물의 제거방법으로 어려운 것은?
㉮ 생물산화법 ㉯ 생물환원법
㉰ 흡착법 ㉱ 여과법

풀이 여과법은 주로 수중의 SS를 다공질의 여과재를 거치게 함으로써 SS를 여과재의 표면에 부착시켜 분리를 하는 방법이다.

7. 다음 중 호기성 미생물에 의한 반응은?
㉮ 포도당 → 초산 ㉯ 아질산염 → 질산염
㉰ 포도당 → 알코올 ㉱ 초산 → 메탄

풀이 ① 질산화는 대체로 무기질소가 질산화미생물에 의하여 산화되는 과정이다.

$$2NH_3 + 3O_2 \xrightarrow{\text{Nitrosomonas}} 2NO_2^- + 2H^+ + 2H_2O$$

$$2NO_3^- + O_2 \xrightarrow{\text{Nitrobacter}} 2NO_3^-$$

② 혐기성 분해(anaerobic mineralization)

- 분해과정

유기물 $\xrightarrow{\text{유기산균}}$ 중간생성물 $\xrightarrow{\text{메탄균}}$ CH_4 + Energy

(세포, 유기산, 알코올, H_2O, CO) (H_2S, NH_3, H_2O)

- 혐기성 반응은 호기성 반응에 비해 반응속도가 느리다.
- 혐기성 반응은 가온을 해주어야 하지만 산소 공급이 필요 없고 고농도의 유기물을 처리할 수 있으며 CH_4와 같은 가연성 가스를 얻을 수 있다.

8. 활성슬러지법에 의한 다음 설명 중 타당하지 않는 것은?

㉮ 활성슬러지를 구성하는 주 미생물은 zooglea이다.

㉯ 활성슬러지에 의한 용존 유기물의 제거는 floc의 형성, 흡착, 산화 단계로 요약된다.

㉰ 과도한 포기는 세포의 활성을 감소시키고 역효과가 나타난다.

㉱ 포기조 내에 먹이가 과잉으로 있을 때는 floc가 형성이 잘 된다.

풀이 F/M비가 낮으면 물질대사는 내성적으로 포기는 세포의 분해와 재합성에 의한 미생물의 자기산화를 하게 된다. 물질대사율은 낮지만 floc 형성이 잘 되고 BOD제거율은 높게 나타난다.

9. 활성 슬러지에 대한 폐수를 처리하는 처리시설의 유지관리의 기본조건이 아닌 것은?

㉮ 호기성 미생물의 적량 존재

㉯ 유입 배수에 유기물과 영양 염류가 적당이 함유되어 있는 것

㉰ 최종 침전지에서 활성 슬러지와 처리수의 분리가 용이할 것

㉱ 호기성 미생물의 표면에 영양분과 공기는 분리하여 공급할 것

풀이 활성 슬러지법은 호기성 조건 하에서 호기성 미생물의 대사능력을 이용하여 폐수 중 유기물질을 산화시키는 것으로 활성슬러지를 구성하는 미생물들과 용존 미립자가 모여 활성슬러지 floc이 형성 평형상태에 도달하게 된다. Floc 표면에 흡착된 유기물질은 산회되어 일부는 새로운 세포의 합성이 이용되고 남은 부분은 산화된 무기물질의 형태로 다시 수중에 발출된다. 새로 합성된 세포물질은 침강성이 좋은 고형물질을 만들어 종말 침전지에서 침전제거 된다.

10. 다음 중 활성 오니법에서 미생물에 알맞은 조건은?

㉮ 온도가 높을수록 좋으나 45～55℃가 적당하다.

㉯ pH 3～6이 적당하다.

㉰ DO는 2 ppm 정도가 적당하다.
㉱ BOD : P : N = 100 : 5 : 1

해설 폭기조 내의 용존산소는 최저 0.2~2.0 mg/L범위로 통상 안전성을 고려하여 2 mg/L를 유지시킨다. 0.2 mg/L 이하가 되면 호기성미생물이 살 수 없으며 0.5 mg/L 이하의 용존산소로 되면 fungi가 발생하여 sludge bulking이 일어난다.

- 활성슬러지(세포)에 크게 영향을 주는 환경인자
  - pH : 6~8 정도로 유지
  - 온도 : 20~35℃ 정도로 유지
  - 폭기조는 대개 길이가 3~5 m의 장방형인 조
  - KCN 2 mg/L 이하, Cu 1 mg/L 이하, ABS 20 mg/L 이하, Cl^- 1,800 mg/L 이하 유지
  - BOD : N : P의 비는 대체로 100 : 5 : 1로 유지

11. 활성 슬러지법에서 처리상황이 악화되었을 경우에 검토해야 할 사항 중 반드시 필요로 하지 않는 것은?

㉮ 원폐수의 유입수량의 변동　　㉯ 원폐수의 용존 산소농도
㉰ 폭기조의 슬러지 농도　　㉱ 원폐수 중의 유해성분의 유무

해설 활성슬러지 처리공법에서 폭기는 활성슬러지에 대한 유기성물질의 산화, 슬러지의 증식, 자기산화 등 생물화학적 반응을 진행시키는 것으로 기본적인 조작이다. 즉, 활성 sludge법은 폭기장치에 의해서 직접 폭기조에 산소가 공급되므로 원 폐수 중의 DO농도와는 무관하다.

12. 활성 슬러지 공법으로 폐수를 하는 경우 침전효율이 가장 좋은 미생물의 성장 단계는?

㉮ 대수 성장단계　　㉯ 감소 성장단계
㉰ 감소와 대수 성장 중간단계　　㉱ 내생 성장단계

13. 활성 슬러지법으로 폐수를 처리할 경우 폭기량을 결정하기 위한 조건으로서 가장 중요한 것은?

㉮ 폐수중의 SS와 혼합액 중 활성슬러지량
㉯ BOD제거량과 혼합액 중 활성슬러지량
㉰ 폐수 중의 COD농도
㉱ 폐수량과 pH

14. 활성슬러지법에 의한 처리시설의 운전조건을 나타내는 다음 지표 중 슬러지의 발생량과 관계가 없는 것은?

㉮ 혼합액 용존산소 농도　　㉯ SS제거율
㉰ BOD/MLSS　　㉱ BOD제거율

풀이 활성슬러지법은 통상 포기조 내의 DO농도를 0.5~2 mg/L의 범위에서 운전을 하므로 혼합액 중의 용존산소 농도와 슬러지 생성량과는 무관하다.

15. 생물학적 폐수처리에 활성슬러지의 상태가 양호할 때 출현하는 생물이 아닌 것은?
㉮ Amoebe　　㉯ Vorticella
㉰ Philodina　　㉱ Rotifer

풀이 amoebe는 활성sludge가 분산 해체될 때 출현하는 미생물이다.

16. 포기조에서 포기량을 결정하는데 가장 중요한 인자는?
㉮ 용존산소　　㉯ 유기물 질량
㉰ 무기물 질량　　㉱ 활성슬러지량

17. 생물학적 처리를 위하여 가장 중요한 시설에 속하는 것은?
㉮ 일차침전지　　㉯ 포기조
㉰ 염소살균지　　㉱ 중화조

풀이 활성오니법의 중심부를 이루는 것으로 포기법에 의하여 하수처리를 하는 탱크를 말하며 기계 교반식 포기조, 산기식 포기조, 양자 병용식 포기조의 3가지가 있다.

18. 포기조에 살아 있는 미생물의 양을 추정하는데 분석하는 인자는?
㉮ TSS　　㉯ SVI
㉰ MLVSS　　㉱ FSS

풀이 Mixed Liquid Volatile Suspended Soilds (MLVSS)는 혼합액 휘발성 부유고형물로 포기조에 살아있는 미생물을 의미한다.

19. 생물학적 폐수처리 중 활성 슬러지가 양호할 때 출현하는 생물이 아닌 것은?
㉮ Vorticella　　㉯ Philodina
㉰ Epistylis　　㉱ Oikomonas

20. 활성 오니법의 설계 및 운전 인자로 중요하게 취급되는 고형물 체류시간(SRT), 즉 슬러지 일령이란 무엇인가?

㉮ 슬러지가 포기조에 머무는 시간
㉯ 활성 오니 지속시간
㉰ 미생물 세포의 농도가 배가하는데 필요한 시간
㉱ 슬러지가 포기조로 반송되는 순간

풀이 슬러지 일령(sludge age)과 고형물 체류시간(SRT)은 미생물이 포기조에서 생성된 다음 잉여 슬러지로 폐기되기까지의 기간으로 슬러지가 포기조에 머무는 시간이다.

21. SVI에 대한 기술 중 틀린 것은?

㉮ SVI는 50～150의 범위가 좋으며, BOD나 수온에 큰 영향이 없다.
㉯ 침강농축성을 나타내는 지표이다.
㉰ SVI가 적을수록 슬러지가 농축되기 쉽다.
㉱ SVI가 높게 되면 MLSS는 저하된다.

풀이 SVI는 유입BOD (유입물)나 수온에 영향을 받는다.

• 슬러지 용적지수(Sludge Volume INdex, SVI)

$$SVI = \frac{30\text{분 침전 후의 sludge부피}(mL/L)}{MLSS\text{농도}(mg/L)}$$

$$= \frac{30\text{분 침전 후의 } SV(\%)\ 10^4}{MLSS\text{농도}(mg/L)} = \frac{30\text{분 후 } SV(\%)}{MLSS\text{농도}(\%)}$$

슬러지 부피(SV)의 혼합액을 Imhoff Cone이나 mass cylinder에 넣어서 30분간 침전시킨 후 침전한 부유물이 차지하는 부피이다. SVI는 활성슬러지의 침전 가능성을 나타내는 값으로 SVI가 50～150일 때 슬러지의 침전성은 양호하며 200 이상이면 슬러지 팽화(Sludge Bulking) 현상이 일어난다.

22. 슬러지의 SVI가 100일 때 포기조 내의 MLSS농도를 2000 mg/L로 유지하기 위해서는 슬러지의 반송률은 원 폐수 유입량의 몇 %로 설정하면 좋은가? (단, 원폐수 중의 SS량은 무시할 수 있다고 하여 반송 슬러지의 농도는 혼합액을 30분간 정지했을 때의 농도와 같은 것으로 한다)

㉮ 25% ㉯ 20% ㉰ 15% ㉱ 12%

23. 최종 침전지의 설치목적과 다른 것은?

㉮ 활성슬러지와 맑은 물의 분리
㉯ 침전슬러지의 농축
㉰ 활성슬러지조에서 과도한 슬러지 배출 시 저장
㉱ 활성슬러지의 침전을 촉진하기 위한 폭기

풀이 최종 침전지는 처리장에서 각종 처리를 행한 후 최종적으로 남아있는 고형분을 침전 시켜서 청정한 처리수를 얻기 위해 사용하는 침전지로 원리적 구조적으로 1차 침전지와 거의 같다.

24. 슬러지 팽화(bulking)를 방지할 수 있는 방법은?

㉮ 폐슬러지의 양을 증가시킴으로써 포기조의 MLSS농도를 증가시킨다.

㉯ 반송 슬러지에 염소 주입을 실시하여서는 안 된다.

㉰ 반송 슬러지를 포기조로 보내기 전에 재 포기시킨다.

㉱ 반송 슬러지에 염소 주입을 실시함과 동시에 포기조의 MLSS농도를 증가시켜야 한다.

풀이 Sluldge bulking의 방지대책

- BOD부하를 감소시킨다.
- 포기조의 체류시간을 증대시킨다.
- 염소를 회석수에 살수하거나 활성 슬러지의 중량 개량제(소화슬러지, 규조토, 석회석)를 투입하여 SVI를 200 이하로 감소시킨다.
- 반송오니를 재 포기시킨다.
- 반송슬러지에 10～20 mg/L의 염소를 주입하여 통제한다(일시적 효과).

25. 다음 공장 폐수 중 활성 슬러지가 가장 팽화(Bulking)하기 쉬운 폐수는 어느 것인가?

㉮ 모래, 자갈, 세정폐수　　㉯ 섬유제조업 폐수

㉰ 자동차정비 폐수　　㉱ 양조장 폐수

풀이 활성 슬러지가 가장 팽화가기 쉬운 폐수는 고농도 유기성 폐수이다. 즉, 탄소 화합물 의 함유량이 높을수록 사상균(fungi, sphaerotilus)이 발생되기가 쉽다.
→ 양조장 폐수, 펄프제지 폐수, 제당 폐수 등

26. 포기조에 이상 기포가 많이 발생하였다. 다음 원인 중 거리가 먼 것은?

㉮ 용해성 유기물이 과대할 때　　㉯ 과잉 포기에 의해서

㉰ 합성 세제의 혼입에 의해서　　㉱ MLSS가 높을 때

풀이 포기조에서 심하게 발포가 되는 경우에는 MLSS 농도를 증가시키고, 소포제를 첨가한다. 원인은 용해성 유기물의 과다, 과잉포기, 세제의 유입, MLSS가 낮을 때이다.

27. 다음 중 슬러지 팽화의 지표가 되는 것은 무엇인가?

㉮ MLSS　　㉯ SVI　　㉰ MLVSS　　㉱ VSS

28. 정상적으로 운영되는 폭기조에서 SV를 측정한 후 1시간이 경과하였다. 이때 침전 슬러지가 위로 떠올랐다. 주원인은?

㉮ 침전 슬러지가 많기 때문이다.
㉯ Gas 발생으로 슬러지가 위로 떠오른다.
㉰ DO 부족으로 미생물이 CO_2를 배출하기 때문이다.
㉱ 햇빛을 받기 때문이다.

풀이
• 슬러지 부상현상(sludge rising)
침전은 잘되나 침전 후(1～2시간) 활성슬러지가 탈질산화가 진행되어 발생된 N_2, CO_2가 슬러지 표면에 부착해 부상함으로서 수면에 흑색, 담갈색의 슬러지 덩어리가 생긴다.
① 원인 : SVI가 높고 잉여 슬러지의 인출량이 부족하거나 고착성 섬모충류 발생 및 지방을 함유한 부패성균의 성장. 침전조의 수면적 부하가 높고 침전 슬러지 많을 경우.
② 대책 : SRT감소시켜 세포의 과도한 산화방지, 소포제 첨가, 물을 뿌린다. MLSS농도를 증가시켜 F/M비를 0.3 이하로 낮춘다.

29. 다음 글 중 (   ) 속에 들어갈 말로서 옳게 짝지어진 것은?

활성슬러지의 처리를 하고 있는 처리장에서 최종 침전지 여기저기에 슬러지가 떠올라 투시도가 저하하였다. 수질분석 결과 처리수의 pH는 5.0, DO는 5.5 mg/L, 또 (A) 질소도 6 mg/L가 검출되었다. 이것은 (B)에 의한 활성 슬러지의 부상이라 생각되어 (C) 조치를 하였더니 수일 안에 처리수의 수질이 회복되었다.

	A	B	C
㉮	아질산성	슬러지의 팽화	석회로 중화하는
㉯	질산성	질산화	공기량을 낮추는
㉰	암모니아성	슬러지의 팽화	슬러지 일량을 길게
㉱	유기성	질산화	BOD부하를 낮추는

30. 2차 침전지의 슬러지 팽화(Sludge bulking)현상의 원인이 아닌 것은?

㉮ 산소가 부족하고 pH가 낮기 때문이다.
㉯ 탄수화물의 부족 때문이다.
㉰ 질소, 인분의 부족 때문이다.
㉱ 섬유성 미생물의 성장 때문이다.

31. 다음 활성 슬러지 변형법 중 포기조 내 MLSS량이 비교적 많고, 미생물 체류시간이 다른 방법에 비하여 길지 않으며. 특히 충격 부하(shock load)에 강한 방법은?

㉮ 장기포기법(extended aeration)
㉯ 재래식 활성 슬러지법(conventional activanted sludge)
㉰ 접촉 안정법(contact stabilzation)
㉱ 연속 흐름 교반조 활성 슬러지법(Continuous Flow Stirred Tank Reactor, CFSTR)

풀이 연속흐름 교반조 활성 슬러지법(완전 혼합식)은 일반적으로 사용되며 충격부하에 강하나 사상균의 성장에는 취약하다. BOD제거율은 85～95% 정도이다.

32. 각종 활성 슬러지법의 설계 및 유지관리 요소 중 유기물 부하율(kg BOD_5/kg MLSS · day)의 크기순서가 알맞은 것은?

㉮ 재래식 > 장기포기 > 접촉안정 ㉯ 수정식 > 고율 > 장기포기
㉰ 접촉안정 > 수정식 > 재래식 ㉱ 고율 > 재래식 > 수정식

풀이 각 공법의 SRT는 고속(5～10 day), 완전 혼합형(5～15 day), 표준(5～15 day), 장기간 포기법(20～30 day)이다. → 고속 > 완전혼합형 > 표준 > 장기간 포기법 순으로 제거량이 정해진다.

33. 다음 활성 슬러지법 중 인의 제거량이 최대가 되는 방법은 어느 것인가?

㉮ 고속활성 슬러지법 ㉯ 완전 혼합형 활성 슬러지법
㉰ 표준활성 슬러지법 ㉱ 장시간 포기법

풀이 활성 슬러지법에 있어서 인(P)의 제거량은 SRT와 관계가 있다. 즉, SRT가 짧고 가능한 한 부하가 높을수록 인의 제거율은 최대가 된다.

34. 다음에 열거된 것 중 활성 슬러지 공법을 변경한 공법은?

㉮ 산화지법 ㉯ 습식 산화법
㉰ 접촉 안정법 ㉱ 여과지법

35. 고무제품 폐액을 산화구법(酸化舊法)으로 처리하고자 한다. 다음 어떤 조건이 요망되는가?

㉮ 슬러지 반송과 침전지가 필요하다. ㉯ 슬러지 반송은 필요 없다.
㉰ 침전지는 필요 없다. ㉱ 산소공급은 algae에 의존한다.

36. 살수 여과상에 대한 설명 중 틀린 것은?

㉮ 호기성 상태를 유지하기 위한 산소는 여과상의 바닥에서 표면으로 매질 사이의 공간을 따라 폐수와 반대방향으로 자연적으로 공기에 의하여 공급된다.

㉯ 여과상 내의 공간이 막힌다는지 유기물 하중이 매우 작은 경우에는 혐기성 상태가 발생할 수 있다.

㉰ 도시하수를 처리하는 살수여과상은 혐기성이 잘 되지 않는다,

㉱ BOD가 극히 높은 폐수를 처리하는 경우에는 혐기성이 되어 냄새를 발생시키는 때도 있다.

풀이 살수여상법은 활성 슬러지법과 비슷한 고업으로 폐수 중에 함유된 큰 고형물을 전처리 공정인 최초 침전지에서 제거된 후 처리수를 여상에 유입한다. 여상(濾床)에서는 부착 미생물에 의한 유기물이 분해되어 그 일부는 섭취(攝取)되어 미생물 증식이 되고 생물막은 차츰 비후(肥厚)해 졌다가 박리(剝離)되어 처리수와 함께 유출된다. 따라서 살 수여상법에는 반드시 최종 침전지가 필요하다

여과상 내의 공간이 막힌다든지 유기물의 하중이 매우 큰 경우에 혐기성 상태가 발생한다.

37. 살수 여상법의 유지 관리상 특히 주의할 점은?

㉮ 생물막의 탈락 ㉯ 여재의 중량

㉰ 운전 비용 ㉱ 수질변동

풀이 살수 여상법의 유지 관리상의 주의점

- 여재 표면에 좋은 생물막을 만들 것
- 공기를 충분히 공급할 것(자연 통풍 : 여름 – 상향류, 겨울 – 하향류)
- BOD 부하량 및 수리학적 부하가 적절하도록 할 것
- pH는 중성을 유지하도록 할 것
- 적당한 영양염류유지(BOD : N : P = 1000 : 5 : 1)

38. 다음 사항 중 살수 여상의 유지관리상 주의할 사항과 관계가 없는 것은?

㉮ 팽화 ㉯ 폐쇄

㉰ 생물막의 탈락 ㉱ 파리의 형성

풀이 Sludge팽화(팽윤)는 활성 슬러지법에서 발생하는 문제점이다.

- 살수여상의 장 · 단점

 ① 장점
 - 폐수의 수질이나 수량의 변동에 민감하지 않는다.
 - 분해가 잘 되어 안정된 처리수를 얻는다.
 - 유지비가 비교적 싸고 건설비가 적게 든다.
 - 활성 슬러지법에서처럼 sludge bulking의 문제가 없다.

② 단점
- 악취가 발생한다.
- 여상의 폐색이 잘 일어난다(ponding).
- 생물막이 탈락된다.

39. 활성 슬러지법에 비해 회전 원판법(RBC법)의 장점이라 할 수 없는 것은?
㉮ 운전이 쉽다.
㉯ 반응 시간이 짧다.
㉰ 슬러지 발생량이 적다.
㉱ 기온의 영향이 적다.

풀이 회전 원판법이 단점 중에 온도의 영향을 케게 받으므로 저온 시에 문제가 된다. 이의 한 대책으로는 단열재로 탱크 전체를 복개하여 준다.

40. 생물학적 처리방법 중 회전원판법에서 회전원판의 역할이 아닌 것은 어느 것인가?
㉮ 회전판은 미생물이 부착될 수 있는 표면적을 제공한다.
㉯ 회전판은 포기작용을 하여 미생물을 접촉시킨다.
㉰ 회전판은 과도하게 부착된 미생물을 떨어지게 한다.
㉱ 회전판은 슬러지를 반송시키면서 침전되지 않도록 한다.

41. 호기성 처리 방법에 비해 혐기성 처리 방법의 장점이라 할 수 없는 것은?
㉮ 산소 공급이 필요 없다.
㉯ 슬러지 생성량이 적다.
㉰ 영양소가 호기성에서 보다 많이 소요된다.
㉱ 유기물 농도가 매우 큰 폐수 처리가 가능하다.

풀이 호기성 처리 방법에 비해 혐기성 처리 방법의 장점은 ㉮, ㉯, ㉱ 이외에 영양소가 호기성에서 보다 적게 소요된다. CH_4와 같은 유용한 가스를 얻을 수 있다 등이다.

42. 다음은 회전 원판법의 정점을 설명한 것이다. 이중 틀린 것은?
㉮ 운전이 용이하고 유지 관리비가 저렴하다.
㉯ 슬러지 발생량이 적다.
㉰ 반응 소요 시간이 짧고 부하 변동에 강하다.
㉱ 처리수의 투시도가 양호하다.

풀이 ① 회전원판법의 장점
- 유지비가 저렴하다.
- 관리가 용이하다(MLSS나 포기량을 조절할 필요가 없다).
- 다단식을 취하므로 BOD부하 변동에 강하다.
- 고농도로부터 저농도 폐수까지 처리가능하다.
- 잉여 스러지의 발생이 서량이다(표준 활성 슬러지법의 1/2 정도이다).
- 영양염류(N, P)의 제거가 가능하다.
- 단시간의 접촉 반응시간으로 높은 제거율을 얻을 수 있다.

② 회전 원판법의 단점
- 정화기구(淨化機構)가 복잡하여 생물량을 인위적으로 제어할 수 없다.
- 온도의 영향을 크게 받으므로 저온시의 대책이 문제된다.
- 폐수의 성상에 따라 처리 효율이 크게 좌우된다.
- 조내(措內)의 혼합, 원판의 단수(段數) 등의 장치자체의 개선 및 개발이 필요하다.
- 대규모화에 관해, 자료가 충분하지 않다.
- 원판면상에서의 심한 혐기상태의 발생과 함께 냄새가 일어난다.

43. 다음 중 산화지법으로 폐수를 처리할 경우의 가장 중요한 사항은?

㉮ 일광　㉯ 물의 경도
㉰ 물의 탁도　㉱ 산화지 바닥의 토질

44. 산화지의 폐수 처리 효율에 미치는 것으로 가장 중요한 요소는?

㉮ 영양 염류 농도　㉯ 표면적
㉰ virus의 종류　㉱ 흙의 종류

45. 생물산화지법으로 공장폐수를 처리하는 경우 원리적으로 폐수 정화에 가장 필요한 생물은 어느 것인가?

㉮ 녹조류(scenedesmus)　㉯ 무색원생동물(palamoccium)
㉰ 후생동물(rotifer)　㉱ 박테리아

풀이 산화지법(호기성 산화지법)의 원리는 폐수 중의 유기물이 호기성 세균(bacteria)에 의해 산화되어 CO_2, H_2O 등의 생성물이 생기고 이것을 조류(algae)의 광합성 작용에 이용되고 이때 조류가 생성한 산소는 bacteria의 신진대사에 재이용되는 공생(synbiosis)관계를 갖고 있다. 그러나 실세 유기물을 분하하는 것은 bacteria이다.

- 호기성 산화지

  수심 1～1.5 m의 얕은 연못에서 주로 녹조류의 탄소도화작용으로 생긴 산소를 호기성 bacteria가 이용하여 유기물을 섭취 분해시킨다.

  - BOD 부하율 : 3～8 kg BOD/1,000 m^3 · day
  - BOD 제거율 : 70～80%
  - 체류시간 : 10～20 day

  연못의 수심이 깊으면 햇빛이 도달하지 못해 혐기성 상태가 되며 수면이 잔잔하고 청록색 조류가 수면 전체를 덮고 있어도 햇빛이 수중에 도달하지 못하여 처리 효율이 떨어지므로 이런 때는 수면을 교란시켜 주어야 한다.

46. 폐수처리와 관계되는 다음 미생물중 탄소동화작용을 하는 것은?

㉮ Protozoa　　㉯ Bacteria
㉰ Algae　　㉱ Fungi

47. 산화지와 활성 슬러지 공법에서 사용되는 미생물은 어느 것인가?

㉮ 혐기성 미생물　　㉯ 병원성 미생물
㉰ 호기성 미생물　　㉱ 장내 미생물

풀이 $2(CH_2O) + O_2 \rightarrow CO_2 + H_2O + (CH_2O)_x$: 호기성 반응
$2(CH_2O)_x \rightarrow CH_3COOH + (CH_2O)_x \rightarrow CH_4 + CO_2$: 혐기성 반응

48. 폐수의 혐기성 처리의 원리에서 적합하지 않은 것은?

㉮ BOD농도가 10,000 mg/L 이하이어야 하며, 혐기성 미생물에 쉽게 분해되는 탄수화물이 높아야 열이 많이 난다.
㉯ 미생물에 필요한 무기성 영양소가 충분이 있어야만 한다.
㉰ 독성물질이 없고, 알칼리도가 적당해야 된다.
㉱ BOD농도가 높고, 가능하면 단백질, 지방함량이 높은 것이 좋다.

49. 혐기성 처리의 중요한 영향 인자에 속하지 않는 것은?

㉮ 온도　　㉯ 무기산
㉰ 독성물질　　㉱ pH

풀이 • 혐기성 처리의 중요한 영향인자

- pH : 메탄균은 pH에 민감하여 pH가 너무 낮거나 너무 높은 경우에는 반응이 느리고 CH_4 생성량이 적어진다.
- 온도 : 20～45℃ 범위로 보통 35℃가 적당하다.
- 독성물질 : 특히 CH_4 생성에 영향이 크다.
- 세포 생성률 : 혐기성 반응에서는 세포체류시간이 길고 상당히 내호흡이 진행되므로 실 생산량이 비교적 작다.
- 메탄 발생률 : 1 kg의 COD나 BOD_u가 분해될 때 약 0.35 m^3의 CH_4가 발생한다.
- 충격 부하 : 부하량이 급격히 증가되면 유기산이 증가하여 pH가 저하되는 등 냄새가 심하고 전체 반응이 둔해진다.

50. Imhoff cone는 무엇을 측정하기 위하여 이용되는가?

㉮ SS ㉯ 총고형물

㉰ 침전성 고형물 ㉱ 유기성고형물

풀이 슬러지 부피(침전성 고형물)는 1 L의 혼합액을 Imhoff cone이나 mass cylinder에 넣고 30분간 침전시킨 후 침전한 부유물이 차지하는 부피이다.

51. 임호프(Imhoff) 탱크는 다음 중 어느 목적으로 설계되었는가?

㉮ 소화탱크 ㉯ 1차 정화조

㉰ 활성슬러지 탱크 ㉱ 침전지와 소화탱크

풀이 Imhoff는 침전실, 소화실, scum실로 구성되어 있으며 폐수가 유입하여 침전실에서 부유물이 침전하여 밑의 소화실로 들어간다. 즉, Imhoff조는 부유물의 침전과 침전물의 혐기성 효과가 한 탱크 내에서 이루어지는 폐수 처리시설로서 물리적 방법과 생물학적 방법을 동시에 이용하는 폐수처리 방법이다. 주로 소규모 폐수처리장에 이용된다.

52. 다음은 슬러지의 처리방법 중 호기성 처리와 혐기성 처리를 비교한 것이다. 틀린 것은 어느 것인가?

	호기성	혐기성
㉮	상등액의 BOD가 낮다.	상등액의 BOD가 높다.
㉯	냄새가 없다.	냄새가 심하다.
㉰	비료가치가 적다.	비료가치가 많다.
㉱	시설비가 적게 든다.	시설비가 많이 든다.

풀이

호기성 처리와 혐기성 처리의 비교	
호기성 처리	혐기성 처리
• 동력만 소요된다.	• 메탄과 같은 유용한 가스가 발생한다.
• 상징액에는 BOD 100mg/L이므로 처리장으로 반송이 큰 영향이 없다.	• 상징액의 BOD가 높다.
• 매우 안정된 슬러지가 생산되므로 냄새가 없고 지상살포가 가능하다.	• 냄새가 많다.
• 비료 가치가 크다.	• 비료 가치가 적다.
• 대체로 탈수성이 좋다.	• 탈수성이 떨어진다.
• 운전이 쉽다.	• 운전이 까다롭다.
• 2차 슬러지의 적용 가능하다.	• 1차 슬러지에 보다 적합하다.
• 질소가 산화되어 NO_3가 방출된다.	• 질소가 NH_3-H로 방출된다.
• 시설비가 적다.	• 시설비가 크다.
• 공장이나 소규모 활성슬러지에 좋다.	

53. 다음 중 3차 처리의 이유가 아닌 것은?

㉮ 질소에 의한 산소 소모(NOD)방지　　㉯ 암모니아의 독성 방지
㉰ 부패균(saprobic bacteria) 감소　　㉱ 염소 살균 시 효율저하 방지

풀이 폐수의 3차 처리의 목적은 N, P 등의 무기성 영양염과 중금속류를 제거하기 위함이다. 폐수는 1차 처리, 2차 처리, 3차 (고도)처리가 있는데, 1차 처리(primary treatment)는 단위조작으로 폐수에 함유된 SS를 침전법, 부상법 등으로 제거하고 2차 처리(secondarytreatment)는 단위공정으로 산화 가능한 용해성 유기물의 미생물에 의한 생물학적 처리와 불용성 유기물, 유해성인 중금속 등을 화학적으로 처리하는 공법을 말한다. 그러나 1, 2차 처리로는 ABS형 합성세제, 질소(N), 인(P), 무기염류(Mn, Fe 등), 농약 등의 제거가 어려워 이들을 제거하는 공법인 여과법, 흡착법, 역삼투법, 전기투석법, 탈기법, 산화법, 오존법 등을 고도 또는 3차 처치라고 한다.
고도처리의 궁극적인 목적은 N, P 등의 무기영양염류와 Fe, Mn, Cu 등의 중금속이 처리수(상징수)에 함유되어 방류되면 부영양화 및 환경 생태계에 악영향을 끼쳐 이것을 사전에 예방하기 위하여 처리한다.

54. 다음 중 임호프 탱크의 구성요소가 아닌 것은?

㉮ 응집실　　㉯ 스컴실
㉰ 소화실　　㉱ 침전실

55. 2차적 처리수 중에 함유된 N, P 등의 영양염류는 하류 수역의 부영양화 원인이 된다. P를 제거하기 위한 처리 방법으로 부적당한 것은?

㉮ polyelectrolytes에 의한 응집　　㉯ 활성 alumina로 채워진 흡수관

㉰ 생물적인 탈인　　㉱ air stripping

풀이 Air stripping은 암모니아 제거법이다.

- 생물학적 탈인법의 원리

인(P)은 생물학적 처리에서 ortho phoshate, 폴리 인산염(poly phosphate), 그리고 미생물 내의 유기물과 결합된 인으로써 제거된다. 포기조에서 활성 슬러지가 필요이상(BOD : N : P = 100 : 5 : 1)으로 인을 섭취하는 현상(luxury uptake)을 유발하여 인을 제거한다. 미생물을 혐기성과 호기성 상태에 교대로 노출시킴으로써 미생물에게 stress를 주어 생긴다. 이러한 process에는 ① A/O process, ② phostrip공정, ③ 연속 회분식 반응조(SBR) 등이 있다.

56. 인을 제거하기 위해 쓰이는 약품은 다음 중 어느 것인가?

㉮ CaO　　㉯ Cl_2

㉰ $Mg(HCO_3)_2$　　㉱ $MnSO_4$

풀이 인(무기인 = 인산염화물)은 화학적 응집침전에 의하여 제거한다.

- Aluminum에 의한 응집 : $Al^{3+} + PO_4^{3-} \rightarrow AlPO_4 \downarrow$
- 철 염에 의한 응집: $Fe^{3+} + PO_4^{3-} \rightarrow FePO_4 \downarrow$
- 석회에 의한 응집 : $5Ca^{++} + 3PO_4^{3-} + OH^- \rightarrow Ca5(PO_4)_3OH \downarrow$

57. 질소순화에서 암모니아는 무엇으로부터 생기는가?

㉮ 탄수화물　　㉯ 지방질

㉰ 단백질　　㉱ 셀룰로오스

풀이 단백질의 호기성 조건에 서의 분해과정

단밸질 $\xrightarrow{\text{가수분해}}$ $R\text{-}CH\text{-}COO^- \rightarrow NH_3\text{-}N \rightarrow NO_2\text{-}N \rightarrow NO_3\text{-}N$

↓

NH_3-(aminoacid)

58. 다음 화힉 반응식은 어떤 종류의 미생물에 의해서 일어나는가?

$12HNO_2 + 5O_2 + H_2O + CO_2 \rightarrow CH_2O + 12HNO_3$

㉮ nitrobacter　　㉯ nitrosomanas

㉰ nitrosococcus　　㉱ aeromonas

59. 슬러지에 대한 설명 중 옳지 않은 것은?

㉮ 양호한 슬러지는 흑색 슬러지이며, 반송 슬러지로서 가치가 크다.
㉯ 회색슬러지는 고형물이 산화되지 않음을 뜻한다.
㉰ 양호한 슬러지는 황갈색이며, 반송슬러지의 가치가 크다.
㉱ 양호한 슬러지는 좋은 흙냄새가 난다.

해의 양호한 슬러지는 황갈색이며 반송슬러지의 가치가 크다. 슬러지의 성상은 다음과 같다.

① 정수장 슬러지

1차 침전지의 슬러지는 원수 내의 SS를 주로 함유하며 응집이나 연수화 과정에서 생긴 러지는 사용한 약품 등이 함유되어 있다. 정수장 슬러지의 처리 및 처분방법으로 하수거로 방출, 늪처리, 모래건조상, 진공여과, 원심부리 등의 방법이 있다.

② 폐수처리장 슬러지

- 1차 처리 후 생성되는 슬러지는 약 65% 정도의 유기물을 함유하고 통상 회색이고 악취를 나타내며 쉽게 소화된다.
- 응집수 슬러지는 철분을 많이 함유하여 표면이 붉은 빛이나 검은 빛을 띠며 냄새가 나기는 하지만 1차 슬러지보다는 quality가 좋다.
- 2차 처리 과정에서 발생하는 2차 슬러지는 약 90%가 유기물을 함유하고 있으며 특히 활성슬러지 과정에서 생긴 활성 슬러지는 갈색을 띠며 어두우며 부패 중이다.
- 살수여상 슬러지는 갈색을 띄며 냄새도 별로 나쁜 편은 아니다. 또한 다른 슬러지에 비하여 쉽게 부패되지 않으나 부패하기 시작하면 쉽게 소화된다.
- 소화슬러지는 어두운 갈색이나 검은색이며 대량의 가스를 함유한다. 완전 소화된 슬러지는 냄새가 없으며 tar모양으로 된다.

60. 슬러지 처리에 쓰인 용어를 설명 한 것이다. 틀린 것은?

㉮ 슬러지의 함수율이란, 슬러지 중의 수분 중량비율을 %로 나타낸 것이다.
㉯ 슬러지의 여과 압력이란, 슬러지를 가압 여과할 때 슬러지에 가한 압력을 kg/cm^3로 나타낸 것이다.
㉰ 소화탱크의 고형물 부하란 1일에 투입한 고형물량을 소형탱크의 수면적으로 나눈 것으로서 $kg/m^3 \cdot day$로 표시한다.
㉱ 슬러지의 여과속도란, 슬러지를 진공 또는 가압 여과기로 탈수할 때 1시간당의 탈수케이크 생성량(건조중량)을 여과면적으로 나눈 것으로 $kg/cm^2 \cdot h$로 표시한다.

해의 소화탱크의 고형물 부하란 1일에 투입한 고형물량을 소화탱크용적으로 나눈 것으로서 $kg/m^2 \cdot day$로 표시한다.

61. 슬러지가 토양 오염의 영향을 주지 않게 하기 위한 처리 과정이다. 가장 타당한 방법은 다음 중 어느 것인가?

㉮ 농축 → 안정화 → 탈수 → 처분　　　㉯ 처분 → 농축 → 탈수 → 안정화
㉰ 농축 → 탈수 → 안정화 → 처분　　　㉱ 탈수 → 농축 → 안정화 → 처분

풀이 안정화 : 농축된 슬러지를 소화법으로 처리하여 슬러지중의 유기물을 제거하여 안정화시키고 슬러지의 양을 감소시키는 것이다.

62. 다음은 슬러지 처리공정을 합리적인 순서대로 배치한 것이다. 순서가 올바르게 짝지어진 것은?
㉮ 농축 - 약품조정 - 유기물의 안정화 - 소독 - 건조 - 탈수 - 최종처분
㉯ 농축 - 유기물의 안정화 - 약품조정 - 소독 - 탈수 - 건조 - 최종처분
㉰ 약품조정 - 농축 - 유기물의 안정화 - 탈수 - 소독 - 건조 - 최종처분
㉱ 유기물이 안정화 - 농축 - 약품조정 - 소독 - 탈수 - 건조 - 최종처분

63. 슬러지의 처리의 목적이 아닌 것은?
㉮ 안전화(安全化)　　　㉯ 안정화(安定化)
㉰ 감량화(減量化)　　　㉱ 유기화(有機化)

풀이 슬러지의 처리목적
- 안정화(소화) : 슬러지에 포함된 부패성 고형물질이 완전소화되어 지하수 등 환경에 나쁜 영향을 미치지 않게 위생적으로 안정화한다.
- 살균(안전화) : 슬러지에 잠재하고 있는 병원균 등이 슬러지의 이용 또는 최종처분 후 발병이나 감염되지 않게 처리한다.
- 부피의 감소(감량화) : 슬러지는 함수율이 매우 높으므로 처리해야 할 부피가 크다. 안정화시키면 고액분리가 용이하게 되어 수분을 분리되어 처분이 용이하고 비용이 절감된다.

64. 슬러지의 처리의 기본적인 목표가 아닌 것은?
㉮ 안정화　　　㉯ 살균
㉰ 부피의 감소　　　㉱ 비료로의 이용

65. 슬러지 내의 고형물 농도를 증가시키기 위해 농축을 행한다. 그렇다면 농축의 목적과 관계가 먼 것은?
㉮ 소화조의 필요 용적이 절감된다.
㉯ 슬러지 개량에 요구되는 약품량이 적게 든다.
㉰ 탈수가 용이하게 된다.
㉱ 처리 비용이 절감된다.

풀이 슬러지의 탈수성을 개선하기 위하여 실시하는 것은 슬러지 개량이다.

- 슬러지의 농축(thickening 혹은 conentration)

  농축은 슬러지의 수분함량을 줄이고 슬러지 농도를 증가시키는 방법으로 그 목적은 다음과 같다.
  - 슬러지를 농축, 부피를 감소시킴으로써 소화조의 필요용적을 감소시킬 수 있다.
  - 슬러지를 가열할 때 열량이 적게 소모되고 소화조 내에서 미생물과 양분이 잘 접촉할 수 있어서 사리효과가 증가한다.
  - 슬러지량이 적어지므로 작은 관과 작은 펌프가 요구된다.
  - 슬러지 개량에 소요되는 화학약품이 적게 소요된다(슬러지 처리 비용 감소).

66. 다음은 슬러지 처리에 이용되는 일반적인 조작들이다. 이중에서 슬러지 중의 유기물의 처리를 위해 사용하는 것은?

㉮ 소화 ㉯ 탈수
㉰ 건조 ㉱ 농축

풀이 슬러지 중의 유기물의 처리를 위하여 사용하는 것은 소화 공정이다.

- 소화(消化, digestion)

  오수의 미생물이 오수 속의 유기 화합물을 영양원으로 섭취하고, 생장증식 하면서 물, 탄산가스, 암모니아, 메탄 등의 무기 화합물을 방출해 정화작용을 하는 현상을 말한다. 하수 처리에는 호기성 소화와 혐기성 소화의 2가지 방법이 사용된다.

67. 혐기성 소화법의 기능 중 옳지 않은 것은?

㉮ 슬러지의 양을 감소시킨다.
㉯ 부패성 유기물을 분해하여 안정화시킨다.
㉰ 인산 등 영양염류 제거효율이 높다.
㉱ 농후한 폐수처리에 적당하다.

풀이 혐기성 소화법은 유기물을 분해하여 안정화시키는 것으로 N, P 등의 영양염류의 제거는 어렵다.

68. 도시하수 처리장의 2차 소화조의 주된 역할은 무엇인가?

㉮ 유기물을 소화시킨다. ㉯ 살수 여상과 같은 역할이다.
㉰ 침전지의 역할을 한다. ㉱ 약품 침전을 하는 장치이다.

풀이 1차 소화조에서 생성된 슬러지를 유출수로부터 제거시키기 위하여 침전시키는 곳이 2차 소화조이다.

69. 혐기성 소화와 비교하여 호기성 소화 처리시의 장점이 아닌 것은?

㉮ 운전이 쉽다 ㉯ 냄새가 안 난다.

㉰ 처리수의 BOD, SS가 낮다. ㉱ 소화 슬러지의 탈수성이 좋다.

풀이 호기성 소화

- 목적 : 슬러지의 호기성 소화법은 호기성 bacteria를 활성 슬러지법을 이용한 것인데 폭기조 내의 부유물질의 농도가 매우 높고 장시간 폭기시키는 것이 다르다. 미생물을 내생성장단계에 있게 하여 BOD를 감소시키고 폐슬러지의 휘발성 고형물을 분해시킨다. 즉, 미생물의 내생호흡에 의한 자산화(auto-oxidation)를 이용하여 슬러지를 구성하는 유기물을 좀 더 철저히 산화시키는 것이다.
- 적용 : 일반적으로 2차 침전지를 가지지 않은 폐수처리장의 폐슬러지를 처리하기위하여 사용하며 원리는 활성 슬러지법과 같다.
- 호기성 소화 슬러지 처분법 : 농토산포법, 매립법, 늪처리법, 모래건조상법 등이 있다. 폐슬러지를 장기폭기시키면 슬러지의 활성을 잃어 오히려 잘 농축되지 않는 경우가 생긴다.
- 고형물질 체류시간 : 2차 슬러지는 10~15일의 체류시간이 소요되며 1차 슬러지와 혼합된 활성슬러지 및 살수여상 슬러지는 약 20일이 소요된다.

70. 다음 슬러지의 혐기성 소화과정에 관한 설명 중 옳지 않은 것은?

㉮ 슬러지의 혐기성 소화는 산성 발효기, 산성 감퇴기, 알칼리성 발효기의 3단계를 거치게 된다.

㉯ 슬러지를 유리산소의 존재 하에서 방치해 두면 슬러지 중의 유기물은 혐기성 세균의 활동으로 분해하여 안정한 무기물과 유기물로 변한다.

㉰ 보통 산성 발효기, 산성 감퇴기가 명백히 식별되는 것은 소화탱크의 사용을 처음 시작할 당시의 기간뿐이다.

㉱ 소화탱크의 운전이 정상상태이면 탱크 내의 슬러지의 알칼리성 발효기를 유지하게 된다.

풀이 슬러지나 폐액에 함유된 탄수화물, 단백질, 아미노산, 요소 등의 유기물은 미생물의 활동에 의해서 혐기적으로 분해하여 보다 저분자의 유기물, 최종적으로는 CH_4, NH_3, CO_2, H_2O 등으로 변화하는데 이 작용을 혐기성 소화라고 한다.

71. 슬러지 중 당분 용해성 전분 섬유소 및 용해성 지소 화합물 등이 분해해서 부패 취기를 발산하는 과정은 어느 과정인가?

㉮ 산성발효기 ㉯ 산성 감퇴기

㉰ 알칼리성 발효기 ㉱ 알칼리성 감퇴기

풀이 슬러지 중의 당분, 용해성 전분, 섬유소 및 용해성 질소 화합물 등이 분해되면서 부패 취기를 발산화는 과정은 산성 발효기이다.

- 혐기성 소화단계
  - 산 발효기(pH 5 이하) : 탄수화물이 분해하여 저분자 지방산인 초산, 낙산이 되어 pH를 저하시키고 냄새를 유발한다.
  - 산성 감퇴기(pH 6.5 정도) : 유기산과 질산화합물이 산화 · 분해하여 NH_4, Amine, 이외에 mercaptan, CO_2, CH_4 등을 생성한다.
  - 알칼리성 발효기(pH 7.5 정도) : 탄수화물과 질소화합물이 완전분해되어 CH_4, CO_2, H_2O, NH_3, H_2S 등으로 분해되어 BOD를 크게 감소시킨다.

탄수화물 / 지방 / 단백질	→	지방산(초산) / 알코올 / 알데히드	→	CH_4, CO_2 / H_2O, NH_3 / CO 등

72 혐기성 소화법 설명에서 옳지 않은 것은?

㉮ 보통 유기물 1 kg당 약 500 L 가스가 발생한다.
㉯ 가스조정은 탄산가스가 40～50%, 메탄은 50～60%이다.
㉰ 소화조 내의 오니농도는 5,000 mg/L 이상 유지가 바람직하다.
㉱ 질소원으로는 염화암모늄이나 황산암모늄을 사용하는 것이 값도 저렴하고 이상적이다.

풀이 혐기성 소화시 발생가스 조정은 탄산가스(CO_2)가 25～30%, 메탄(CH_4), 기타소량의 N_2, H_2, NH_3, H_2S 등이다,

73. 다음은 양호한 소화 처리를 하기 위한 원칙을 설명한 것이다. 옳지 않은 것은?

㉮ 오니 공급률이 일정하여야 한다.
㉯ 과도한 수분의 증가를 막기 위해 공급 오니는 되도록 농축된 것이어야 한다.
㉰ 소화조 안의 오니는 양호하게 혼합하여야 하며 미생물 먹이가 잘 혼합되어야 한다.
㉱ 오니의 소화온도는 최적 조건이 20～30℃ 범위를 유지하고 급격한 온도변화는 주로 외부 온도에 영향을 받는다.

풀이 오니의 소화온도는 최적 조건이 30～37℃ 정도이고 소화조내의 온도는 기온에 의하여 유지되므로 외부온도에 별로 영향을 받지 않는다. 소화조의 가열을 위한 열원은 통상소화가스 중 methane이 이용된다.

74. 비정상적으로 작동하는 소화조에 석회를 주입하는 이유는 무엇인가?

㉮ pH를 높이기 위해서이다. ㉯ 칼슘농도를 증가시키기 위해서다.
㉰ 효소의 농도를 증가시키기 위해서다. ㉱ 유기산균을 증가시키기 위해서다.

풀이
• 소화조 운전 시 문제점
1. pH 떨어지고 CO_2 가스가 42～45%인 불연속점에 도달할 경우
 ① 원인 : 공장폐수 및 정화조의 슬러지가 유입되거나 우발적인 과도한 pumping과 sludge가 과다하게 배출할 때이다.
 ② 대책 : 석회 및 NaOH를 투여하여 0.16 kg-VS/m^2 · day로 감소시킨다.
2. 소화조의 상징수에 거품이 생길 경우
 ① 원인 : 과다한 교반으로 스컴층이 파괴될 경우이다.
 ② 대책 : 상징수의 인출이나 슬러지의 공급을 감소시킨다,
3. 소화조의 상징수에 SS가 과다할 경우
 ① 원인 : 혼합이 과다하게 침전시간이 부족하기 때문이다.
 ② 대책 : 인출 전에 침전시간을 충분히 유지한다.
4. 상징수가 회색 및 갈색으로 변색될 경우
 ① 원인 : 소화시간이 짧고, 농도가 낮거나 scum층과 grit 등으로 유효용적이 감소될 경우이다.
 ② 대책 : 소화온도와 소화시간을 조절하고 grit를 제거할 것
5. 상징수가 신 냄새(식초)를 풍길 경우
 ① 원인 : pH가 너무 낮거나 과부하 될 경우이다.
 ② 대책 : 석회 및 NaOH를 주입시킨다.

75. 슬러지의 혐기성 소화에 대한 다음의 특징 중 잘못된 있는 것은?
㉮ 소화전에 비해 고형물량을 1/10 정도로 줄일 수 있다.
㉯ 호소에 의해 병원균을 거의 사멸시킬 수 있다.
㉰ 소화에 의해 슬러지의 탈수성이 개선된다.
㉱ 소화슬러지는 그대로 방치해도 부패하기 어렵다

풀이 소화전에 비해 고형물량을 보통 35～50% 정도 줄일 수 있다.

76. 소화시 소화조는 일반적으로 알칼리성을 띤다. 그 원인은 어느 화합물에 기인하는가?
㉮ C_2H_5OH ㉯ CH_3OH
㉰ NH_3 ㉱ CO_2

풀이 혐기성 소화 시 메탄균은 알칼리성에서 활동성이 증가한다. 그러므로 pH를 증가시키기 위하여 $Ca(OH)_2$를 사용한다. 이 때 석회대신 암모니아를 사용하면 더욱 효과적이다.

77. 소화조의 작동이 정상인지를 알려고 하는 방법에 속하는 것이 아닌 것은?

㉮ 주입된 슬러지 양에 대한 gas의 1일 생산량

㉯ 슬러지 gas내의 CO_2가 차지하는 %

㉰ 소화중인 슬러지의 휘발성산 함유도

㉱ 슬러지의 여과율 측정

풀이 소화조의 정상작동 여부의 판단조건

- 주입된 슬러지량에 대한 gas의 1일 생산량 : 소화가스 발생량은 투입 슬러지량의 10~20배 정도이다.
- 슬러지 gas내의 CO_2가 차지하는 % : 소화가스 중 1/3이 CO_2이고 2/3가 CH_4이다
- 소화 중인 슬러지의 휘발성산(유기산) 함유도 : 2,000 ppm 이하
- 알칼리도 : 1,500~5,000 mg/L as $CaCO_3$
- pH의 : 6.8~7.9

78. 혐기성 슬러지 소화조의 운영과 통제를 위하여 사용되지 않는 분석은?

㉮ pH　　㉯ 알칼리도

㉰ 잔류염소　　㉱ 소화가스의 CO함유도

79. 소화 기능을 판정할 수 있는 지표의 조합이다, 가장 적다한 것은?

㉮ 유기산, pH　　㉯ 알칼리도

㉰ pH, 알칼리도　　㉱ 유기산, pH, 알칼리도

80. 유기산 → CH_4 + CO_2 + Energy에 관여하는 미생물은 무엇인가?

㉮ 유기산균　　㉯ 메탄균

㉰ 종속성 박테리아　　㉱ 독립성 박테리아

풀이 혐기성 반응 중 2단계 소화과정은 메탄균에 의하여 일어난다.

- 혐기성 반응의 원리

  유기물의 혐기성 소화반응은 2개의 반응과정으로 구분되는데, 첫 단계는 유기물질이 alcohol과 유기산으로 전환되는 유기산 형성과정이며, 둘째 단계는 1단계 물질이 메탄균에 의해 최종적으로 CH_4, CO_2, H_2S, NH_3 등으로 전환되는 메탄형성과정이다.

  - 1단계 소화과정 : 산성소화과정, 액화과정, 유기산형성과정
  - 2단계 소비과정 : 알칼리소화과정, gas화과정, 메탄발효과정

81. 친열성 혐기성 소화법으로 처리할 경우 처리온도는?
㉮ 85℃ ㉯ 70℃
㉰ 50℃ ㉱ 35℃

82. 다음 기체 중 일반적으로 혐기성 소화조로부터 발생하지 않는 것은?
㉮ 염소 ㉯ 메탄
㉰ 암모니아 ㉱ 메르갑탄

풀이 혐기성 소화조에서 발생되는 가스에는 악취유발 물질인 NH_3, 메르갑탄(R-SH), 인돌, 스케돌, H_2S 등과 CH_4, CO_2가 발생한다.

83. 소화조 가스 중에 함유되어 있지 않는 것은?
㉮ R-SH ㉯ indole
㉰ CH_4 ㉱ SO_2

풀이 SO_2는 호기성 조건에서 발생되는 가스이다.

84. 소화조의 교반 방법 중 기계 교반 방법에 대한 설명이다. 이 중 적당하지 않는 것은?
㉮ 장치가 간단하다. ㉯ 교반력이 크다.
㉰ 단류 흐름이 생길 수 있다. ㉱ 가스가 샐 수 있다.

풀이 소화조의 교반방법에는 기계 교반 방법과 가스 재순환법이 있다. 기계 교반 방법은 교반력이 크므로 혼합이 잘되고 단류 흐름이 생기지 않는다.

85. 혐기성 소화법의 적용이 가장 적합하지 않다고 생각되는 것은?
㉮ 청량음료 제조공장 폐수
㉯ 증류주 제조공장의 증류폐수
㉰ 모 방적공장의 세모폐수
㉱ 유기성 폐수의 활성 슬러지 처리에서의 폐슬러지

풀이 혐기성 소화법은 고농도 유기성 폐수인 경우에 적합하다. 청량음료 제조공장폐수는 저농도 유기성 폐수에 속한다.

86. 다음 중 혐기성 소화처리가 적당하지 않는 폐수는 어느 것인가?

㉮ 식품가공폐수 ㉯ 염색폐수
㉰ 석유정제폐수 ㉱ 제지펄프폐수

풀이 • 석유정제폐수(petroleum refining sewage)
석유정제공업용수의 80~90%는 냉각용수로, 그 외에 보일러 용수, 세정 용수로 사용한다. 이들 폐수는 냉수탑을 통해 오탁물질을 제거하여 순환 재사용하는 경우가 많다. 오탁물질은 황화수소, 암모니아. 페놀, 유분을 함유하여 이들 제거 및 pH조정이 필요하다. 암모니아와 황화수소는 가열과 증류에 의한 stripping 공정으로 분리하여 가열로에서 연소시키거나 황화수소 처리 장치에서 처리한다. 페놀 제거에는 활성탄에 의한 흡착법, 활성오니법, 산화제에 의한 산화법 등이 있다.

87. 슬러지의 처리의 한 과정인 슬러지 세정의 주된 목적은 어느 것인가?

㉮ 스러지에 포함된 스컴(scum)을 제거하기 위해
㉯ 슬러지 중의 유지분을 제거하기 위해
㉰ 슬러지 온도를 낮추기 위해
㉱ 슬러지의 알칼리도를 낮추기 위해

풀이 소화 슬러지는 알칼리성이 강한데 이것을 세정함으로써 알칼리도를 낮추고 탈수에 사용되는 응집제의 사용량을 줄일 수 있다.

88. 다음은 탈수케이크의 소각에 관한 설명 중 틀린 것은?

㉮ 탈수 케이크를 소각하면 대폭 감량되고 위생적으로도 취급이 용이하다.
㉯ 소각시키면 탈수케이크 중의 유기물은 연소되고 수분은 증발하며, 무기물만 회분으로 남는다.
㉰ 탈수 케이크의 소각은 슬러지 중의 고유발열량을 이용하기 때문에 처음 가동 시를 제외하고는 정상운전 중에는 보조 연료가 전혀 필요 없다.
㉱ 소각회분의 발생량은 탈수 케이크의 함수율, 강열감량 등에 따라서 다르다.

풀이 오니 소각법에서 발화점 이상으로 소각기의 온도를 올리기 위해 가끔 보조 연료가 필요하며 보조 연료를 태운 후에는 자급 연소(self-sustaining combustion)가 가능하다.

• 슬러지의 소각

탈수의 슬러지를 유용하게 사용할 수 없거나 매립처분이 제한될 때에는 소각처분한다. 이 방법에 의하여 슬러지 케이크는 모두 재가 되고 병원균을 포함한 미생물은 모두 사멸하므로 가장 효력이 크고 위생적인 최종처분이다. 그러나 비용이 많이 소요되어 대기오염 문제, 재, 냄새 등을 유발할 수 있다.

슬러지 케이크는 함수율이 적을수록 에너지가 적게 소비되며 슬러지 케이크의 건조와 연소는 대개 한소각로 내에서 실시되며 다음 4단계 과정으로 진행된다.

① 80～100℃ 가열, 내부결합수가 아닌 전수분이 증발한다.
② 계속하여 180℃까지 가열하여 내부결합수를 증발시킨다.
③ 300～400℃가지 가열하면 건조된 슬러지 케이크에서 생기는 가연성 가스의 인화가 시작된다.
④ 1,000～1,200℃까지 강력하면, 케이크 중의 가연성 고형물질이 인화하여 소각된다. 소각의 중요한 인자는 슬러지의 함수율, 가연성 성분의 함량 등이고 발열량은 슬러지의 유기질 함량 특히 탄소함량에 좌우된다.

89. 다음 슬러지 건조상(乾棗床)에 대한 설명 중 틀린 것은 어느 것인가?
㉮ 건조 proccess는 여과, 침강, 건조의 3단계로 되어있다.
㉯ 슬러지의 표준건조일수는 15～20일이다.
㉰ 슬러지 여액은 최종 침전지로 반송한다.
㉱ 건조상의 표면적 동기를 중심으로 계산한다.

풀이 슬러지의 여액은 포기조로 반송시켜 재처리 후 방류시킨다. 건조상(乾燥床)에 오니를 도입하고 침투에 의해 탈수하며, 천일로 자연적으로 건조시키는 방법이다. 건조상은 모래와 자갈 등 투수성(透水性)여재를 사용하며, 지하 배수관을 설치한다. 통상적으로 소화오니를 처리 대상으로 하고, 양호한 것은 10～20 cm 두께로 살포하면 2～3주일간에 건조되고, 함유율은 60% 정도 이하가 된다. 광대한 면적을 필요로 하기 때문에 시가지에는 부적당하다.

90. 건조상으로 슬러지를 탈수하고자 할 때 고려하여야 할 운전요소가 아닌 것은?
㉮ 여과막의 세척 빈도
㉯ 적용 슬러지의 깊이
㉰ 건조기간
㉱ 건조된 슬러지의 제거방법

풀이 여과막의 세척빈도는 슬러지 탈수방법 중 진공여과, 가압여과 등에서 고려되는 사항이다.

정답

1. ㉯	2. ㉯	3. ㉱	4. ㉯	5. ㉯	6. ㉱	7. ㉯	8. ㉱	9. ㉱	10. ㉰
11. ㉯	12. ㉱	13. ㉯	14. ㉮	15. ㉮	16. ㉯	17. ㉯	18. ㉰	19. ㉱	20. ㉮
21. ㉮	22. ㉮	23. ㉱	24. ㉰	25. ㉱	26. ㉱	27. ㉯	28. ㉯	29. ㉯	30. ㉯
31. ㉱	32. ㉮	33. ㉯	34. ㉰	35. ㉮	36. ㉯	37. ㉮	38. ㉮	39. ㉱	40. ㉱
41. ㉰	42. ㉱	43. ㉮	44. ㉯	45. ㉱	46. ㉰	47. ㉰	48. ㉮	49. ㉯	50. ㉰
51. ㉱	52. ㉰	53. ㉰	54. ㉮	55. ㉱	56. ㉮	57. ㉰	58. ㉮	59. ㉮	60. ㉰
61. ㉮	62. ㉯	63. ㉱	64. ㉱	65. ㉰	66. ㉮	67. ㉰	68. ㉰	69. ㉱	70. ㉯
71. ㉮	72. ㉯	73. ㉱	74. ㉮	75. ㉮	76. ㉰	77. ㉱	78. ㉰	79. ㉱	80. ㉯
81. ㉰	82. ㉮	83. ㉱	84. ㉰	85. ㉮	86. ㉰	87. ㉱	88. ㉰	89. ㉰	90. ㉮

계산 문제

1. BOD 1000 mg/L, 폐수량 500 m^3/일의 공장폐수를 BOD 용적부하 0.4 kg/m^3일의 활성슬러지법으로 처리하는 경우 포기조의 수심을 4 m로 하면 포기조의 표면적은?

㉮ 250 m^2 ㉯ 313 m^2 ㉰ 630 m^2 ㉱ 196 m^2

풀이

$$\text{BOD용적부하} = \frac{\text{BOD농도} \times Q \times 10^{-3}}{V\,(=A \cdot H)}$$

$$\therefore \ A = \frac{1000 \times 500 \times 10^{-3}}{0.4 \times 4} = 312.5\,\text{m}^2$$

2. BOD 1000 mg/L, 폐수량 3000 m^3/일의 공장폐수를 BOD부하량 300 kg/일까지 저하시키기 위해서는 몇 %의 BOD제거율을 가진 폐수처리 설비를 해야 하는가?

㉮ 75% ㉯ 80% ㉰ 90% ㉱95%

풀이

$$\text{제거율}(\zeta) = \frac{\text{유입수BOD농도} - \text{유출수BOD농도}}{\text{유입수BOD농도}}$$

$$= \frac{\text{유입수BOD량} - \text{유출수BOD량}}{\text{유입수BOD량}} \times 100$$

$$\therefore \ \zeta\,(\%) = \frac{1000 \times 3000 \times 10^{-3} - 300}{1000 \times 3000 \times 10^{-3}} \times 100 = 90\%$$

3. 용적이 600 m^3인 포기조에 2,000 m^3/일 폐수가 유입된다. 포기시간은 약 얼마인가? (단, 반송슬러지는 고려하지 않는다)

㉮ 3 ㉯ 4 ㉰ 7 ㉱ 9

풀이

$$t = \frac{V}{Q} = \frac{600\,\text{m}^3}{2000\,\text{m}^3/\text{d} \times \text{d}/24\,\text{h}} = 7.2\,\text{hr}$$

4. BOD농도 300 mg/L, 배수량 6,000 m^3/일의 유기성 폐수가 있다. 폭기조 용적부하 0.5 kg/m^3 일, 슬러지 반송률 30%로 조작하여 활성 슬러지법으로 처리할 경우 폭기시간은 얼마인가? (단, 슬러지 반송량을 포함한다)

㉮ 8.5시간 ㉯ 11.07시간 ㉰ 12.4시간 ㉱ 13.3시간

풀이

$$V = \frac{300 \times 6000 \times 10^{-3}}{0.5} = 3600\,\text{m}^3$$

$$\therefore\ t = \frac{3600\,\text{m}^3}{(6000 + 6000 \times 0.3)\,\text{m}^3/\text{d} \times \text{d}/24\,\text{hr}} = 11.07\,\text{hr}$$

5. 슬러지 농도 BOD 200 mg/L, 수량 10,000 m^3/day, BOD/MLSS 부하 0.4 day^{-1}, MLSS 2,000 mg/L일 때 포기조의 용적은 얼마인가?

㉮ 2,500 m^3 ㉯ 2,000 m^3 ㉰ 1,500 m^3 ㉱ 1,000 m^3

풀이

$$\text{F/M비} = \frac{\text{BOD농도} \times Q}{\text{MLSS농도} \times V}$$

$$\therefore\ V = \frac{200 \times 10{,}000}{2{,}000 \times 0.4} = 2{,}500\,\text{m}^3$$

6. 활성 슬러지조 내의 부유물 농도 2,600 mg/L, 유입폐수의 BOD농도 250 mg/L, 유입 폐수량 3,000 m^3/day이다. BOD/MLSS부하율 0.25 kg-BOD/MLSS · kg로 하고자 하면 MLSS농도를 어느 정도 감소하여야 하는가? (단, 폭기조의 크기는 1,200 m^3이다)

㉮ 100 mg/L ㉯ 150 mg/L ㉰ 200 mg/L ㉱ 250 mg/L

풀이

$$\text{MLSS농도} = \frac{250 \times 3000}{0.25 \times 1200} = 2500\,\text{mg/L}$$

$$\therefore\ \text{감소해야 되는 MLSS농도} = 2600 - 2500 = 100\,\text{mg/L}$$

7. BOD 200 mg/L의 폐수 2,000 m^3/일을 활성 슬러지법으로 처리하고자 한다. MLSS농도 2,000 mg/L, 슬러지 부하 0.4 kg · BOD/kg · MLSS/일로 처리하고자 하면 용적부하는 얼마인가?

㉮ 0.3 kg · BOD/m^3/일 ㉯ 0.4 kg · BOD/m^3/일

㉰ 0.6 kg · BOD/m^3/일 ㉱ 0.8 kg · BOD/m^3/일

풀이

$$\text{BOD용적부하}(\text{kg/m}^3 \cdot \text{d}) = \frac{\text{BOD농도} \times Q \times 10^{-3}}{V} = \frac{200 \times 2000 \times 10^{-3}}{500}$$

$$= 0.8\,\text{kg/m}^3 \cdot \text{d}$$

8. 다음 표와 같은 폐수를 활성 슬러지 방식으로 처리하고자 한다. BOD 용적부하가 0.6 kg BOD/m^3/day이라고 하면 활성슬러지조의 크기는 얼마인가?

	유량(m^3/day)	BOD_5 (mg/L)
유입폐수	1,152	838
잠배수	1,900	120

㉮ 18,312 m^3 ㉯ 6,912 m^3 ㉰ 4,608 m^3 ㉱ 1,988 m^3

풀이 $V = \dfrac{(838 \times 1152 + 120 \times 1900) \times 10^{-3}}{0.6} = 1988.96\,m^3$

9. 용적 5 m^3의 포기조에서 SV=25%였다. SV를 2-%로 하고자 하면 혼합액의 인출량은 얼마인가?

㉮ 2 m^3 ㉯ 1 $m^3$3 ㉰ 0.8 m^3 ㉱ 0.25 m^3

풀이 $(m^3) = (a-b) \times V$

여기서, a : 최초의 SV (=sludge volumn)

b : 인발 후 SV

V : 포기조 부피

∴ 인출량(m^3) = (0.25 − 0.2) × 5 = 0.25 m^3

10. 포기조의 용적 3 m^3에서 당초의 MLSS는 3,000 ppm이었으나 30일 후에는 6,000 ppm으로 되었다. 1일 평균 SS증가는 몇 g인가?

㉮ 300 g ㉯ 200 g ㉰ 250 g ㉱ 400 g

풀이 1일평균 SS증가량(g/d) $= \dfrac{(6000-3000)\,g/m^3 \times 3\,m^3}{30day} = 300\,g/d$

11. 어느 폐수 처리장의 포기기의 산소 공급 능력을 알아보고자 한다. 수온 25℃에서 용존 산소의 섭취율이 100 mg O_2/h였을 때 산소 전달계수 K_{La} (Oxygen transfer coefficiency)는 얼마인가? (단, 포화 용존 산소 농도는 8.4 mg/L, α, β는 각각 0.8이며, 포기조는 2.01 mg/L의 용존 산소를 유지하였다고 한다)

㉮ 23.5 /hr ㉯ 26.5 /hr ㉰ 27.5 /hr ㉱ 28.5 /hr

풀이 $\dfrac{dO}{dt} = \alpha K_{La} \times (\beta C_s - C) - r_r$

여기서, α : 어느 물과 증류수의 표준상태 하에서의 K_{La} 비율

β : 어느 물과 증류수의 표준상태 하에서의 C_s 의 비율

포기조 내의 DO가 일정하게 유지되었으므로 정상상태이다. 즉, $\frac{dO}{dt}=0$

$$\therefore\ K_{La}=\frac{r_r}{\alpha(\beta C_c)-C}=\frac{100}{0.8\times(0.8\times8.4-2.01)}=26.53\,\text{hr}^{-1}$$

12. 포기조의 현재 DO = 3 mg/L, MLSS의 DO포화농도 = 8 mg/L, MLSS의 1 L당 산소소비속도 50 mg/L/시이다. 이때 산소이동계수(K_{La})는 얼마인가?

㉮ 11/시　㉯ 5/시　㉰ 8/시　㉱ 10/시

풀이

$$\frac{dO}{dt}=aK_{La}\times(\beta C_s-C)-r_r$$

정상상태에서 $\frac{dO}{dt}=0$

$$\therefore\ K_{La}=\frac{r_r}{C_s-C}=\frac{50\,\text{mg/L}\cdot\text{hr}}{(8-3)\,\text{mg/L}}=10\,\text{hr}^{-1}$$

13. 온도가 20℃인 물속에서 직경(d_s)이 6 mm이고, 상승속도가(V_r)가 3.0 cm/sec인 기포의 산소 이전계수는 얼마인가? [단, 확산계수 D_c (Diffusion Coeffeient)는 9.4×10^{-2} cm^2/hr임]

㉮ 0.23 cm/hr　㉯ 23.2 cm/hr　㉰ 0.46 cm/hr　㉱ 46.4 cm/hr

풀이

$$K_L=2\times\sqrt{\frac{D}{\pi t_c}}=2\times\sqrt{\frac{9.4\times10^{-2}\,\text{cm}^{2/\text{h}}}{\pi\times\left(\frac{0.6}{10.800}\right)\text{hr}}}=46.41\,\text{cm/h}$$

여기서, K_L : 산소 이전계수(cm/sec)

D : 분자 확산계수(cm^2/sec)

t_c : 기포 노출시간, 기포 접촉시간(sec) $=\frac{d(\text{기포경})}{V_r(\text{기포액 중 상승속도})}$

14. 어떤 폐수처리장의 포기장치를 이용하여 수도수와 폐수에 의한 K_{La}를 구한 결과 수도수의 K_{La}는 1.28 hr^{-1}이었고, 폐수의 K_{La}는 0.77hr^{-1}로 나타났다. 또 수도수의 포화용존산소농도가 10.1 ppm이었고 폐수의 포화용존산소농도가 9.6 ppm이었다. 이 폐수의 α, β의 값은 얼마인가?

㉮ $\alpha=0.60,\ \beta=10.52$　㉯ $\alpha=0.60,\ \beta=0.95$

㉰ $\alpha=1.66,\ \beta=10.52$　㉱ $\alpha=1.66,\ \beta=0.95$

풀이 $\alpha = \dfrac{K_{La}'(\text{폐수에 대 한}K_{La})}{K_{La}(\text{청수에 대한 }K_{La})} = \dfrac{0.77}{1.28} = 0.60$

$\beta = \dfrac{C_s'(\text{청수와 동일한 온도의 폐수산소포화농도})}{C_s(\text{청수의 산소포화농도})} = \dfrac{9.6}{10.1} = 0.95$

15. BOD 1 kg제거에 필요한 산소량은 산소 1 kg이다. 공기 1 m^3에 함유되어 있는 산소량은 0.277 kg이라 한다. 포기조에서 공기 용해율을 4%라고 하면, 1일 BOD 1 kg을 제거하는데 필요한 공기량은?

㉮ 80 m^3/일　㉯ 90 m^3/일　㉰ 110 m^3/일　㉱ 120 m^3/일

풀이 필요공기량(m^3/d) = 1 m^3/0.277 kgO_2/kgBOD제거 × 1 kgBOD제거/d

공기 용해율을 고려하면

필요공기량(m^3/d) $- \dfrac{3.61}{0.04}$ = 90.25 m^3/d

16. BOD 200 ppm의 하수를 1차 및 2차 처리장에서 BOD 40 ppm 이하로 처리하려고 한다. 1차 처리장의 효율이 40%라고 하면, 2차 처리장의 효율은 얼마인가?

㉮ 52% 이상　㉯ 67% 이상　㉰ 75% 이상　㉱ 80% 이상

풀이 유출수 농도 = 유입수 농도 $\times(1-\zeta_1)\times(1-\zeta_2)$

$\therefore\ \zeta_2 = -1 - \dfrac{40}{200\times(1-0.4)} = 66.7\%$ 이상

17 어느 공장 폐수처리장의 1차 시설이 적용된 BOD부하의 30%를 제거하고, 2차 처리 시설이 적용된 BOD부하의 80%를 제거한다면 전체 BOD제거율은?

㉮ 75%　㉯ 79%　㉰ 86%　㉱ 92%

풀이 유출수농도(mg/L) = 1 × (1 − 0.3) × (1 − 0.8) = 0.14

(∵유입수 농도를 1로 간주)

$\therefore$ 전체 제거율(%) = $\dfrac{1-0.14}{1} \times 100 = 86\%$

18. BOD 300 mg/L폐수 배출량 3,000 m^3/일의 공장 폐수를 BOD 부하량 90 kg/일로 될 때까지 감소시키려면 BOD 제거율이 얼마나 되는 처리시설을 설치하면 좋은가?

㉮ 95%　㉯ 90%　㉰ 85%　㉱ 80%

풀이 $$제거율(\%) = \frac{유입수량(농도) - 유출수량(농도)}{유입수량(농도)} \times 100$$

$$= \frac{300 \times 3{,}000 \times 10^{-3} - 90}{300 \times 3{,}000 \times 10^{-3}} \times 100 = 90\%$$

19. BOD 12,000 ppm, 염소이온 농도 800 ppm의 오수를 희석해서 활서 오니법으로 처리했던 바 처리수는 BOD 60 ppm, 염소이온 농도 50 ppm으로 되었다. 이때 BOD제거율은 얼마인가? (단, 염소이온은 활성오니법으로 처리할 때 제거되지 않는다고 가정한다)

㉮ 85% ㉯ 88% ㉰ 92% ㉱ 99.5%

풀이 $$희석배수 = \frac{유입수의\ Cl^-농도}{유출수의\ Cl^-농도} = \frac{800}{50} = 16$$

$$\therefore\ BOD제거율(\%) = \frac{12{,}000 - 60 \times 16}{12{,}000} \times 100 = 92\%$$

20. BOD 2 mg/L, 유량 10 m^3/초의 하천에 어떤 공업단지의 폐수가 5,000 m^3/일로 유입하는 경우, 이 하천수의 BOD를 2.5 mg/L로 하기 위해서는 공업단지로부터 폐수의 BOD를 몇 mg/L로 처리해야 하는가? (단, 하천수와 처리수는 완전 혼합하는 것으로 한다)

㉮ 36 ㉯ 89 ㉰ 144 ㉱ 177

풀이 $$C_m = \frac{Q_1C_1 + Q_2C_2}{Q_1 + Q_2}$$

$$\therefore\ 폐수의\ BOD\,(C_2) = \frac{2.5 \times (864{,}000 + 5{,}000) - 2 \times 864{,}000}{5{,}000} = 88.9\,mg/L$$

21. 분무식(Spray) 포기장치를 이용하여 CO_2농도를 탈기(desorption)시키고자 한다. 최초의 CO_2농도 30 g/m^3 중에서 12 g/m^3을 제거할 수 있을 때 효율계수(E)와 최초의 CO_2농도가 50 g/m^3일 경우 유출수 중의 CO_2 농도는 몇 g/m^3인가? (단, CO_2의 포화농도 0.5 g/m^3임)

㉮ $E = 0.6,\ Ce = 30$ ㉯ $E = 0.4,\ Ce = 20$
㉰ $E = 0.6,\ Ce = 20$ ㉱ $E = 0.4,\ Ce = 30$

풀이 $$효율계수(E) = \frac{12}{30} = 0.4$$

$$\therefore\ 유출수\ CO_2농도 = 50\ g/m^3 \times (1 - 0.4) = 30\ g/m^3$$

22. 제지공장에 있어서 어느 업종의 BOD배출원단위가 3 kg/원료 · 톤이다. 동일업종 공장에서 원료 40톤/일을 처리하는 경우에 폐수량이 200 m^3/일이면 폐수 중의 BOD 농도는 mg/L인가?

㉮ 100 mg/L ㉯ 200 mg/L ㉰ 400 mg/L ㉱ 600 mg/L

풀이 $\text{BOD농도(mg/L)} = \dfrac{\text{BOD량}}{\text{유량}} = \dfrac{3\,\text{kg/원료ton} \times \text{원료 } 40\,\text{ton/d}}{200\,\text{m}^3 \times 10^{-3}} = 600\,\text{mg/L}$

23. 포기조 안에 MLSS가 3,000 mg/L 포기조 용적이 1,000 m^3인 활성 슬러지 법에서 최종 침전지에 유출되는 SS는 무시하고 매일 60 m^3의 폐슬러지를 뽑아서 소화조로 보내 처리한다. 폐슬러지의 농도 10,000 mg/L라면 세포의 평균 체류시간(SRT)은 얼마인가?

㉮ 148시간 ㉯ 120시간 ㉰ 96시간 ㉱ 72시간

풀이 $\text{SRT} = \dfrac{VX}{X_r Q_w} = \dfrac{1{,}000\,\text{m}^3 \times 3{,}000\,\text{mg/L}}{10{,}000\,\text{mg/L} \times 60\,\text{m}^3/\text{d} \times \text{d}/24\,\text{h}} = 120\,\text{hr}$

24. SS 200 mg/L, 폐수량 2,500 m^3/day의 폐수를 활성 슬러지법으로 포기조에서 처리하고자 한다. 폭기조 내의 MLSS농도가 2,000 mg/L, 폭기조 용적 1,000 m^3이면 슬러지 일령은?

㉮ 2 day ㉯ 3 day ㉰ 4 day ㉱ 5 day

25. 폐수량 1,000 m^3/d이며, SS가 340 mg/L이고, 침전지의 제거율이 80%이다. 침전 슬러지의 함수율을 70%로 하면, 슬러지의 부패는 얼마로 되는가?

㉮ 0.3 m^3 ㉯ 0.9 m^3 ㉰ 20 m^3 ㉱ 30 m^3

풀이 $\text{sludge 습량} = \dfrac{\text{sludge건량}}{\text{순도}} = \dfrac{\text{유입SS농도} \times Q \times 10^{-6} \times \zeta\,(\text{제거율})}{\text{순도}}$

$\therefore \text{슬러지 습량(m}^3\text{/d)} = \dfrac{340\,\text{g/m}^3 \times 1{,}000\,\text{m}^3/\text{d} \times 10^{-6}\,\text{t/g} \times 0.8}{0.3} = 0.9\,\text{t/d} = 0.9\,\text{m}^3/\text{d}$

26. 배출량 40,000 m^3일, 유입 SS농도 200 mg/L의 활성 슬러지 처리법에 있어서 1차 침전지에서 SS 60%를 제거한다면 제거되는 슬러지의양은 얼마인가? 단, SS는 6%고형물을 함유한다)

㉮ 80 m^3/일 ㉯ 90 m^3/일 ㉰ 100 m^3/일 ㉱ 120 m^3/일

풀이 $\text{슬러시 습량(m}^3\text{/d)} = \dfrac{200 \times 40{,}000 \times 10^{-6} \times 0.6}{0.06} = 80\,\text{m}^3/\text{d}$

27. 폐수의 양이 200 m^3/일, SS는 600 mg/L이다. 여기에 응집제 150 mg/L를 주입한 결과 방류수의 SS가 50 mg/L로 되었다. 발생슬러지의 건량 및 습량은 얼마인가? (단, 함수율은 95%이다)

㉮ 20 m^3 및 60 m^3 ㉯ 10.3 m^3 및 40.3 m^3
㉰ 0.2 m^3 및 4.2 m^3 ㉱ 0.14 m^3 및 2.8 m^3

풀이
- sludge 건량(m^3/d = (유입수 SS농도 − 유출수 SS농도 + 응집제 주입농도) × $Q \times 10^{-6}$
  = (600 − 50 + 150) × 200 × 10^{-6} = 0.14 m^3/d
- sludge 습량(m^3/d) $= \frac{0.14}{0.05} = 2.8\,m^3/d$

28. 어느 하수 처리장의 포기조 용적이 800 m^3 MLSS가 3,000 mg/L, 그리고 SRT (고형물 체류시간)가 2일이라면 1일 생산되는 슬러지의 건조 중량은?

㉮ 1.2 ton ㉯ 2.4 ton ㉰ 3.0 ton ㉱4.8 ton

풀이
$$W_1\,(t/d) = \frac{3{,}000\,mg/L \times 800\,m^3 \times 10^{-6}}{2\,day} = 1.2\,t/d$$

29. 슬러지 침전률(SV)이 평균 25%일 때 SVI를 60～100으로 유지하고자 하면 MLSS의 농도를 어느 정도로 하여야 하는가?

㉮ 2,500～4,160 ppm ㉯ 2,300～3,200 ppm
㉰ 4,200～6,300 ppm ㉱ 1,500～2,600 ppm

풀이
$$SVI = \frac{30\text{분 후 } SV(10\%) \times 10^4}{MLSS\text{농도}}$$ 에서

$$MLSS\text{농도} = \frac{SV(\%) \times 10^4}{SVI}$$

$$\therefore\ MLSS\text{농도}(ppm) = \frac{25 \times 10^4}{100} \sim \frac{25 \times 10^4}{60} = 2500 \sim 4166.7\,ppm$$

30. MLSS농도가 4,000 mg/L인 혼합액을 1 L인 혼합액을 1 L 메스실린더에 취해 SV를 측정한 결과 35%이었다. 이 경우 SVI를 구하라.

㉮ 8.75 ㉯ 87.5 ㉰ 97.5 ㉱ 162.5

풀이
$$SVI = \frac{35 \times 10^4}{4{,}000} = 87.5$$

$$SVI = \frac{SV(mL/L) \times 10^3 mg/mL}{MLSS\text{농도}(mg/L = ppm)}$$ (∵ 비중이 1일 때 mL = g = 10^3 mg)

$$SVI = \frac{SV(10\%) \times \frac{ppm \times 10^4}{\%}}{MLSS농도(mg/L = ppm)} \quad (\because \% = ppm \times 10^4)$$

31. 활성 슬러지법으로 폐수를 처리할 경우 포기조 혼합액의 MLSS농도가 2,000 g/L이고 이 혼합액 1 L를 Imhoff cone에 30분간 정치했을 때 SV가 250 mL이었다. SVI값은?

㉮ 75　　㉯ 100　　㉰ 125　　㉱ 150

32. 유량이 15,000 m^3/day, 유입수의 BOD 및 SS농도가 250 mg/L인 공장폐수를 활성 슬러지 공법으로 처리한다. BOD 및 SS의 처리효율은 90%, F/M (kg BOD/kg MLSS)비는 0.2, 포기시간은 8시간, 2차 슬러지의 농도는 0.8인 경우에 슬러지의 반송률은 얼마인가?

㉮ 50%　　㉯ 88%　　㉰ 96%　　㉱ 112%

풀이

$R = \frac{X}{Xr - X}$ (유입수 SS는 무시)

- $MLSS농도 = \frac{BOD \times Q}{F/M비 \times V} = \frac{BOD}{F/M비 \times t} = \frac{250\,mg/L}{0.2\,day^{-1} \times 8\,hr \times d/24\,hr} = 3.750\,mg/L$
- $Xr = 8{,}000\,mg/L$

$\therefore\ R = \frac{3{,}750}{8{,}000 - 3{,}750} \times 100 = 88.24\%$

33. 슬러지 반송류은 50%이며, 최종 침전지의 규격이 5 m × 25 m × 2 m 처리장 유입 유량이 600 m^3/day라 하면 침전지의 체류시간은 얼마인가?

㉮ 6.67시간　　㉯ 7.14시간　　㉰ 8.2시간　　㉱ 5.48시간

풀이

$t = \frac{V}{Q + Q_R} = \frac{L \times B \times h}{Q + Q_R}$

$\therefore\ t(hr) = \frac{(5 \times 25 \times 2)\,m^3}{(600 + 600 \times 0.5)\,m^3/d \times d/24\,h} = 6.67\,hr$

34. 활성 슬러지조에 폐수 유입량이 1,000 m^3/일이고, 활성 슬러지조의 SVI이 100이라 할 때, 1 L 메스실린더에 폭기액 1 L를 취하여 30분간 정치하였더니 300 mL의 침전물이 생겼다. 최종 침전지의 반송량은 얼마인가?

㉮ 250 m^3/일　　㉯ 300 m^3/일　　㉰ 330 m^3/일　　㉱ 428 m^3/일

풀이 반송량(Q_R) $= Q \times R$ (반송비) $= Q \times \dfrac{SV(\%)}{100 - SV(\%)}$

$\therefore\ Q_R\,(m^3/d) = 1{,}000\,m^3/d \times \dfrac{30}{100 - 30} = 428.57\,m^3/d$

35. 폐수처리장의 최종침전지에서 입소소독지로 처리수를 유출시키기 위하여 그림과같이 직경이 20 cm인 수중 orifice를 설치했다면 이 orifice를 통해 들어갈 수 있는 유량은 얼마인가? (단, $C = 0.60$이다)

㉮ 75 L/sec ㉯ 102 L/sec ㉰ 167 L/sec ㉱ 440 L/sec

풀이 $Q = CAV = C \times \dfrac{\pi D^2}{4} \times \sqrt{2g\Delta h}$

$\therefore\ Q = 0.6 \times 0.6 \times \dfrac{\pi \times 0.2^2}{4} \times \sqrt{2 \times 9.8 \times (4 - 2.5)} = 0.102\,m^3/sec = 102\,L/sec$

36. 활성 슬러지 혼합액을 부상 농축기로 농축하고자 한다. 부상 농축기에 대한 최적 A/S비가 0.008 mg/mg이고 공기 용해도가 18.7 mL/L일 포화율이 0.5라면 필요한 압력은? (단, 혼합액의 고형물 농도는 0.3%이다)

㉮ 2.67 atm ㉯ 3.98 atm ㉰ 4.57 atm ㉱ 6.34 atm

풀이 A/S비(mL/mg) $= \dfrac{S_a\,(mL/L) \times (f \cdot p - 1)}{SS\text{농도}\,(mg/L)}$

$\therefore\ f \cdot p = 1 + \dfrac{\text{A/S비} \times \text{SS농도}}{Sa}$

$\therefore\ p = \dfrac{1 + 0.008 \times 3{,}000/18.7}{0.5} = 4.57\,atm$

37. MLSS농도가 2,000 mg/L인 슬러지를 부상에 의해 농축시키고자 한다. 압축탱크의 유효 전달 압력이 2기압이며 공기의 밀도를 1.3 g/L공기의 용해량이 18.7 mL/L일 때 Air/Solid (A/S)비는 얼마인가? (단, 유량은 300 m^3/day이며 처리수의 반송은 없다고 한다)

㉮ 0.139 ㉯ 0.063 ㉰ 0.039 ㉱ 0.012

풀이 A/S비 $= \dfrac{1.3 \times 18.7 \times (2 - 1)}{2{,}000} = 0.012$

38. 유량 4,000 m^3/day이고, 암모늄(NH_4^+)이 18 mg/L을 함유하는 폐수를 이온교환수지로 NH_4^+를 제거하고자 할 때 100,000 g $CaCO_3/m^3$의 이온교환 능력을 갖는 양이온 교환수지의 용적은 얼마인가?

㉮ 1 m^3 ㉯ 1.2 m^3 ㉰ 2 m^3 ㉱ 3.4 m^3

39 어떤 폐수처리장에서 하루 생산되는 박테리아가 20 kg/day이다. 영양소로 투입해야 할 질소. 인의 양은 얼마인가? (단, 유입수에 포함된 질소, 인의 양은 무시하고 박테리아의 구성성분을 $C_5H_7O_2N$으로 보았을 때 이론적인 영양소의 요구량만 계산할 것)

㉮ 2.48 kg/day와 0.496 kg/day ㉯ 113. kg/day와 22.6 kg/day
㉰ 15.25 kg/day와 3.05 kg/day ㉱ 20.54 kg/day와 3.26 kg/day

풀이

$C_5H_7O_2N : N \Rightarrow 113 : 14 = 20\ kg/d : x\ kg/d$

$\therefore\ x = \dfrac{20 \times 14}{113} = 2.48\,\mathrm{kg/day}$

N : P = 5 : 1에서 ($\because$ BOD : N : P = 100 : 5 : 1)

P의 양(kg/d) = 2.48 kg/d × 1/5 = 0.496 kg/d

40. 조그만 하수처리장에서 480,000 /day의 하수를 처리한다. 펌프장의 습정(wet well)을 하수로 채우기 위하여 35분이 소요된다면 습정의 부피는 몇 m^3인가?

㉮ 4.8 m^3 ㉯ 11.7 m^3 ㉰ 25.3 m^3 ㉱ 48.0 m^3

풀이

$V = Qt = 480{,}000\,\mathrm{L/d} \times 35\,\mathrm{min} \times 10^{-3}\,\mathrm{m^3/L} \times \mathrm{d}/1{,}440\,\mathrm{min} = 11.67\,\mathrm{m^3}$

41. 함수율이 90%인 슬러지의 겉보기 비중이 1.02이었다. 이 슬러지를 진공여과기로 탈수하여 함수율이 60%인 슬러지를 얻었다면 이 슬러지가 갖는 겉보기 비중은 얼마인가? (단, 물의 비중은 1.0으로 한다)

㉮ 1.04 ㉯ 1.06 ㉰ 1.08 ㉱ 1.10

풀이

$$\frac{1}{S} = \frac{W_{TS}}{S_{TS}} + \frac{W_W}{S_W} \Rightarrow \frac{1}{1.02} = \frac{0.1}{\chi} + \frac{0.9}{1} \Rightarrow \frac{0.1}{\chi} = \frac{1}{1.02} - \frac{0.9}{1}$$

$$\Rightarrow \frac{0.1}{(1/1.02 - 0.9/1)} = 1.244$$

$$\therefore\ \frac{1}{S} = \frac{0.4}{1.244} + \frac{0.6}{1} = 0.9215 \Rightarrow \text{슬러지 비중}(S) = 1.085$$

42. 고형물 농도 15 g/L인 슬러지를 하루 480 m^3 비율로 농축처리하기 위해서는 연속식 슬러지 농축조의 면적은 몇 m^2로 하여야 하는가? (단, 농축의 고형물 부하는 2 kg/m^2 · hr로 한다)

㉮ 100 m^2 ㉯ 150 m^2 ㉰ 200 m^2 ㉱ 250 m^2

풀이

$$\text{고형물 부하}(kg/m^2/hr) = \frac{\text{슬러지건량}(kg/h)}{A(m^2)}$$

$$\therefore\ A\,(m^2) = \frac{15\,kg/m^3 \times 480^3/d \times d/24h}{2\,kg/m^2 \cdot hr} = 150\,m^2$$

43. 1차 침전지에서 슬러지를 인발했을 때 함수율이 99%이었고 이 슬러지를 97%로 농축시켰더니 33.3 m^3이었다. 1차 침전지에서 인발한 양은 얼마인가?

㉮ 66.6 m^3 ㉯ 100 m^3 ㉰ 115 m^3 ㉱ 135 m^3

풀이

$$V_1 = \frac{V_2 \times \text{순도}_2}{\text{순도}_1} = \frac{33.3 \times 0.03}{0.01} = 99.9\,m^3$$

44. 수분 97%의 슬러지 14.7 m^3을 수분 70%로 하면, 용적은 얼마인가?

㉮ 10.7 m^3 ㉯ 1.47 m^3 ㉰ 0.68 m^3 ㉱ 4.9 m^3

풀이

$$V_2 = \frac{V_1 \times \text{순도}_1}{\text{순도}_2} = \frac{14.7 \times 0.03}{0.3} = 1.47\,m^3$$

순도 = 1 − 함수율(W)

45. 함수율 98% (중량)의 슬러지를 농축하여 함수율 94% (중량)의 농축 슬러지를 얻었다. 슬러지의 용적은 몇 분의 1로 감소하는가? (단, 농축 전후의 비중차는 무시한다)

㉮ 1/4 ㉯ 1/2 ㉰ 1/6 ㉱ 1/3

풀이

$$V_2 = \frac{100 \times 0.02}{0.06} = 33.33$$

46. 유기성 고형질량으로서 1일 300 kg의 슬러지를 소화조 300 m^3 중에 유입시키고 있다. 이 소화조의 유기질 부하량(소화조 부하)은 얼마인가?

㉮ 1 kg/m^3/d ㉯ 1.2 kg/m^3/d

㉰ 1.5 kg/m^3/d ㉱ 2 kg/m^3/d

풀이 소화조 부하$(kg/m^3 \cdot d) = \dfrac{300\,kg/d}{300\,m^3} = 1\,kg/m^3 \cdot d$

47. 유입기질 1 g BOD_u을 혐기성 분해 시 발생되는 이론적인 CH_4량은 표준상태에서 몇 L인가?

㉮ 0.35L ㉯ 0.68L ㉰ 1.42L ㉱ 2.90L

풀이
- $C_6H_{12}O_6 + 6O_2 \rightarrow 6CO_2 + 6H_2O$ (호기성반응)에서 1 g BOD소비를 위한 산소 mol
  1 g/(32 g/mol) = 0.03125 mol
- 이에 해당하는 glucose = 0.03125 mol/6 = 5.21×10^{-3} mol = 0.9375 g
- $C_6H_{12}O_6 \xrightarrow{\text{혐기성}} 3CO_2 + 3CH_4$ 반응에서 5.21×10^{-3} mol glucose 반응으로 발생되는 CH_4는 $5.21 \times 10^{-3} \times 3 = 0.015625$ mol CH_4
- 0.015625 mol $CH_4 \times 22.4$ L/mol = 0.35 L

48. 표준상태 하의 혐기성 조건하에서 100 g의 $C_6H_{12}O_6$ (glucose)로 발생할 수 있는 CH_4가스의 용적은?

㉮ 37.4L ㉯ 39.5L ㉰ 42.3L ㉱ 67.2L

풀이 발생가능 CH_4의 부피(L) $= \dfrac{100 \times 3 \times 22.4}{180} = 37.33L$

49. 120 g의 초산(CH_3COOH)이 35℃ 소화조에서 분해할 때 발생되는 이론적인 CH_4의 양은 얼마인가?

㉮ 44.8 L ㉯ 50.5 L ㉰ 75.8 L ㉱ 151.6 L

풀이
- $CH_3COOH \xrightarrow{\text{혐기성}} CO_2 + CH_4$

60 g : 22.4 L = 120 g : x L

$\therefore\ x = \dfrac{120 \times 22.4\,L}{60} = 44.8\,L$ (STP상태)

Charles 의법칙 : $\dfrac{V}{T} = \dfrac{V'}{T'}$

$$\frac{44.8}{273} = \frac{V'}{273+35}$$

$$\therefore V' = \frac{44.8 \times (273+35)}{273} = 50.5\,L$$

50. 슬러지 양이 450 m^3/day이고, 고형물 함유율이 5.8%이며, VS함유율이 73%일 때 소화조 용량은 얼마인가? (단, 소화조 부하율은 8.6 kg VS/m^3 · d이며, 슬러지의 비중량은 1,000 kg/m^3이다)

㉮ 1,945.3 m^3　　㉯ 2,215.5 m^3　　㉰ 2,473.9 m^3　　㉱ 2,790.2 m^3

풀이

$$V(\mathrm{m^3}) = \frac{\text{유입VS량}}{\text{소화조부하(VS부하)율}} = \frac{450\,\mathrm{m^3/d} \times 0.058 \times 0.73 \times 1{,}000\,\mathrm{kg/m^3}}{8.6\,\mathrm{kg/m^3 \cdot d}}$$

51. 소화조의 조작 조작조건이 다음 표와 같을 때 1일 평균 가스 발생량은?

처리방식	batch식
T.S.	25,000 mg/L
V.S	T.S의 63.5%
가스 발생량	V.S 1 kg당 0.5 m^3
유입량	100 Kl
소화 일수	30일

㉮ 800 m^3/일　　㉯ 50 m^3/일　　㉰ 30 m^3/일　　㉱ 26 m^3/일

풀이

$$\text{1일 가스 발생량}(\mathrm{m^3/d}) = \frac{0.5\,\mathrm{m^3/kgVS} \times (25{,}000{,}100 \times 10^{-3} \times 0.635)\,\mathrm{kgVS}}{30\,\mathrm{day}}$$

$$= 26.458\,\mathrm{m^3/d}$$

$$\text{1일 가스 발생량}(\mathrm{m^3/d}) = \frac{\text{VS제거당 가스발생량} \times \text{VS제거량}}{\text{소화일수(day)}}$$

정답

1. ㉯	2. ㉰	3. ㉰	4. ㉯	5. ㉯	6. ㉮	7. ㉱	8. ㉱	9. ㉱	10. ㉮
11. ㉯	12. ㉱	13. ㉱	14. ㉯	15. ㉯	16. ㉯	17. ㉰	18. ㉯	19. ㉰	20. ㉯
21. ㉱	22. ㉱	23. ㉯	24. ㉰	25. ㉯	26. ㉮	27. ㉱	28. ㉮	29. ㉮	30. ㉯
31. ㉰	32. ㉯	33. ㉮	34. ㉱	35. ㉯	36. ㉰	37. ㉱	38. ㉰	39. ㉮	40. ㉯
41. ㉰	42. ㉯	43. ㉯	44. ㉯	45. ㉱	46. ㉮	47. ㉮	48. ㉮	49. ㉯	50. ㉱
51. ㉱									

PART 06

고도처리

17. 고도처리 정의
18. 질소 & 인 처리공정 운전하기
19. 막분리 공정 운전하기
20. 고급산화법 운전하기
21. 재이용설비 운전하기

고도처리 정의 17

17.1 고도처리 정의

1970년대 초반 이래, 고도처리 시설의 수가 괄목하게 증가되고 있으며, 특히 인과 질소의 제거에 관하여 많은 자료가 발표되고 있다. 고도처리에 필요한 간단한 요약 및 관심 있는 오염물질 제거에 사용되는 기존 기술에 대한 개요, 그리고 특정한 성분 제거에 활용되는 중요한 기술에 대하여 설명하고자 한다.

표 17.1 고도처리 구분

정수 고도처리	하수 고도처리
기존의 정수처리 방법에서 처리할 수 없는 물질(색도, 이취미물질, THMs, 암모니아성 질소, 중금속, 음이온계면활성제 등)을 제거할 목적으로 사용되는 처리시설을 말한다.	하수의 고도처리는 2차 처리에서 제거되지 않은 물질(영양염류, 무기성 이온, 중금속, 유기물질)을 제거하는 공정으로 3차 처리 또는 고도처리(advanced treatment)라고 한다.

17.2 고도처리 공정

고도처리 설비는 단위조작의 형태, 공정 또는 주된 제거기능의 성능에 따라 분류될 수 있다. 다양한 단위조작 및 공정들의 비교를 용이하게 하기 위하여 주요성분 제거기능, 이러한 기능 수행 시 사용되는 단위조작 또는 공정의 형태를 나타내고 있다.

표 17.2 고도처리 주요 공정개요

주된 제거기능	운전 또는 공정의 개요
부유고형물 제거	여과 미세스크린
암모니아 산화	생물학적 질산화
질소제거	생물학적 질산화/탈질화
질산염제거	분리식 생물학적 탈질화
생물학적 인제거	폐수흐름 원류에서 인 제거 슬러지 흐름에서 인 제거
생물학적 방법에 의한 종합적인 질소와 인 제거	Air stripping 파괴점 염소주입 이온교환
화학적 처리에 의한 인 제거	금속염에 의한 화학적 침전 석회에 의한 화학적 침전
독성물질과 난분해성 물질의 제거	탄소흡착 활성슬러지 - 분말활성탄 화학적 산화
용해성 무기 고형물 제거	화학적 침전 이온교환 한외여과(ultrafiltration) 역삼투 전기투석
휘발성 유기물	휘발화 및 가스제거(gas stripping)

18 질소 & 인 처리공정 운전하기

질소와 인은 처리된 폐수 배출시 고려하여야 할 주요 영양염류이다. 질소와 인을 포함한 배출수는 호수와 저수지의 부영양화를 가속시킬 수 있고 얕은 하천에서 조류와 수생식물 성장을 촉진할 수 있다. 처리된 유출수 내의 질소농도가 높은 경우 수자원의 용존산소를 고갈시키고, 수중생물에 독성을 유발하고, 염소 소독의 효율에 영향을 끼치며, 공공보건상의 위해를 야기하고, 하수 재사용 시 적합성에 영향을 끼치는 등의 부정적 영향을 나타낼 수 있다. 따라서 질소와 인의 제거는 수질관리와 하수처리장 설계에 점차 중요해지고 있다.

18.1 질소 제거원리

처리되지 못한 하수 내의 질소는 주로 용존성 및 입자상이며 암모니아 또는 유기질소의 형태로 있다. 용존 유기질소는 주로 용소와 아미노산의 형태로 있다. 처리되지 못한 하수 내에는 아질산염(nitrite) 또는 질산염(nitrate)은 거의 없거나 또는 아주 없다. 유기성 입자상의 물질의 일부분은 일차침전에 의하여 제거된다. 생물학적 처리를 거치는 동안 대부분의 입자성 유기질소는 암모늄(ammonium)과 기타 무기질소 형태로 변환된다. 암모늄의 일부는 생체의 세포물질로 동화된다. 처리된 2차 유출수 내의 대부분의 질소는 암모늄의 형태로 있다.

총 질소의 30% 미만이 재래식 2차 처리에 의하여 제거된다.

질소는 생태계 필수 영양소이지만 수 체내 과량일 때 조류증식에 의한 부영양화 현상초래 및 질산화 과정에서 산소고갈로 수중생태계를 파괴하기 때문에 제거하여야 한다.

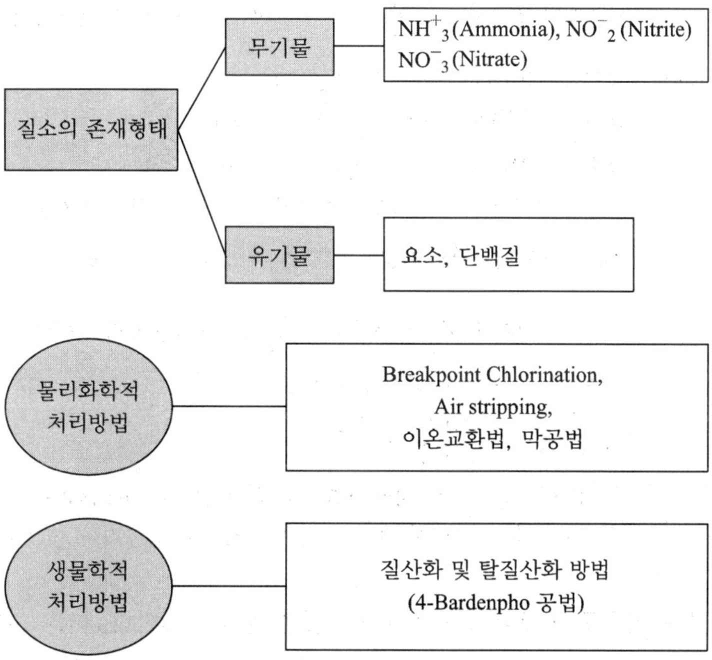

그림 18.1 질소 제거 방법

18.1.1 물리 · 화학적 제거방법

1) 파괴점 염소주입법(Breakpoint chlorination)

폐수에 염소를 주입하여 암모니아성 질소를 산화시켜 질소 가스나 기타 안정된 화합물로 바꾸어 제거되는 공정으로 거의 100% 제거가 된다.

$$2NH_3 + 3HOCl \rightarrow N_2 + 3H_2O + 3HCl$$

본 공정은 폐 · 오수에 유기질소와 질산성 질소가 포함되어 있으면 제거효과가 미미하며 위 반응식과 같이 산성 화합물이 생성되므로 lime 등의 중화제 투여가 필요하다.

그리고 본 공정의 특징은 급속반응으로 반응조가 별도로 필요하지 않다. 그리고 이론상의 소요되는 양의 22배의 염소가 투입되기 때문에 다소 소요되는 약품비가 높다. 그리고 생성되는 산성 화합물로 인하여 투여되는 석회와 염소에 의해 유출수의 염도가 증가하게 된다.

그러므로 유출수의 염도가 문제되지 않거나 낮은 농도의 암모니아를 제거할 때 본 공정은 적합하다고 말할 수 있겠다.

Ex. 1) 분기점에서 염소와 암모니아성 질소와의 무게비를 반응식으로 먼저 결정하여라.

Answer : $2NH_3 + 2HOCl \rightarrow 2NH_2Cl + 2H_2O$

$2NH_2Cl + HOCl \rightarrow N_2 + H_2O + 3HCl$

$2NH_3 + 3HOCl \rightarrow N_2 + 3H_2O + 3HCl$

암모니아의 분자량을 N으로 환산하고, 차아염소산의 분자량을 Cl_2로 환산한다.

$$\text{N으로 환산한 } NH_3\text{의 분자량} = \frac{17}{17}(14\ \text{g/mole}) = 14$$

$$Cl_2\text{로 환산한 HOCl의 분자량} = \frac{52.45}{52.45}(70.9\ \text{g/mole}) = 70.9$$

염소와 암모니아성 질소의 무게비를 구한다.

$$\frac{Cl_2}{NH_3-N} = \frac{3(70.9)}{2(14)} = \frac{7.6}{1}$$

이에 의하여 염소에 대한 암모니아의 정량비는 7.6 : 1이다.

실제로 이는 8 : 1에서 10 : 1까지 변화되는 것으로 알려져 있다.

하수의 살균을 목적으로 잔류염소를 유지하는 것은 매우 복잡하다. 이는 유리염소는 암모니아와 반응할 뿐만 아니라 그 자체가 강력한 산화제이기 때문이다. 염소를 암모니아가 들어있는 하수에 첨가할 때 일어나는 단계적 현상은 그림 18.2를 통하여 설명될 수 있다.

염소가 첨가되면 Fe^{2+}, Mn^{2+}, H_2S, 유기물 등과 같이 쉽게 산화되는 물질들은 염소와 반응하여 대부분의 염소를 염소이온으로 환원시킨다.

염소는 그림 18.2에서 제시한 것처럼 암모니아와 계속 반응하여 A～B구간에서는 염소가 수중 산화물질과 결합하여 잔류염소량은 소량 내지 거의 없다. 하지만 B～C 사이에서 클로라민을 형성하여 염소와 암모니아의 몰 비율이 1보다 작을 때는 모노클로라민과 디클로라민이 형성될 것이다. 이 두 물질의 생성량은 pH와 온도의 영향을 받는 생성속도에 의해 결정된다. C～D구간에서는 클로라민들 중의 일부는 NCl_3로 변환되고, 나머지 클로라민들은 산화질소(N_2O)나 질소(N_2)로 산화되고 또한 염소는 염소이온으로 환원될 것이다. 이때 염소를 계속 주입하면 대부분의 클로라민들은 파괴점에서 산화될 것이다. 이론적으로 위의 예제문제에서 알 수 있듯이 파괴점에서의 염소와 암모니아성 질소의 무게비는 7.6 : 1이 된다.

파괴점을 지나 염소를 계속 주입하면 D～E구간에서와 같이 유리유효염소(반응하지 않은 차아염소산)가 비례적으로 증가할 것이다. 유리잔류염소를 얻을 때까지 충분히 염소를 주입하는 주된 이유는 그 때에 가서야 비로소 살균작용이 보장되기 때문이다. 어떤 경우에는 분기점 주입에 의한 염소살균 시에 심각한 냄새 문제가 발생되기도 하는데 그 이유는 NCl_3와 그와 관련된 화합물이 생겨나기 때문이다. 염소주입 시 다른 화합물이 있으면 하수 중의 알칼리도와 반응하게 되며, 대부분의 경우에 있어서 pH는 약간 떨어질 것이다. 유기질소와 같이 염소와 반응하는 화합물이 있으면 파괴점 곡선의 모양을 크게 변화시키는 수도 있다. 어느 일정한도의 잔류량에 도달하기 위해서는 첨가되어야 하는 염소의 양을 염소요구량이라고 말한다.

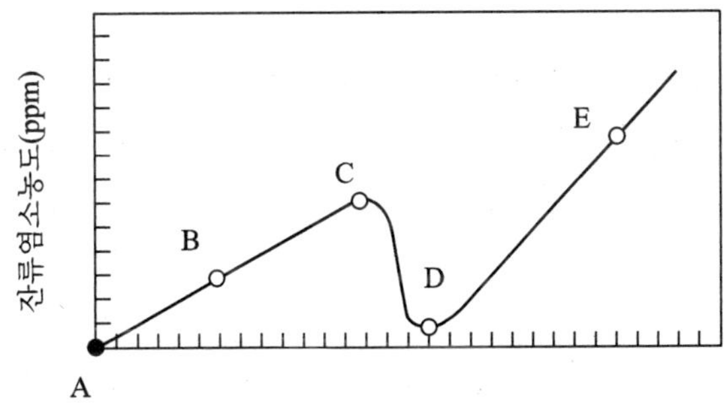

그림 18.2 파괴점 염소처리 중에 나타나는 일반적인 곡선

2) 공기탈기법(Air stripping)

폐・오수 내의 pH를 10～11 이상 유지한 후 NH^{4+}를 NH_3로 변형시켜 air stripping으로 공기와 접촉시켜 제거된다.

폐수 속 NH^{4+}는 pH에서 존재하나 pH 11 이상에서는 NH_3 (가스)로 존재함으로써 이 공정은 유기질소, 아질산성 질소, 질산성 질소에 적용하면 제거효율이 낮다.

이 공정을 선택적 암모니아 제거로 조절할 수 있다. 만약 계절별로 인 제거를 위한 석회 주입과 혼합하면 가장 활용도가 높다. 하지만 동절기에 작동 시 제거 효율이 저하되고 air stripping 탑 내에 탄산칼슘 scale이 형성되어 관리에 번거로움을 더할 수 있다.

이 공정의 개념은 간단하지만 유지, 관리비용이 비싼 단점들이 있다.

$$NH_4^+ + Ca(OH)_2 \text{ (석회)} \longrightarrow NH_3\uparrow + H_2O + CaCO_3$$

3) 선택적 이온교환법(Selective ion exchange)

폐・오수중의 NH^{4+}를 선택적으로 치환시키는 특성이 있는 colume층(zeolite)을 통과시켜 제거한다. 이 공법은 동절기에도 사용가능하며 제거효율 90% 이상이다.

Mg^{2+} < Ca^{2+} < Na^{+} < NH^{4+} < K^{+} 순으로 높은 선택성을 가지고 있기 때문에 생물처리를 거친 하수의 재이용 처리공정 등에 이용되고 있다.

하지만 이온교환은 상당한 전처리의 필요성, 이온교환 매질의 불확실한 수명, 그리고 복잡한 재생과정 때문에 활용이 제한되어 있다.

18.1.2 생물학적 제거방법

1) 질산화(Nitrification)

단백질 함유 폐·오수는 가수분해하여 amino acid가 되고 호기성균인 질산화균에 의해 NH_3-N, NO_2-N, NO_3-N로 되는데 이것을 크게 2단계로 구분하면 NH_3-N이 아질산균에 의해 NO_2-N이 질산균에 의해 NO_3-N이 되어 안정화 된다.

$$\text{단백질} \xrightarrow{\text{가수분해}} \text{아미노산} \xrightarrow{\text{질산화균}} NH_3\text{–}N \xrightarrow{①} NO_2\text{–}N \xrightarrow{②} NO_3\text{–}N$$

① $NH_3 + 3/2\ O_2 \longrightarrow NO_2^{-} + H^{+} + H_2O$: Nitrosomonas

② $NO_2^{-} + 1/2\ O_2 \longrightarrow NO_3^{-}$: Nitrobacter

$$NH_3 + 2\ O_2 \longrightarrow NO_3^{-} + H^{+} + H_2O$$

일반적으로 질산화 반응은 4～45℃에서 이루어지며 최대 질산화율은 25～30℃, DO가 2 mg/L 이상 유지되어야 한다.

표 18.1 질산화 과정 미생물 분류

미생물 분류	최적 환경조건
Nitrosomonas	▪ 최적 pH 7.5～8.5 ▪ 알칼리성 상태에서는 활성이 크지만 pH 6.0 이하에서 성장이 억제됨.
Nitrobacter	▪ 최적 pH 6.0～7.5 ▪ 암모늄이온 존재 하 pH 9.5 이상이면 성장이 억제됨.

2) 탈질화(Denitrification)

질산화 반응의 반대로 NO_3-N이 혐기성균에 의해 NO_2-N → N_2로 환원되는 과정이다.

폐·오수처리에 관여하는 대표적 탈질 미생물은 Pseudomonas, Micrococcus, Bacillus 등이 있다.

$$NO_3^- \xrightarrow{①} NO^-_2 \xrightarrow{②} N^-_2$$

$$① \ 2NO_3^- \longrightarrow 2NO_2^- + O_2$$

$$② \ 2NO_2^- \longrightarrow N_2 + 2O_2$$

$$2NO_3^- \longrightarrow N_2 + 3O_2$$

3) 질산화 공정의 분류

질산화 공정은 탄소산화와 질산화 기능의 분리의 정도에 따라 분류될 수 있다.

탄소산화와 질산화는 단일단계 질산화로 알려진 하나의 반응조에서 일어날 수 있다. 분리단계 질산화에서는 탄소산화와 질산화가 다른 반응조에서 일어난다. 부유성장 또는 부착성장 반응조가 단일단계 또는 분리단계 공정에 사용될 수 있다.

질산화 미생물은 거의 대부분의 호기성 생물학적 처리공정 내에 존재하지만, 대개 그 수는 제한되어 있다. 여러 활성슬러지 공정의 잘산화 능력은 BOD_5/TKN (Total Kjeldahl Nitrogen)의 비와 상관된다.

분리단계 질산화 공정에서 BOD_5/TKN비는 대략 1~3인데, 총 미생물 중 질산화 미생물의 비는 BOD_5/TKN비가 1~0.21이고 BOD_5/TKN비가 3일 때 0.083으로 변화하는 것으로 추정된다. 대부분의 재래식 활성슬러지에서 질산화 미생물의 비율은 따라서 0.083의 값보다 아주 작다. BOD_5/TKN비가 5보다 클 때 그 공정은 탄소산화와 질산화의 혼합공정으로 분류할 수 있으며, 그 비가 3 이하이면 분리단계 질산화 공정으로 분류될 수 있다.

① 단일단계 질산화

질산화는 여러 가지 부유 성장형 활성슬러지 공정들에서 일어날 수 있다. 가장 흔히 사용되는 공정들은 재래식 플러그 흐름식, 완진혼합식, 장기포기식 그리고 산화구의 여러 변법들이다. 질산화를 이루기 위해서는 질산화 미생물의 성장에 적절한 조건을 유지하는 것이다.

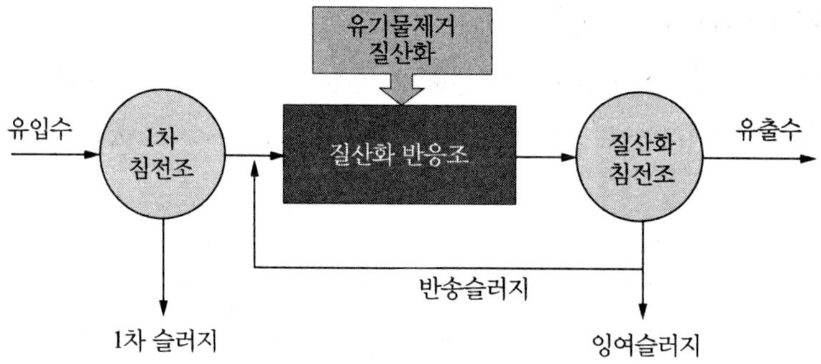

그림 18.3 단일단계 질산화공정

탄소산화와 질산화의 혼합공정에 사용되는 두 가지 부착성장 공정은 살수여상과 회전원판법이다. 부유성장 공정에서와 같이 부착성장 공정에서의 질산화는 운전변수의 조절에 의하여 일어나거나 또는 촉진된다. 질산화는 대개 적용 부하율을 감소시킴으로써 얻을 수 있다.

ⓐ 단일 부유성장

암모니아와 질산염 농도, BOD_5/TKN비, 용존산소 농도, 온도, 그리고 pH 같은 요소가 질산화 과정에 현저한 영향을 미치는 것으로 나타났다.

ⓑ 단일 부착성장

주요한 부착성장공정으로 살수여상과 회전생물막 접촉기(RBC)가 있다. 지금까지 부착성장 공정의 성능을 표현하는데 가장 흔히 쓰이는 것은 부하량이다.

여재를 사용하는 살수여상에서는 높은 유기물 부하에서 생물막이 종속영향 미생물에 의하여 발생되기 때문에 유기물 부하량이 잘산화 효율에 영향을 미친다. 고효율의 질산화를 얻기 위하여 유기물 부하량을 일정 범위로 유지하여야 한다. 플라스틱 충진제를 사용하는 살수여상은 큰 접촉면적을 가지고 다량의 활성미생물이 있기 때문에 높은 질산화율을 얻으면서도 큰 유기물 부하를 적용시킬 수 있다. 플라스틱 여재의 또 다른 좋은 점은 높은 산소 전달율을 가능케 하는 좋은 통기성에 있다. 석재와 플라스틱 여재의 성능비교에 의하면 탄소산화와 질산화 혼합공정에서 표면적이 80% 더 넓은 플라스틱 여재가 단위 부피당 암모니아성 질소를 60% 더 질산화 시킬 수 있다.

회전생물막 접촉기(RBC)에서는 산화될 수 있는 암모니아의 양은 처리장치의 표면적에 달려있다.

RBC공정에서는 용해성 BOD_5의 농도가 15 mg/L 또는 그 이하로 감소되지 않으면 적절한 질산화가 일어나지 않는다.

표 18.2 단일단계 질산화 부유성장과 부착성장 장단점

	부유성장	부착성장
장점	• BOD와 NH_3-N 동시제거 가능	
	• BOD/TKN비가 높아서 안정적인 MLSS운영이 가능	• 여재에 미생물이 부착되어 있어서 안정성이 2차침전과 관계없음.
단점	• 독성물질에 대한 질산화 저해방지 불가능	
	• 온도가 낮을 경우에는 반응조 용적이 매우 크게 소요 • 운전의 안정성은 미생물 반송을 위한 2차 침전조의 운전에 좌우됨.	• 처리수의 암모니아 농도가 약 1~3 mg/L 정도 유출됨.

② 분리단계 질산화

부유성장 및 부착성장 공정들이 분리단계 질산화를 위하여 사용된다. 분리된 반응조에서의 질산화는 공정의 운전성과 신뢰도를 향상시키는데, 각 단계(탄소산화 및 질산화)는 최적 성능을 얻기 위하여 독자적으로 운전된다. 질산화 미생물에 독성을 유발하는 생물학적으로 분해가능한 유기물질들이 탄소산화 단계에서 제거되기 때문에 잠재적인 독성의 영향을 저감시킬 수 있다.

탄소산화 단계에서 유기탄소 제거정도는 질산화공정의 안전성 및 운전에 영향을 끼친다. 질산화 공정으로 유입되는 유입수 내의 유기탄소농도가 낮으면 부착성장 반응조에는 유리할 수 있는데, 그 이유는 폐수 내 유기물 농도가 낮으면 질산화 후 침전의 필요성을 없앨 수 있기 때문이다. 부유성장 질산화 반응조에서는 유입수 내의 낮은 유기탄소 농도가 침전지로부터 유실되는 고형물과 반응조에서 합성되는 고형물 사이에 불균형을 초래할 수 있다. 이 불균형을 제거하기 위하여 흔히 슬러지를 연속 폐기시키거나 또는 질산화 공정 내의 생물학적 고형물의 잔류량을 유지하기 위하여 질산화 반응조 유입수의 BOD를 증가시키기도 한다.

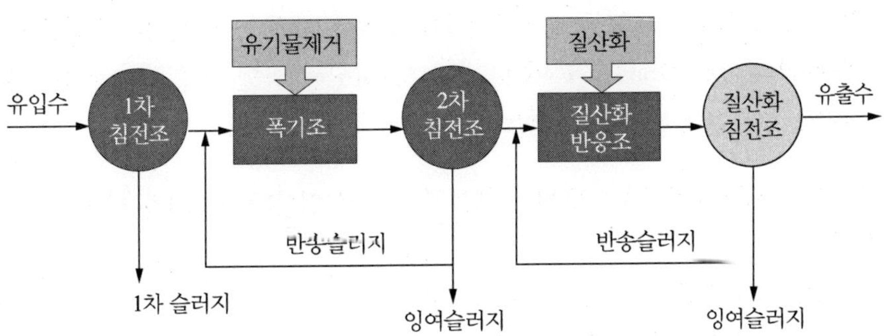

그림 18.4 분리단계 질산화공정

ⓐ 분리 부유성장

분리 단계식 부유성장 질산화 공정은 활성슬러지 공정의 설계와 유사하다. 아주 낮은 암모니아 농도가 요구되는 경우, 완전혼합 단계식 흐름(complexly-mix stage-flow) 또는 관흐름(plug-flow) 반응조가 유리하다. 분리단계 질산화에서는 질산화율 산정에 의한 접근방법이 흔히 쓰인다. MLSS 내의 질산화 미생물의 비율을 조사하기 힘들기 때문에 실험에 의하여 특정된 질산화율을 사용하는 것이 이론치를 사용하는 것보다 더 적합하다. 질산화율은 온도 증가에 따라 증가한다. BOD_5/TKN비는 이 비가 감소함에 따라 질산화율이 증가되므로 중요한 요소이다. MLSS의 pH에 영향을 받으며, 질산화의 최적 pH에서 얼마나 차이가 나는가에 따라서도 영향을 받는다.

ⓑ 분리 부착성장

분리단계 질산화에 흔히 사용되는 부착성장 공정 두 가지는 살수여상과 회전생물막 접촉기(RBC)이다. 충진상 반응조도 사용되지만 실제적용은 아주 적다. 충진상 반응조(packed-bed)는 질산화를 유지하기 위하여 공기 또는 순산소를 반응조 하부에 주입하는 점 외에는 상향류식 모래 여과지와 유사하다.

살수여상은 탄소산화를 위한 부유성장 공정 후 분리단계 질산화에 사용되기도 한다. 가장 흔한 공정으로는 2단 살수여상으로서 1단계는 탄소산화에 사용되고 2단계는 질산화에 이용된다. 플라스틱 여재를 사용하는 탑형 살수여상은 넓은 여재의 표면적 때문에 질산화에 특히 적합하다. 탑형 살수여상에서는 필요하다면 강제 공기 환기장치를 항상 설비하여야 한다.

생물학적 질산화에 사용되는 경우, RBC는 비여과 유입수의 농도 또는 유입수내 용존 TKN농도보다도 유입수의 암모니아 농도를 기준으로 설계한다. 생물학적으로 처리한 유출수의 질산화를 위하여서 이러한 접근방법이 과소설계 문제를 야기하지 않는다. 하지만 탄소산화－질산화 혼합처리에서 이러한 접근방법은 반응조의 질산화 부분에 요구되는 원판 표면적의 과소설계를 야기할 수 있다. '단일단계 탄소산화(single-stage carbon oxidation)' 항목의 RBC에 관한 설계 자료가 질산화단계의 크기를 정하는데 사용될 수 있다.

질소제거를 위한 여러 가지 방법 중에서 생물학적 질산화/탈질화가 다음 이유로 가장 선호된다.

① 잠재적 처리 효율이 높고, ② 공정의 안정성과 신뢰도가 높고, ③ 공정운전이 비교적 쉽고, ④ 토지 소요 면적이 작고, 그리고 ⑤ 비용이 적당하기 때문이다.

표 18.3 분리단계 질산화 부유성장과 부착성장 장단점

<table>
<tr><th></th><th>부유성장</th><th>부착성장</th></tr>
<tr><td rowspan="2">장점</td><td colspan="2">• 독성물질에 대한 질산화 저해방지 가능
• 안전적으로 운전 가능</td></tr>
<tr><td></td><td>• 여재에 미생물이 부착되어 있어서 안정성이 2차 침전과 관계없음.</td></tr>
<tr><td rowspan="2">단점</td><td colspan="2">• 단일단계 반응조에 비해 단위공정이 많이 필요</td></tr>
<tr><td>• 미생물 반송을 위한 2차 침전지의 운전에 따라 운전의 안정성이 좌우</td><td></td></tr>
</table>

18.2 인 제거원리

대부분의 하수에서 비용존성 부분의 인의 대략 10% 정도는 일차침전에 의하여 정상적으로 제거된다. 세포질 내로 흡수되는 양을 제외하고는 재래식 생물학적 처리에서 추가적으로 제거되는 것은 극히 일부인데 왜냐하면 일차침전 후 존재하는 대부분의 인은 용해상태이기 때문이다.

인의 제거는 화학적, 생물학적 그리고 물리적 방법에 의하여 이루어질 수 있다. 철염과 알루미늄염 또는 석회(lime)를 사용하는 화학적 침전이 인 제거에 활용된다. 생물학적 처리방법은 미생물에 자극을 주어 정상적인 세포성장에 필요한 양보다 많은 양의 인을 섭취하게 하는 현상을 이용하고 있다.

최근에 다수의 생물학적 공정들이 화학적 침전의 대체 수단으로 개발되고 있다. 여과는 저농도의 인(1 mg/L as P 이하)이 요구되는 경우 화학적 또는 생물학적 공정과 혼합하여 사용되고 있다.

초여과(utrafiltration) 및 역삼투(reverse osmosis)와 같은 기타 물리적 공정들도 인 제거에 효과적이지만 이들은 주로 용해성 무기 고형물 제거에 사용된다.

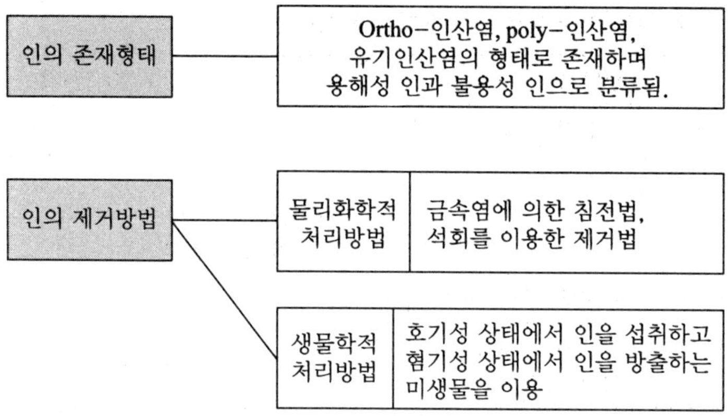

그림 18.5 인 제거방법

18.2.1 물리 · 화학적 제거방법

1) 금속염에 의한 응집침전법

철염 또는 알루미늄염은 처리공정 중의 다양한 장소에서 주입할 수 있지만 폴리 인산염(polyphosphate)과 유기인(organic phosphorus)은 오소인(orthophosphorus)에 비하여 제거가 잘되지 않기 때문에 2차 처리 후 알루미늄염이나 철염을 주입하면 좋은 제거율을 얻을 수 있다.

금속염을 활성슬러지 포기조 내의 미처리 폐수나 2차 침전지 유입수의 수로에 주입할 수 있다. 살수여상에서는 금속염을 미처리 폐수나 여상 유출수에 주입할 수 있다. 여러 지점에서의 동시 주입도 사용된다. 폐수에서 인은 침전, 흡착, 교환 그리고 플럭 형성과 같은 메커니즘의 조합에 의하여 제거되며, 처리공정으로부터 1차 슬러지 혹은 2차 슬러지 또는 두 가지 형태 모두로 제거된다. 이론적으로 $AlPO_4$의 최소 용해도는 pH 6.3에서, 그리고 $FePO_4$는 5.3에서 일어나지만, 실제응용 시 대부분의 생물학적 처리공정의 적용범위인 pH 5.5～7.0의 범위에서도 인 제거율이 양호하다.

$$\begin{bmatrix} Al^{+++} & + & PO_4^{-3} & \rightarrow & AlPO_4 \\ Fe^{+++} & + & PO_4^{-3} & \rightarrow & FePO_4 \end{bmatrix}$$

2) 석회를 이용한 제거법

인 제거 시 석회의 사용은 감소하고 있는데 그 이유는 ① 금속염에 비하여 처리하여야 할 슬러지의 양이 크게 증가하고 ② 석회를 취급, 보관, 주입하는데 따른 운전 및 유지상의 문제 때문이다. 석회를 사용하는 경우 투여량을 결정하는 주요 변수는 요구되는 제거 정도와 폐수의 알칼리도이다. 운전 시 투여량은 현장 실험에 의하여 대개 산출한다. 석회는 전통적으로 1차 침전지의 응집제로서 또는 2차 처리 후 침전에 사용되어 왔다.

석회의 재사용이 약품 비용을 감소시키지만 이는 큰 처리장에서만 가능하다.

금속염법과 마찬가지로 석회를 과인산이온과 반응시켜 침전 제거시키는데 1단계 low lime system에서는 pH 10 이하, 2단계 high lime system에서는 pH 11 이상에서 단계적으로 제거한다.

하지만 석회를 이용한 제거방식은 고가의 처리비용과 다량의 슬러지를 발생시킨다.

$$\left[\ 5Ca^{+++} + 3PO_4^{-3} + OH^- \rightarrow Ca_5(PO_4)_3(OH)\ \right]$$

18.2.2 생물학적 제거방법

인은 생물학적 처리에서 오소 인산염(orthophosphate), 폴리 인산염(polyphosphate) 그리고 미생물 세포 내에 유기물과 결합된 인으로써 제거된다. 총 제거량은 순미생물 생산량에 달려있다. 평균적으로 2차 처리 시 슬러지 폐기에 의하여 제거되는 인의 양은 유입수 내 인의 양의 10～30% 범위이다.

생물학적 인제거의 핵심은 미생물을 혐기성과 호기성 상태에 교대로 노출시키는 것이다. 인은 미생물의 유지, 합성 그리고 에너지 전달에 사용될 뿐 아니라 미생물에 의하여 저장되어 추후 이용된다. 과량의 인을 포함한 슬러지는 폐기되거나 또는 잉여분을 방출하기 위하여 슬러지 흐름을 통하여 제거된다. 혐기성과 호기성 조건에의 교대노출은 주 생물학적 처리공정, 또는 mainstream이나 반송슬러지 흐름 또는 sidestream에서 이루어질 수 있다.

1) Phostrip process

생물학적 처리공정의 반송슬러지의 일부가 혐기성 인용출 탱크로 흘러 들어간다. 인용출 탱크(stripping tank)의 전형적인 체류시간은 8～12시간의 범위이다. Stripping tank에서 용출된 인은 상등수로서 탱크 밖으로 가나고, 인이 거의 없어진 활성슬러지는 포기조로 반송된다. 인 농도가 높은 상등액은 다른 탱크에서 석회나 기타 응집제로 처리되어 1차 침전지로 배출되거나 또는 응결/침전 탱크에서 고액분리 된다. 이 공정에서 제거되는 인은 화학적 침전물의 형태이다.

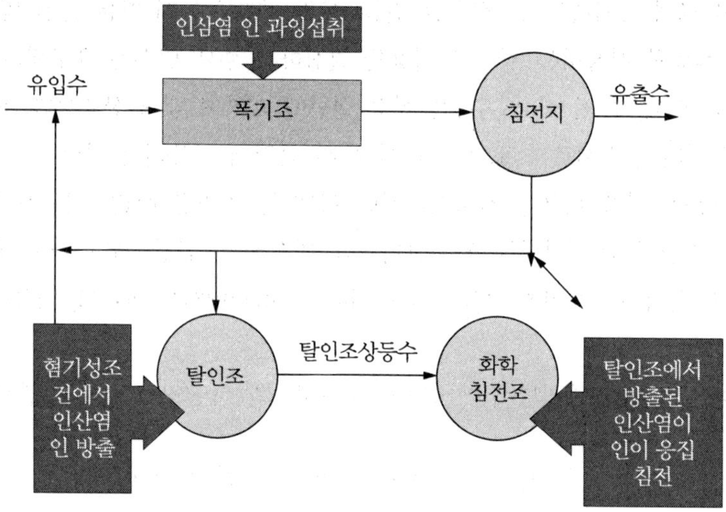

그림 18.6 Phostrip process

2) A/O process

A/O공정은 폐수에서 탄소성 유기물 산화와 인의 혼합제거에 사용된다. 혐기성과 호기성 반응조를 순서로 조합한 단일슬러지 부유성장 처리공정이다. 호기성 단계의 체류시간을 적절히 주어 질산화를 이룰 수도 있다.

반송슬러지는 반응조의 유입수 끝부분으로 반송되어 유입되는 폐수와 혼합된다. 혐기성 조건하에서 폐수와 반송된 미생물 내의 인이 용해성 인산염으로 용출된다. 이 과정에서 일부 BOD의 제거가 일어난다. 이 인은 호기성 지역에서 미생물에 의하여 흡수된다. 인은 폐수 흐름에서 폐활성슬러지로 제거된다. 유출수 내의 인 농도는 인산염의 값이 1 mg/L 또는 그 이하가 가능하다.

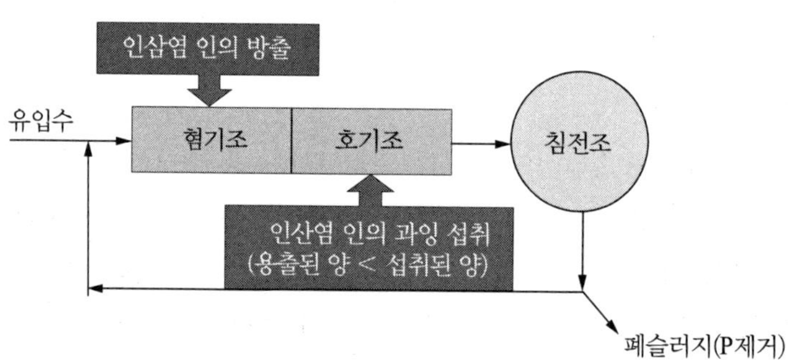

그림 18.7 A/O process

표 18.4 Phostrip & A/O process 장단점

process	장 점	단 점
Phostrip	① 기존 활성슬러지 처리장에 쉽게 적용 가능 ② 공정 운전성이 좋다. ③ Mainstream 화학침전에 비하여 약품 사용량이 훨씬 적다. ④ 유출수 내의 인산염 인의농도를 1.5 mg/L 이하로 안정적으로 가능	① 인 침전을 위하여 석회주입 필요 ② 최종 침전지에서 인 용출 방지를 위하여 MLSS 내 DO를 높게 유지해야 한다. ③ 탈인(Stripping)을 위하여 별도의 반응조 필요 ④ 석회 scale에 의한 유지관리 문제가 있다.
A/O	① 타공법에 비하여 운전이 비교적 간단하다. ② 폐슬러지 내의 인의 함량이 비교적 높고(3~5%) 비료의 가치가 있다. ③ 대부분 수리학적 체류시간이 짧다.	① 질소와 인의 동시 제거가 미비하다. ② 추운 기후의 운전조건에서 성능이 불확실하다. ③ 높은 BOD/P비가 요구된다. ④ 호기성 미생물 체류시간 감소 시 고효율의 산소전달장치가 필요할 수 있다. ⑤ 공정의 운전 유연성이 제한되어 있다.

18.3 질소 & 인 동시 제거원리

여러 가지 생물학적 공정들이 질소와 인의 혼합제거를 위하여 개발되고 있다. 이중 다수는 특허화 되었으며, 또한 활성슬러지 공정의 형태를 활용하지만 질소와 인의 제거를 위하여 혐기성(anaerobic), 무산소성(anoxic), 그리고 호기성(aerobic) 지역이나 반응조를 혼합사용하고 있다. 이들 공정 중 일부는 원래 인 제거를 위하여 개발되어 이후 인과 질소의 혼합제거 장치로 변화되었다. 인과 질소의 혼합제거에 가장 흔히 사용되는 공정들은 A_2/O공정, 5단계 Badenpho공정, UCT공정 그리고 VIP공정이다. 그리고 연속회분식 반응조(SBR)도 질소와 인의 혼합제거에 사용된다.

18.3.1 A_2/O process

A_2/O공정은 A/O공정의 변형으로서 탈질화를 위한 anoxic 지역이 주어진다. Anoxic 지역의 체류시간은 대략 1시간이다. Anoxic 지역에는 용존산소가 없지만 질산염과 아질산염 형

태의 화학적으로 결합된 산소가 호기성 지역으로 질산화 된 MLSS로 반송되어 유입된다. 유출수 내 인의 농도는 유출수 여과 없이 2 mg/L 이하가 기대되며, 유출수 여과 시 유출수 내 인의 농도는 1.5 mg/L 이하이다.

호기성 지역에서 질산화 된 혼합액(NO_3)을 반송하여 N_2 성분을 제거하기 위하여 Anoxic 지역으로 내부반송을 시킨다.

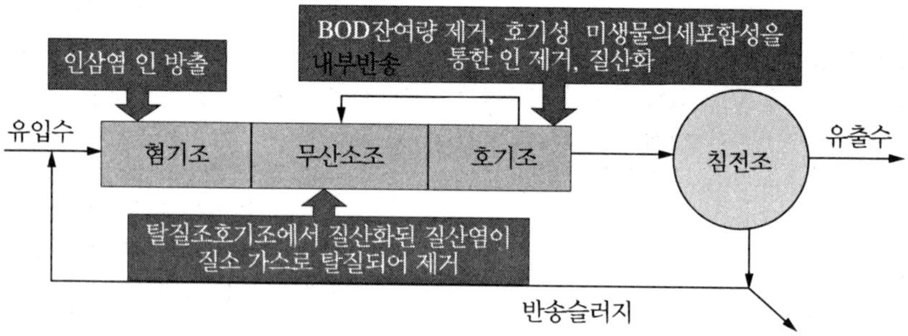

그림 18.8 A2/O process

표 18.5 A_2/O process 장단점

장 점	단 점
① 폐슬러지는 비교적함량이 3～5% 정도로 비교적 높아 비료의 가치가 있다. ② A/O공법에 비하여 무산소조로 구성으로 질산염이 탈질 가능함. ③ 기존 하수처리장의 고도처리 공정으로 적용이 용이	① 추운 기후의 운전 조건에서 성능이 불확실 ② A/O공정에 비하여 복잡 ③ 반송슬러지 내 질산염에 의해 인 방출이 억제되어 인 제거 효율이 감소될 수 있다.

18.3.2 5단계 Bardenpho process

Bardenpho 공정의 Phoredox변법은 인 제거를 위한 5단계(혐기조)가 포함된다. 처리단계 순서와 반송방법은 A_2/O공정과 다르다. 이 5단계 처리공정에서 인, 질소 및 탄소제거를 위하여 혐기성, anoxic, 그리고 호기성 단계가 주어진다. 2번째 anoxic 단계는 여분의 탈질화를 위하여 호기성 단계에서 생산된 질산염을 전자 수용체로 내생 유기탄소를 전자 공여체로 사용한다. 마지막 호기성 단계는 폐수 내 잔류 질소가스를 제거하고 최종 침전지에서 인의 용출을 최소화하기 위하여 사용된다. 첫 번째 호기성 지역의 MLSS는 anoxic 지역으로 반송된다. 이 공정은 A_2O 공정에 비하여 고형물 체류시간이 10～40일 사용하기 때문에 유기성 탄소산화 능력이 증대된다.

- 혐기조 : 인산염 인 방출
- 무산소조 : 1호기조에서 질산화된 혼합액이 반송되어 N_2로 탈질되어 제거
- 호기조 : BOD잔여량제거, 질산화, 인산염 인 과잉 섭취
- 무산소조 : 앞 호기조에서 유입되는 질산염을 탈질시켜 N_2가스로 제거
- 호기조 : 최종 침전지의 인산염 인의 재방출을 막기 위해 DO공급, 종침에서 탈질에 의한 rising현상 방지

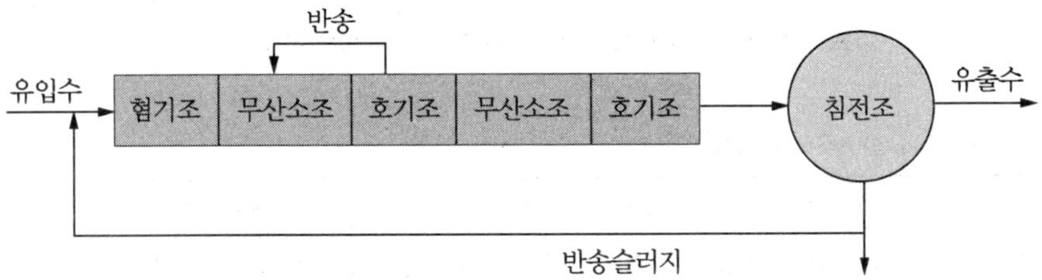

그림 18.9 5단계 Bardenpho process

표 18.6 5단계 Bardenpho process 장단점

장 점	단 점
① A_2/O공법에 비해 긴 체류시간으로 유기물 산화 능력이 큼. ② 폐슬러지는 비교적 인 함량이 높아서 비료 가치가 있다. ③ 다른 공법에 비하여 처리수에 총질소 농도가 낮다. ④ 알칼리도를 공정내로 반송시키므로 화약 약품주입 필요성이 감소되거나 없어진다. ⑤ 다른 인 제거 공법에 비하여 슬러지 생산이 적다.	① 다량의 내부 순환이 펌프에너지와 유지관리를 증가시킨다. ② 약품 주입 필요성이 불확실하다. ③ A_2/O공법에 비하여 더 큰 반응조 체적이 필요하다. ④ 일차침전이 질소와 인을 제거하기 위한 공정의 능력을 저감시킨다. ⑤ 높은 BOD/P비가 필요하다.

18.3.3 University of Cape-Town (UCT) process

University of Cape-Town에서 개발된 UCT공정은 두 가지 점을 제외하고 A_2/O공정과 유사하다. 반송활성슬러지는 호기성 지역 대신 anoxic지역으로 재순환되며, 내부순환이 anoxic 단계에서 혐기성 단계로 된다. 활성슬러지를 anoxic단계로 재순환시킴으로써, 혐기성 지역으로의 질산염의 유입이 제거되고, 이에 따라 혐기성 지역에서 인의 용출이 증대된다. 내부순환이 혐기성 지역에서 유기물 제거를 증가시킨다. Anoxic 단계의 MLSS는 상당량의 용해성 BOD를 함유하지만 질산염은 거의 없다. Anoxic MLSS의 반송이 혐기성 지역에서 발효에

의한 제거의 최적 조건을 제공한다.

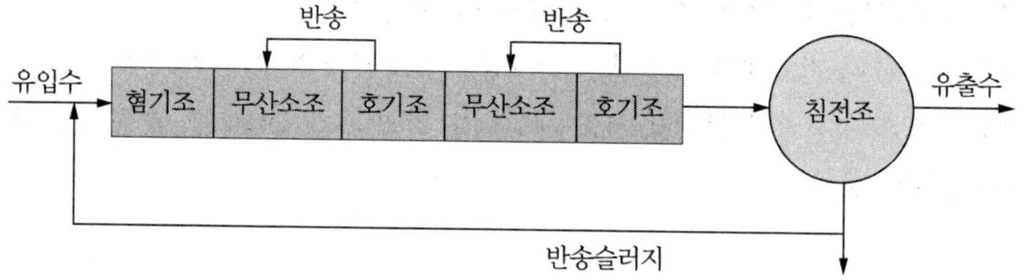

그림 18.10 University of Cape-Town (UCT) process

표 18.7 UCT process 장단점

장 점	단 점
① 반송슬러지가 무산소조로 반송되어 혐기조에 질산염이 유입되지 않아 인 방출이 효과적이다. ② Bardenpho공법에 비하여 반응조의 용적이 약간 적다.	① 내부순환에 사용되는 펌프가 많아 유지 관리비가 많고 운전이 복잡하다. ② 다량의 내부순환이 펌프에너지와 유지관리를 증가시킨다. ③ 높은 BOD/P비가 필요하다.

18.3.4 Virginia Initiative Plant (VIP) process

미국 Virginia Initiative주 Norfolk의 Virginia Initiative Plant의 첫 문자로 명시된 공정으로 재순환 방법을 제외하고는 A_2/O와 UCT공정과 유사하다.

호기성 지역으로부터 질산화 된 재순환수는 반송 활성슬러지와 함께 anoxic 지역의 입구로 배출된다. Anoxic지역의 MLSS는 혐기성 지역 앞쪽 끝으로 반송된다. 공정 유입수 내의 일부 유기물은 혐기성 지역에서 혐기성 분해에 의하여 분해되어, 공정의 산소 요구량을 더 감소시키는 것으로 나타났다.

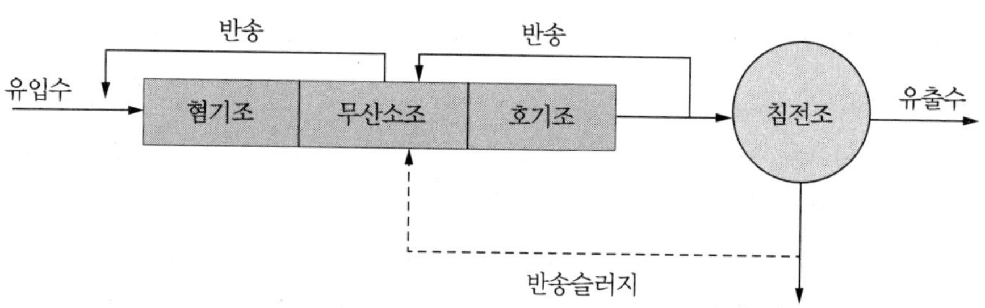

그림 18.11 Virginia Initiative Plant (VIP) process

표 18.8 VIP process 장단점

장 점	단 점
① 무산소 지역으로 질산염 반송이 산소 요구량과 알칼리도 소모량을 감소시킨다. ② A_2/O공법, UCT공법보다 처리효율이 안정적이며, 반응조 크기가 작아 경제적이다. ③ 연중 인제거와 계절별 질소 제거에 적용가능하다.	① 내부순환을 위한 펌프사용량이 많아 유지관리비가 높고 운전이 복잡하다. ② 저온이 질소제거 능력을 감소시킨다.

18.3.5 Sequencing Batch Reactor (SBR) process

본 공정은 탄소성 유기물 산화, 질소 제거 및 인 제거를 하기 위한 어떠한 조합으로든 운전할 수 있다. 이러한 성분들의 제거를 위하여 반응조의 운전을 변화시켜 약품을 주입하거나 또는 주입 하지 않거나 변경이 가능하다.

인은 응집제 주입에 의하여 또는 응집제 주입 없이 생물학적으로 제거가 가능하다. 그림 18.12에서와 같이 반응기에서 인의 용출과 BOD제거는 혐기성 교반 단계에서 일어나고, 호기성 교반 과정에서 인이 제거된다. 그리고 반응시간을 조정하면서 질산화 또는 질소제거가 가능하다.

전체 운전시간은 3～24시간까지 변화가 가능하며 anoxic 단계에서 외부 탄소원이나 기존 미생물의 내생호흡에 의한 탄소원이 탈질화를 유지하기 위하여 필요하다.

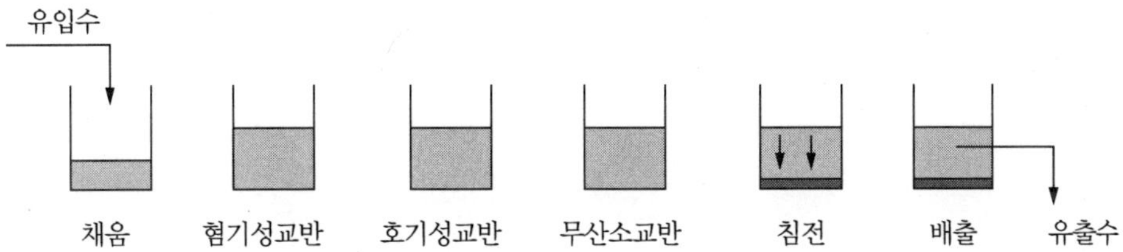

그림 18.12 Sequencing Batch Reactor (SBR) process

표 18.9 SBR process 장단점

장 점	단 점
① 유기물 제거율이 높다. ② 반응조 조건을 조절함에 의해 질소, 인 제거 가능 ③ 운전이 간단하다. ④ 운전 방식 변경이 용이하다. ⑤ 별도의 2차 침전지 및 슬러지 반송설비 불필요 (동력 및 배관이 절감) ⑥ 충격부하 강하다.	① 소규모 유량에 적합하다. ② 연속적으로 유입되는 폐수처리에 제한적이다. ③ 여분의 반응조가 필요하다. ④ 처리 수질을 신뢰성 있는 상등액 제거설비에 달려있다.

19 막분리 공정 운전하기

선택적 투과성을 가지고 있는 분리막(membrane)을 이용하여 특정 제거대상 물질을 분리하는 공정을 막분리 공정이라고 한다.

수중의 불순물을 제거하는 방법은 분리입경 또는 분획분자량이 큰 순서로 정밀여과, 한외여과, 나노여과 및 역삼투법이 있다.

이 모든 방법은 압력차를 이용하여 막에 물을 통과시킴으로써 수중의 불순물을 분리, 제거하는 방법이다.

그러나 입경이나 분자량에 의한 각각 막의 경계구분은 명확하지 않다. 막을 사용하려면 원리적으로 막의 분리입경 또는 분획분자량보다 큰 불순물은 모두 제거할 수 있으나 한 종류의 막으로 모든 불순물을 제거할 수 없으므로 제거대상 물질에 따라 막을 나누어 사용할 필요가 있다.

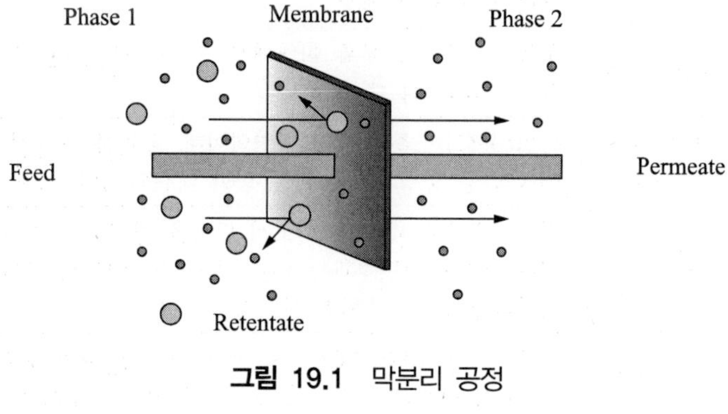

그림 19.1 막분리 공정

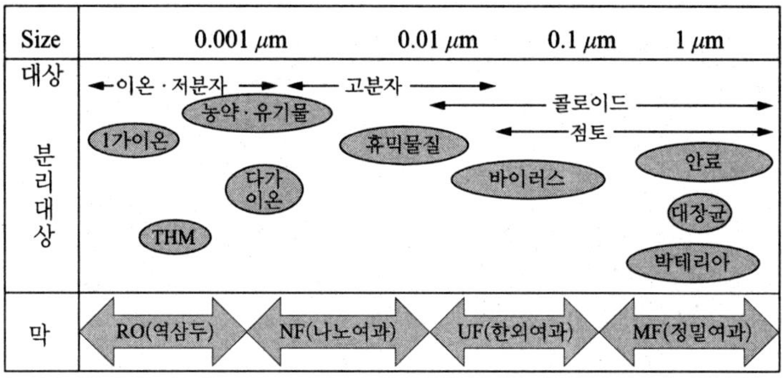

그림 19.2 막여과 분류 및 대상물질

막의 분리 기능은 다음과 같다.

- 분리 · 농축 : 분리막 여과의 기본적인 특징은 상변화 없이 응집제 등 약품 첨가 없이 고/액 분리, 액/액 분리 및 가스 분리 가능
- 분획 : 분획은 용질 혹은 미립자를 분자량이나 크기에 대응해서 개별적으로 분리하는 것
- 격리 : 분리막에서의 격리는 다른 성질의 액체 혹은 물질이 막 사이에서 양자가 혼합되지 않게 분리상태에 있는 것
- 고정 · 흡착 : UF막과 MF막은 비교적 큰 세공경의 내표면에서 막의 분리와 흡착을 동시에 행한다.

표 19.1 막의 응용분야

분야	세부분야	내 용
수처리	가정용	정수기나 연수기 등 음료용이나 생활용으로 주로 사용
	상하수처리	상하수 처리장에 멤브레인 방식이 병원성 세균 등의 처리 능력이 뛰어나 적용 확대 예상
	해수담수화	중동지역 등 물 부족 지역에서 멤브레인을 이용 해수의 나트륨 등 염분을 제거하는데 적용
전기, 전자	반도체, 디스플레이	주된 용도는 초순수 제조 영역이며, 클린룸 공정에 필요한 세정수, 에칭액 등 공정의 사용되는 화학 약품의 정제 등에 사용
에너지	저장 (2차 전지)	리튬이온전지 세퍼레이터로서 단락을 방지하고 리튬 이온만 선택적이며 가역적으로 투과시키는 기능을 함, 안전성 강화를 위해 표면에 세라믹 코팅 등 후처리
	차세대발전	연료전지(PEMFC, SOFC 등)에 수소 이온 이동을 위한 멤브레인에서 사용, 대표적인 것으로 고분자와 세라믹 소재 멤브레인이 해당

	플랜트	원자력 등 발전 설비의 냉각수는 초고순수를 필요
헬스케어	제약	의약품 정제, 수액, 주사제 등 제조 공정, 약물 전달, 진단 테스트, 피부 부착 금연보조제, 콘택트렌즈 등에 사용
	의료기구	인공신장 등 인공장기의 역할로 혈액 투석 기능, 각종 의료처리용 제품에 사용
석유, 화학	화학공정	클로로-알칼리(CA) 등 석유화학 공정에서 나오는 화학 약품이나 유기 용제의 정제와 포토레지스트(PR) 등 기능성 수지 제조 공정에서도 사용
	가스분리	석유화학 공정에서 발생하는 가스 분리, 바이오연료의 분리, 질소, 아르곤 등 고순도 가스 제조에 사용
생활	식음료	와인, 맥주, 청량음료 등의 역과, 과즙의 농축정제, 조미료 탈색, 단백질의 농축정제 등에 사용
	섬유	우주탐사용 제품에서부터 개인용 의류, 등산용품 등

표 19.2 막의 분류

분리 성능에 따른 분류		
정밀여과막	한외여과막	
나노여과막	역삼투막	
이온교환막	전기투석막	
기체분리막	혈액투석막	
막모듈 형태에 따른 분류		
중공사형 모듈	스파이럴형 모듈	
평막형 모듈	튜블러형 모듈	
재질에 따른 분류		
고분자막 (유기막)	폴리아미드(PA), 폴리에틸렌(PE),폴리프로필렌(PP), 폴리비닐리덴 플루오라이드(PVDF), 폴리술폰(PSF), 셀룰로오스아세테이트(CA), 테플론(PTFE) 등	
무기막	세라믹막(알루미나, 지르코니아, 타이타니아 등)	
금속막	스테인리스, 니켈, 팔라듐, 은, 백금, 금 등	
성질에 따른 분류		
생체막과 합성막(인공막)	균질막과 불균질막	다공성과 비다공성막
유기막과 무기마	대칭성막과 비대칭성막	친수성과 소수성막
단일막과 복합막		

19.1 정밀여과(Micro Filteration Membrane, MF)

MF막은 다른 분리막 공정보다 높은 투과플럭스를 가지며, 재래식 응집침전 여과와 비교할 때 투과수질이 좋다. 높은 투과플럭스, 용이한 세척, 적용의 유연성 및 경제성 등으로 적용 범위가 넓다. 하지만 다른 분리막과 비교할 때 다른 분리막에 비해 크기 때문에 공극 안으로 콜로이드가 들어가 내부 폐색을 일으킬 우려가 높다. 식품산업, 화학공업, 제약산업 등 다양한 분야에 적용 가능하고, 해수담수화 전처리 및 막여과 정수처리공정에 적합하다.

그림 19.3 정밀여과막 (MF)

19.2 한외여과(Ultra Filteration Membrane, UF)

UF는 반투막을 이용하여 저분자와 고분자 물질을 분리하는 방법으로 주로 물에 용해된 고분자의 농축과 정제에 이용되고 있다. 한외여과막은 주로 0.001 ~ 0.1μm 정도의 pore size를 가지며 1 ~ 10 kg/cm^{2}의 압력을 구동력으로 하여 분리가 이루어진다. 한외여과 막은 일반적으로 이방성구조로 되어 있는데 선택분리기능을 가진 표면활성층과 이를 지지하는 다공성 지지층으로 구성되어 있는데 표면활성층의 두께는 0.1 ~ 0.5μm이고 20 ~ 200 Å 정도의 미세

공을 가지고 있어 최소의 에너지로 수용액을 가압여과하는 것에 의해 물 및 저분자물질과 단백질, 효소 등 고분자 물질이나 콜로이드 물질을 분리할 수 있다.

UF막은 세척을 통하여 여러 번 사용이 가능하다. 그리고 현미경으로 관찰해도 그 세공을 볼 수 없는 것이 MF와 다른 점이다.

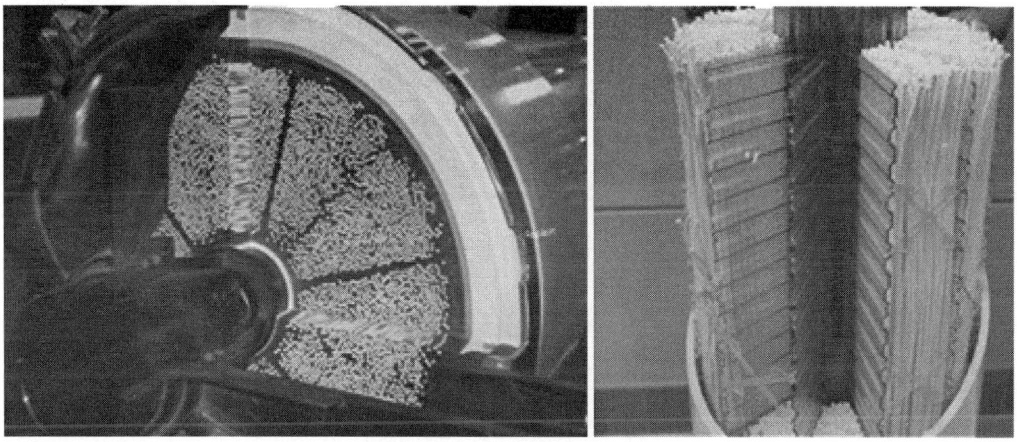

그림 19.4 한외여과막 (UF)

19.3 나노여과(Nano Filteration Membrane, NF)

NF막은 주로 계면활성제에 의한 복합 막으로 폴리아미드, 술폰화폴리술폰 등을 소재로 하며 역삼투막(RO)과 한외여과막(UF)의 중간적인 특성을 지니고 있다. 분리원리는 주로 RO막과 같은 용액의 확산을 이용하는 것이지만 분획분자량(Molecular Weight of Cut-Off, MWCO)은 RO막과 UF막의 중간적 특성을 가지고 있으며, 주로 2가 이온이나 저분자 물질이 분리대상이다. RO막에 비해서 낮은 압력에서도 높은 막투과 유속을 얻을 수 있다. NF이란 명칭은 해수의 담수화에 사용되는 RO와 구분하기 위해서 명명되었다.

NF막은 이온이나 저분자량(유기물, 농약, 맛/냄새물질, 합성세제, 칼슘이온, 마그네슘이온, 황산이온, 질산성질소 등) 물질을 제거하는 목적으로 사용된다. 일부 염을 저지하며, 유기물에 대해서는 분자량 200~500 정도의 분획분자량을 가진다. 그리고 조작압력이 높아 경제성이 떨어지며 스케일을 유발시키는 이온 물질을 제거하기 위한 전처리 등에 연구되고 있다.

그림 19.5 나노여과막(NF)

19.4 역삼투(Reverse Osmosis, RO)

RO (역삼투막)은 반투막에 의하여 용액과 용매가 격리되어 있을 때 열역학적 이론에 의거하여 용매가 용액 쪽으로 정삼투압 현상을 일으킨다. 이때 용액 쪽에 정삼투압보다 더 큰 압력을 작용하면 삼투압 방향이 역으로 되어 용액 쪽으로 용매가 반투막을 투과하여 용액은 농축되고 용매가 분리된다. 이러한 원리에 의하여 용액 중의 임의의 물질을 분리, 농축 및 분류하는 조작을 역삼투막법이라 한다.

역삼투 공정은 보통 10~100기압 정도의 압력구배를 이용하여 각종 염이나 유기물질들을 제거하는 공정이다. 역삼투 공정에서는 분자수준의 초미립 분리가 이루어진다. 역삼투 공정의 주된 적용범위로는 이온상태의 물질까지도 분리할 수 있어 주로 해수 및 염수의 담수화가 있고, 펄프 폐액 정화, 도금폐수 처리 등 반도체 및 전자산업분야에서 필수적인 초순수 제조에도 많이 사용되고 있다.

반투막의 분리크기와 비교하면 분리대상으로 하고 있는 물분자의 크기는 2 Å 정도이고, 식염이온의 크기는 4 Å 정도로 알려져 있다.

그림 19.6 역삼투 여과막(RO)

역삼투 공정의 유체역학적 해석으로 설계하는데 가장 기추는 membrane flux이다. Flux의 개념은 매우 간단하지만 설비 공급자들은 서로 다르게 이에 접근한다. 여과 흐름방향, 역세정에 소요되는 시간, 역세정을 위해 소요되는 여과수 등이 다르기 때문에 flux를 높이는 방법으로 계산되거나 flux를 낮추는 중요하지 않는 설계는 제거한다. 대부분의 연구자들과 설계자들은 연속성을 높이기 위하여 flux계산 시 유입수 방면의 막 면적과 순간 유출유량을 근거하여 계산한다.

약간의 flux 변화에도 여과 지속시간에 중대한 저감을 일으키는 한계 flux (critical flux)가 있으며 안정적인 운영을 위해서 막 설비는 한계 flux 아래에서 운전되어야 한다. MF/UF막의 유효 수명은 역세 및 화학세정 공정뿐만 아니라 막 재질에 연관되며 일반적으로 유기막의 경우 5년, 무기막의 경우 15년 정도로 본다. 화학적 요인에 의한 파손은 MF/UF막 관점에서 매우 중요한 관점이며 막 수명에 영향을 미친다. 화학적 요인에 의한 막 파손은 유입수온, pH, 산화제 또는 수처리 폴리머가 막 재질에 적합하지 않을 때 일어난다. 막 여과유속과 다른 설계인자 및 운전인자 등과의 관계는 다음과 같다.

① 유속이 클수록 필요한 막 면적은 작아도 되며 막의 원가는 줄어들며 설치공간도 줄어든다.

② 유속을 크게 해서 운전하는 경우는 운전압력은 높아지고 막차압의 상등도 빨라지며 약품세정의 빈도도 높아진다.

③ 유속이 작을수록 막 면적, 막의 원가, 설치공간은 커진다.

④ 유속을 작게 해서 운전을 할 경우에는 운전압력은 상당히 작고 막차압의 상승도 서서히 일어나며 약품세정빈도도 줄어든다.

⑤ 유속은 수온에 큰 영향을 받는다. 수온이 낮아지면 점성저항이 높아지므로 막 세공을

물이 통과하기 어려워지고 유속은 저하된다.

역삼투공정의 요구 막면적 설계인자로 다음과 같다.

$$A\ (\mathrm{m}^2) = \frac{\text{처리수 생산량}\ (\mathrm{m}^3/\mathrm{day})}{\text{처리수의 flux}\ (\mathrm{m}^3/\mathrm{m}^2 \cdot \mathrm{day})}$$

$$\text{처리수의 flux} = K(\Delta P - \Delta R)$$

여기서, K : 물질전달계수(L/day · m^2) (kPa)

ΔP : 유입 · 유출수의 압력차(kPa)

ΔR : 유입 · 유출수의 삼투압차(kPa)

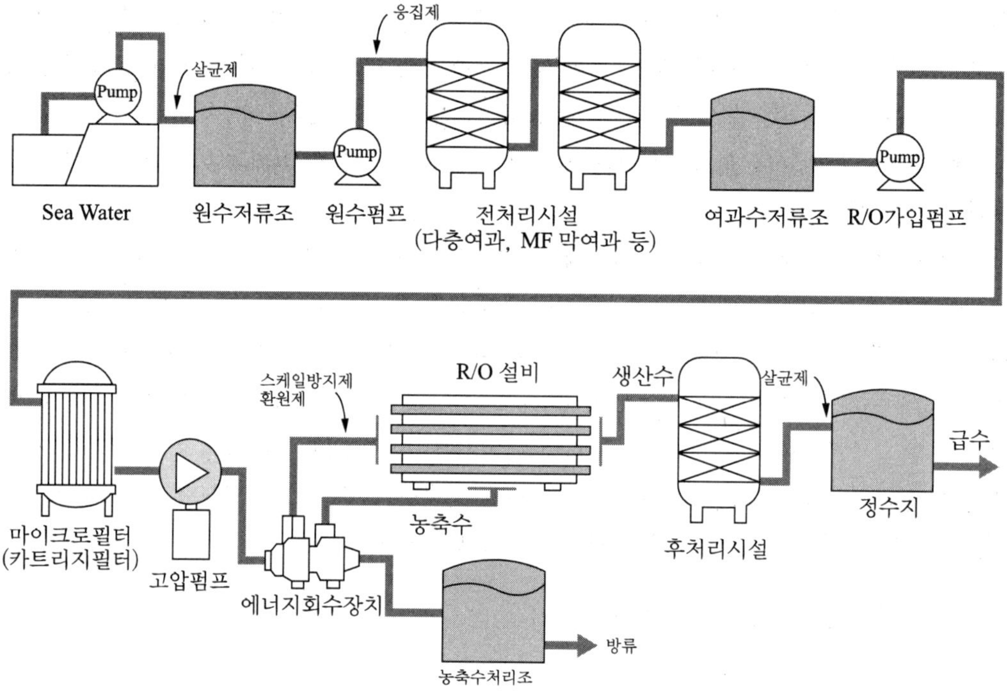

그림 19.7 역삼투 담수화시설 계통도

19.5 막 모듈 형태에 따른 종류

막 모듈에는 중공사형, 스파이럴형, 평막형, 튜블러형 등이 있다.

막 모듈의 제조공정에는 제막공정과 모듈화공정의 2가지 공정이 있고, 각각 완전히 다른 기술로부터 성립되었다.

유기막은 제막공정이 고분자화학을 기초로 하여 성립되지만, 모듈화 공정은 접착기술이 중심이 된다.

따라서 기능성과 경제성을 모두 고려하여 막 모듈을 개발해야 한다. 고성능의 막을 제조하는 것이 가능하더라도 모듈화가 곤란하다면 실용성이 낮은 막 모듈이 될 가능성이 있기 때문이다.

1) 중공사막

중공사막은 중공 형태의 구조를 한 막으로, 중공사막의 외측에서 내측으로 여과되는 외압식과 내측에서 외측으로 여과되는 내압식이 있다.

중공사막은 지지층이 2개의 층으로 나누어지는데 스킨층 뿐만 아니라 지지층도 여러 가지 형태의 구조를 가지고 있다.

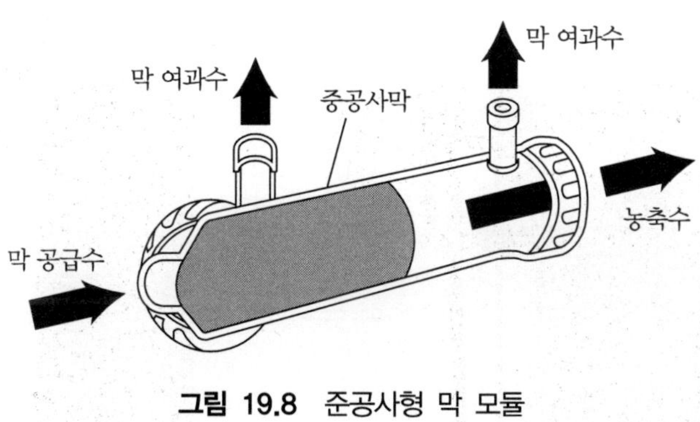

그림 19.8 준공사형 막 모듈

2) 스파이럴

스파이럴형 모듈은 평막을 봉투 상태로 접합해서 김밥 모양으로 감아 넣은 막 모듈이다.

스파이럴형 모듈은 원수유로에 난류효과 촉진을 위한 스페이서가 4개 들어있다. 그래서 SS가 약간 축적되기 쉽고, 제탁 용도로 사용하려면 전처리 공정이 필요하다. 다만, 막 여과 대상액이 막에 어느 정도 파우링을 일으키는지를 추정하는 지표 중 하나인 파우링 인덱스

값으로 대표되는 막 폐색 지표값 내에 있다면, NF막이나 RO막 모듈을 이용할 수 있다.

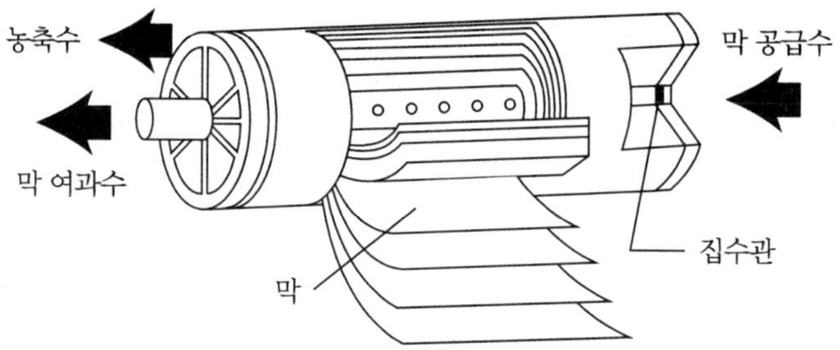

그림 19.9 스파이럴형 모듈

3) 평막

평막은 2장의 시트 형상의 막을 조합한 것이고 지지체에 시트 형상의 막을 붙인 형태로, 직접 시트 형상의 막끼리 조합한 것이다.

평막에는 고정식과 회전체에 평막을 붙여 회전평막으로 사용하는 것이 있다.

플레이트 & 프레임형의 평막은 예전부터 사용하고 있는 모듈 형식으로 예전부터 유업 등의 용도에 많이 이용되었다. 플레이트 & 프레임형이나 후술하는 튜블러형은 어느 정도 전처리가 되었어도 그대로 처리 가능한 장점이 있다.

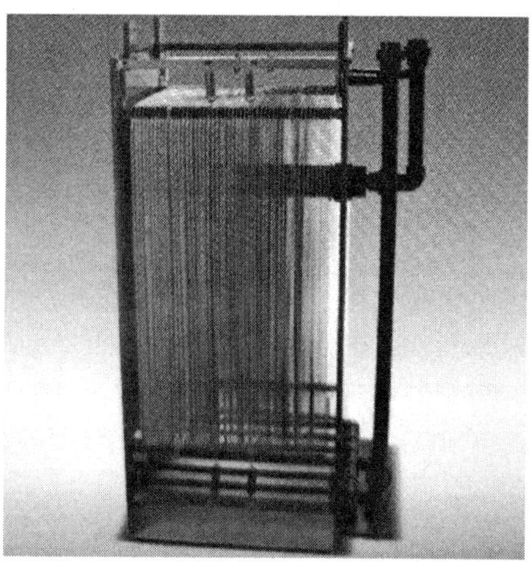

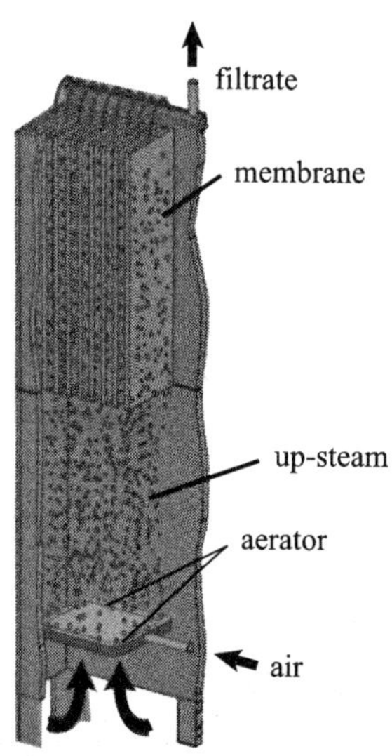

그림 19.10 평막형 모듈

4) 튜블러

튜블러 막은 원수 유로가 10~15 mm로 크기 때문에 현탁물질을 직접 여과시켜도 폐색이 어려운 것이 특징이다.

UF막, RO막 함께 모듈화 되어 있지만, 비교적 높은 압력이 요구되므로 공간 효율이 그다지 높지 않다.

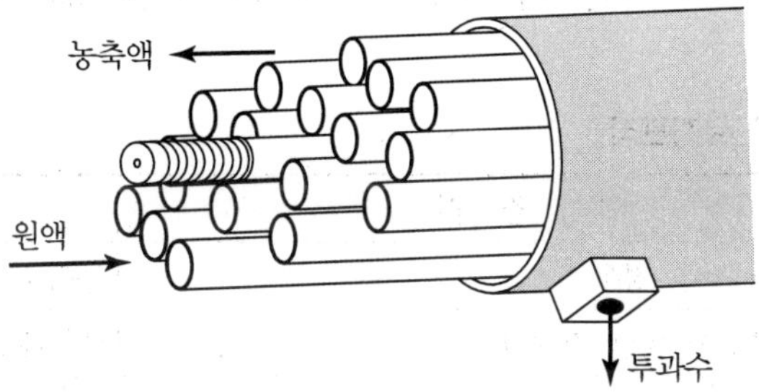

그림 19.11 튜블러형 막 모듈

표 19.3 막 모듈 형태에 따른 분류

구분	중공사막	평막	스파이럴	튜블러
용적효율	대	중	대	소
세정성	양호	양호	어렵다	양호
역세정성	가능	불가능	불가능	불가능
유로 폐색성	낮다	낮다	높다	낮다
막 교환 작업성	양호	어렵다	양호	어렵다

19.6 막분리공정 운전 및 유지관리

멤브레인은 유지관리가 잘 되어도 운전과 더불어 성능은 조금씩 저하된다. 특히 베셀 앞부분(유입측)의 멤브레인은 콜로이드 성분에 의한 눈막힘 형상이 크고, 뒷부분의 멤브레인은 고농도염의 석출로 스케일 생성에 의한 성능 저하발생 빈도가 높다.

일반적으로 사용기간은 3～5년이며, 경우에 따라 막을 1년에 20～30% 정도씩 교환한다.

표 19.4 막분리 공정 유지관리

<table>
<tr><th>현 상</th><th>원 인</th><th>대 책</th></tr>
<tr><td rowspan="3">투과수량 저하</td><td>압력이 낮은 경우</td><td>농축수 밸브 조정(압력 조정)</td></tr>
<tr><td>무기물질에 의한 스케일 발생</td><td>멤브레인 세정</td></tr>
<tr><td>전처리 불량</td><td>전처리 역세 및 탁도 확인</td></tr>
<tr><td rowspan="5">염제거율 저하
(전도도 상승)</td><td>컨넥터 O링 파손</td><td>컨넥터 O링 교환</td></tr>
<tr><td>압력이 낮을 경우</td><td>농축수 밸브 조정(압력 조정)</td></tr>
<tr><td>멤브레인이 오염 또는 노화되었을 경우</td><td>멤브레인 세정 또는 교환</td></tr>
<tr><td>고수온 또는 유리염소 등에 의한 멤브레인 산화</td><td rowspan="2">멤브레인 교환</td></tr>
<tr><td>생물학적 영향이나 유기물에 의한 멤브레인 손상</td></tr>
<tr><td rowspan="3">투과수량 증가
(전도도 상승)</td><td>컨넥터 O링 파손</td><td>컨넥터 O링 교환</td></tr>
<tr><td>압력이 높은 경우</td><td>농축수 밸브 조정(압력 조정)</td></tr>
<tr><td>고수온 또는 유리염소 등에 의한 멤브레인 산화</td><td>멤브레인 교환</td></tr>
</table>

19.6.1 멤브레인 교환시기

멤브레인은 표 19.4와 같은 원인에 의하여 교환시기를 잘 판단해야 한다.

염소 등의 산화제에 의한 산화로 수질기준을 초과하는 경우, 보통 생산수의 수량 및 수질의 감시를 컴퓨터로 관리하고 세정 및 교환 시기의 판단을 위한 기준치를 미리 설정한다.

그리고 모듈 중 어느 엘레멘트가 수질이 악화되어 있는가를 전용의 측정도구를 사용하여 간단하면서 정확히 측정이 가능해야 한다.

표면 해수를 담수화하는 경우 연간 20～30%를 교체하는 것이 필요하며, 즉 멤브레인 수명을 3～4년으로 산정한다.

특정 이유 없이 멤브레인 교체 후 일부 베셀에서 수질이 초과하는 경우 모듈베셀 커넥터

교체가 필요한 경우도 있다.

19.6.2 막 열화와 파울링

막분리 수처리 시설을 연속 운전하면 막의 성능이 악화되고 막오염(fouling)이 발생하고 장기간 사용 시 기능이 저하되며, 약품 등에 의한 손상에 의한 막의 성능 악화는 불가역적으로 노화로 회복이 불가능하게 된다(막의 열화).

일정기간 사용 후 수질이 저하, 차압 증가, 수량 감소 등이 발생하는 경우 막오염에 의한 경우가 많으며 약품 세정이 이뤄지는데 화학 세정 후에 일정 어느 정도 막 성능이 회복 가능하다.

해수 담수화의 경우 오염물질은 해수 중의 용해성 염류 외에 미생물, 점토성 물질 및 콜로이드성 물질 등이 있으며, 칼슘과 마그네슘에 의한 스케일 및 미생물 번식으로 인한 막의 오염이 있다.

파울링(fouling)은 원수 중에 존재하는 용해물질이나, 현탁물질이 막표면에 생성되는 cake층, Gel층 등의 부착층 형성에 의하여 여과 저항의 표면 세공에의 흡착 및 석출에 의한 막힘이 생긴 것이다.

해수 담수화의 경우 fouling은 막 표면에서 형성되어 flux를 감소시키며, 농도 분극을 심화시켜 염 누출량을 증가시킨다.

Fouling은 외적 요인에 의해 생긴 막 성능 저하로 화학적 세정에 의해 성능 회복이 가능하다. 그리고 친수성 막에 적게 생기므로 소수성 막인 MF막이나 UF막을 코팅으로 친수화하여 사용하면 파울링 현상에 도움이 된다.

그림 19.12 사용 후 RO 멤브레인 전후 단

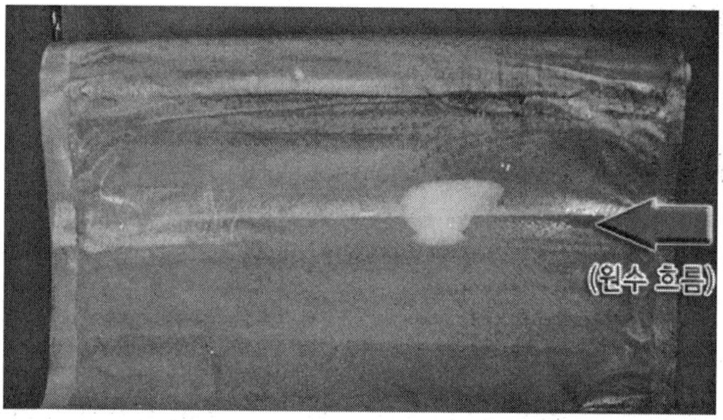

그림 19.13 사용 후 RO 멤브레인 내부

19.6.3 막 세정

막이 오염됐을 경우 오염물을 제거하는 정확한 방법은 없으나, 막오염의 예방에는 철저한 전처리 및 관리로 억제가 가능하며 일반적으로 원수의 조성에 따라 막오염 물질의 성분이 다르기 때문에 적당한 방법을 선택하여 세정한다.

막의 세정방법에는 크게 물리적 세정(flushing)과 화학적 세정(CIP)이 있다.

1) 물리적 세정(Flushing)

① 플러싱은 저압, 고유량의 공급수를 막면에 흘려 막면 위의 오염물질을 씻어내는 세정 방법이다.

② 막 교체 시 또는 시스템 상에서 발생된 고형물이 막 표면에 부착시 제거 가능한 일시적인 세정 방법이다.

③ 세정원수는 이물질이 없는 전처리 된 역삼투막 공급 원수나 투과수를 사용하는 것이 좋다.

2) 화학약품에 의한 세정(CIP)

① 세정 시기 판단

- 화학세정 시기는 염분 저지율이나 투과수량이 초기치와 10~15% 정도 변화 시 및 압력손실이 1.5배 이상 상승 시
- 세정시간은 1~3시간의 순환세정을 기본으로 하며 오염이 심한 경우에는 10~15시간 침전한 후 순환세정 실시

- 세정은 막오염이 진행된 이후에 하는 것 보다 오염 초기단계에 하는 편이 막투과 능력 유지에 유리하다.

② 세정방식 선정

- 세정방식 선정은 막의 오염상태, 막의 재질, 막오염 물질의 종류(유기물, 무기물, 철, 망간 등) 등에 따라 다름
- 이러한 정보는 원수 수질 자료에서 추정한다.
- 약품세정 방식에는 on-line 방식과 off-line 방식이 있다.
- On-line 방식 : 여과 라인의 밸브를 조작하여 막모듈 내에 약품을 순환시키는 방식
- Off-line 방식 : 막여과 설비로부터 막모듈을 별도로 분리시켜 담그는 방식
- On-line 방식의 경우 고압부 연결 배관은 신중을 기해야 한다.
- 세정 후 폐 세정액은 pH 및 COD를 고려하여 배출하여야 하며 가급적 폐액 처리시설의 설치를 고려하여야 한다.

③ 세정 약품 선정

- 약품에 의한 막 오염 물질 제거는 막면에서 탈리, 용해, 분해작용에 의해 제거
- 무기물 제거 : 황산, 염산, 구연산 등의 산 세정제 사용
- 유기물 제거 : 가성소다, 차아염소산나트륨 등의 알칼리 세정제 사용
- 철, 망간 산화물 : 구연산 등의 단독 또는 조합하여 사용
- 소규모의 경우 유 · 무기물 약품을 구입 후 제조하여 사용하기보다 완제품의 산 · 알칼리 세정제가 편리
- 약품 선정은 막의 재질에 따라 신중을 기해야 한다. 특히 고분자막은 약품에 의한 막 재질 악화 쉽다.

④ 세정 순서

- 특별한 순서는 없으며 오염 성분에 따라 산 세정 및 알칼리 세정을 각각 실시한다.
- 약품 혼합 → 약품 순환(1 hr) → 멤브레인 침적(2 ~ 15 hr) → 약품 순환(1 hr) → 약품 drain → 수세 → 세정
- 약품 세정 후에는 깨끗한 정수로 세정하고, 정수의 pH가 나올 때까지 약 5분 정도 세정(rinse) 실시

19.7 Membrane Bio Reactors (MBR)공정

분리막 생물반응기(MBR)는 기존의 재래식 활성슬러지 공정보다 소요부지 면적이 적고 수질규제에 능동적으로 대응할 수 있으며 효율적으로 시스템을 운영할 수 있는 것으로 평가된다. 또한 인구증가와 도시화로 인해 물 수요의 증가로 보다 엄격해지는 수질규제에 맞추기 위해 MBR 기술은 지속적으로 증가될 것을 전망하고 있다.

점차적으로 물부족 현상이 전 세계적으로 확산되면서 오·폐수 처리수를 재처리하여 중수로 이용하는 등 중수도 시스템이 검토되고 오수 처리시설에서의 기준의 강화되는 등의 과정 중에 Membrane system개발이 본격적으로 시작되어 현재 다양한 오폐수 처리시설에 적용이 되고 있으며 분리막의 국산화와 가격의 현실화 등이 구체화되어 차츰 사용도가 증가하고 있는 추세이다.

첫째, MBR이 처리 안정성이 높아 수질개선 효과가 크고, 하수 재이용에 대한 관심이 높아지면서 수요처에 양질의 처리수를 공급하는데 유리하기 때문이다.

둘째, 분리막 공법의 설치·운영비가 기술발전에 따라 저감되면서 타 공법과의 경쟁력을 갖기 시작했다는 점을 들 수 있다. 이러한 비약적인 기술발전과 수요증가에 따라 현재 세계적으로 적용되는 MBR 시설용량은 10,000 m^3/day 이상의 중대형 플랜트로 확대되고 있는 추세이다.

MBR 공법은 Membrane의 고액분리 기능을 활용한 기술로서 N, P제거는 기존 생물학적 고도처리기술인 BNR 공정에 의해 이뤄진다.

MBR 공법은 고액분리 효율이 멤브레인의 공경크기에 의해서 결정 되는 반면 활성 슬러지를 이용한 생물학적 처리 공정은 침강성에 의하여 이뤄진다.

표 19.5 MBR과 BNR공정 비교

구분	멤브레인 공정(MBR)	생물학적 공정(BNR)
처리기능	처리수질이 안정 수온변화에 영향거의 없음	처리수질이 불안정 수온변화에 민감
운전관리	기계적 조작이 용이 유지관리 용이	수질변동에 따른 처리장의 운전에 어려움 발생가능
유지관리	생물학적 처리공정에 비해 40% 이상 절감 슬러지 발생량 적음, 자동운전 용이	약품, 슬러지 처리비 과대발생
부지면적	생물학적 처리공정에 비해 약 1/2 수준	소요부지 과다 요구
제거대상물질	유기물, 질소, 인, SS, 대장균제거	유기물, 질소, 인 제거

MBR 공법의 특징은 다음과 같다.

① 부유 공형물을 100% 제거할 수 있어 슬러지의 침강성에 관계없이 안정적이다.
② 활성슬러지법에 비해 미생물 농도를 3~4배 높아 폭기조 용량 감소효과 크다.
③ 침전조가 필요 없고, 농축조 부피 또한 감소되어 공정의 compact화 가능하다.
④ 질산화 매우 유리, 잉여슬러지 발생량이 적다.
⑤ 소독 및 여과공정이 불필요 하다.

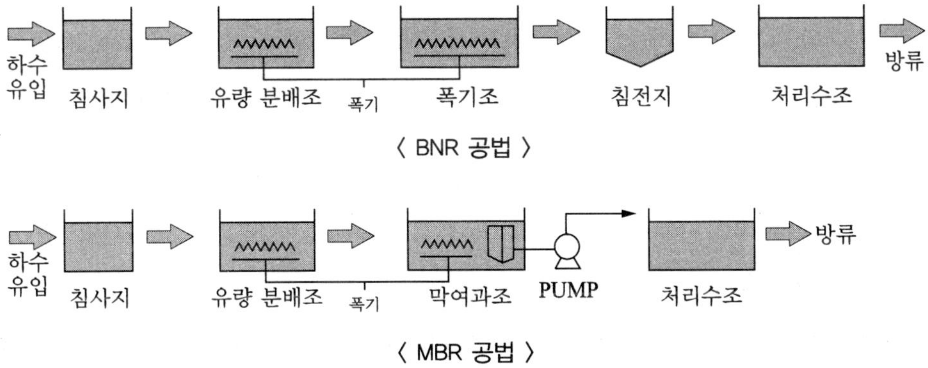

그림 19.14 MBR공법과 BNR공법

20 고급산화법 운전하기

AOP공정

고급산화법(Advanced Oxidation Process, AOP)이란 OH radical이라는 중간생성 물질을 생성하여 각종 오염물질인 유기물을 산화 처리하는 혁신적 신기술이다.

독성을 전혀 남기지 않으면서 완벽한 살균력을 나타낼 수 있는데 기존의 산화제인 염소, 이산화염소, 과망간산칼륨 등보다 훨씬 강한 산화력을 갖고 있을 뿐만 아니라 오존발생기 단독사용에 비해서는 독성이나 잔류물질을 남기지 않으면서 최소 10~10,000배까지 반응속도를 높일 수 있고, 한국화학시험연구소의 살균력 실험결과에 의하면 오존발생기 대비 150배 이상 높게 나타났음을 확인하였다.

다양한 분야에 적용할 수 있으며, 세균에 관계없이 고른 살균효과로 인해 수질에 있어서는 순수 살균처리로 무균처리는 물론 수질의 신선도를 6배나 증대시키므로 물탱크 및 배관 내부의 스케일까지 방지할 수 있으며, 실내공기 정화에 있어서도 살균, 탈취 등에 탁월한 효과를 나타내고 있다.

AOP를 적용한 살균기는 화학약품을 이용한 것보다 100배 이상 살균효과가 뛰어나며 염소(chlorine)보다 3,000배 이상 빠른 속도로 완벽하게 제거함으로 살충제나 방부제를 사용한 것보다 6배 이상의 신선도 유지는 물론, 농수산물의 살균처리를 위해 화학약품을 이용한 소독, 방부제 사용 등에 대한 문제도 간단히 해결할 수 있게 되었다.

인위적으로 hydroxyl radical (OH radical)을 생성시켜 오염물질을 제거하는 방법으로 OH radical은 산화력이 다른 산화제에 비해 월등히 뛰어나고 비선택적으로 반응하기 때문에 유기염소화합물과 같은 난분해성 물질도 신속히 분해한다.

고도산화 공정의 기본설계 기술
고도산화 공정을 이용해 난분해성 물질을 처리하고자 할 경우 기본설계 기술을 개발하기 위해서는 크게 두 가지 방향의 연구가 선행되어야 한다. 1. 고도산화 반응기의 물리적인 설계기술의 확보 오존과 과산화수소, UV가 복합적으로 사용되는 고급산화 반응기는 일종의 광분해이며, 독성이 높은 오존을 사용할 경우 반응기는 밀폐형으로 제작된다. UV의 적용에 있어서는 UV lamp의 배열, 강도, 파장특성이 반응기 설계에 큰 영향인자로 작용한다. 2. 고도산화 공정의 화학적 설계인자의 확립 화학적 설계인자는 폐수의 성상에 따른 산화제의 투입량과 투입비에 의하여 결정 되어진다. 산업폐수는 매우 다양한 성상을 갖고 있으며 폐수에 따라서 산화공정의 속도가 좌우된다. 특정한 산업현장에서도 폐수는 생산공정의 변화에 따라 발생량, 오염농도, 오염성분이 시시각각 변화하게 되므로 고도산화공정의 산업폐수에 적용을 위해서는 처리대상 폐수에 대한 성상분석과 pilot 실험이 선행되어야 한다.

표 20.1 산화제에 따른 산화력

산화제 종류	Oxidation potential (volts)
Fluorine (불소)	3.03
Hydroxyl radical (수산기)	2.80
Atomic oxygen (산소)	2.472
Ozone (오존)	2.07
Hydrogen peroxide (과산화수소)	1.77
Perhydroxyl radical (과수산기)	1.07
Permanganate (COD_{Mn}측정시약)	1.68
Chlorine dioxide (이산화염소)	1.57
Chlorine (염소)	1.36
Oxygen (산소)	1.20

AOP기술은 1970년대 이후 미국, 유럽 등지에서 이미 부분적으로 연구되어 1980년대 후반부터 상수나 지하수 처리에 상용화되기 시작하였으며, 현재는 캐나다, 프랑스 등을 중심으로 폐수의 전처리공정 또는 고도처리공정에 적용하기 위한 연구가 활발한 상태이다.

일본에서도 1970년대부터 고도정수기술에 대한 검토가 이루어졌으며, 기존정수공정에 오존공정과 입상활성탄 공정 등을 부가시키는 형태로서 개발되었고, 이들을 현장에 적용하고 있다.

AOP의 관건은 어떻게 OH radical의 생성량을 증가시키는가 인데 이를 위해 다양한 방법이 사용되고 있다. 즉, 촉매를 투입하기도 하고 산화제를 혼합하기도 하며 자외선을 조사하기도 하는데 이러한 방법에 따라 AOP를 다음의 네 종류로 나눌 수 있다.

20.1 펜톤 산화법

펜톤 산화반응은 2가 철염의 펜톤시약과 과산화수소(H_2O_2)혼합용액을 사용하여 반응 중 생성되는 OH radical (OH^-)의 산화력으로 오폐수의 유기물을 산화처리하는 방법이다.

과산화수소(H_2O_2)는 취급하기가 용이하고 현장에서 저장이 가능하고 다양한 유기물과의 반응성이 높으며 독성물질이나 색도물질을 유발하지 않는 비교적 경제성이 있는 산화제이다.

과산화수소의 주입량이 적을 경우는 효과적인 유기물 산화가 힘들다. 그리고 과산화수소의 과량 주입 시 COD, 색도에 효과적이지만 비용이 많이 든다. 분해되지 않고 남아있는 과산화수소로 COD가 높아질 수 있고 철염에 의한 슬러지발생이 증가하는 문제가 발생한다.

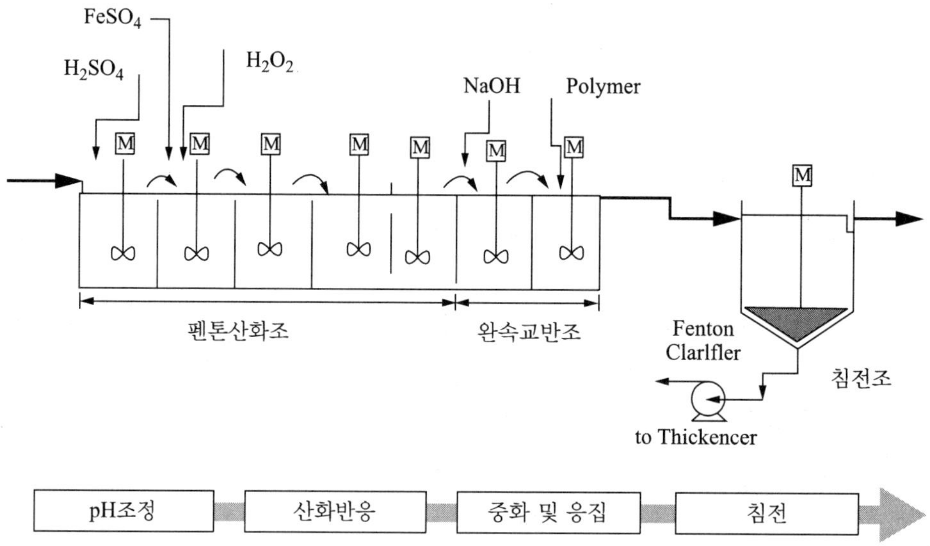

그림 20.1 펜톤 산화법 공정

$$Fe^{+2} + H_2O_2 \rightarrow Fe^{+3} + OH^- + OH \cdot$$

수중에 유기물이 없는 경우 OH radical은 철 이온 또는 과산화수소와 반응하여 소모되고

$$H_2O_2 + OH \cdot \rightarrow HO_2 \cdot + H_2O$$

$$Fe^{+2} + OH \cdot \rightarrow Fe^{+3} + OH^-$$

유기물이 있는 경우에는 OH radical이 이와 반응하여 분해하고 철 이온은 2가로 환원된다.

$$RHOHc + {}^{\cdot} \rightarrow R \cdot + H_2O$$

$$R \cdot + Fe^{+3} \rightarrow R^+ + Fe^{+2}$$

$$R^+ + OH \rightarrow R - OH$$

촉매로 사용되는 철은 반드시 2가 이온일 필요는 없고 3가 이온도 가능한데 이 경우에 반응은 다음과 같이 일어난다.

$$Fe^{+3} + H_2O_2 \rightarrow Fe - O_2H^{+2} + H^+$$

$$Fe - O_2H^{+2} \rightarrow HO_2 \cdot + Fe^{+2}$$

그러나 3가 이온을 사용하는 경우에는 반응이 상대적으로 느려 주로 2가 이온을 사용한다.

펜톤 산화법은 폐수처리에 가장 먼저 페놀 폐수처리에 사용하였다.

펜톤 산화법은 산성 조건하에서 효과가 우수한데 이는 수산화 이온이 radical 형성을 다음과 같이 방해하기 때문이다.

$$H_2O_2 + OH^- \rightarrow O_2H^- + H_2O$$

펜톤 산화법의 단점은 OH radical생성을 위해서 철염이 투입되기 때문에 과량의 슬러지가 발생한다는 점인데 더 많은 radical이 필요 할수록 철염의 투입량이 증가하여 슬러지 문제가 더 커진다. 실제 현장에서 펜톤 산화법이 널리 사용되지 못하는 이유가 첫째, 비용이 많이 들고 둘째, 슬러지 발생량이 많기 때문이다. 더구나 과잉 투입된 철염은 생성된 OH radical을 소모하여 전체 공정의 효율을 감소시키는데 이를 scavenging effect라고 한다.

그리고 환원성 물질을 다량 포함하는 폐수에는 투입된 과산화수소가 이에 소모되어 오염물질 처리가 저하되는 경우가 있는데 매립지 침출수가 한 예가 된다.

20.2 오존 산화법

오존은 매우 강력하고 깨끗한 산화제로서 옛날부터 자연계에서 끊임없이 만들어져 생명체에 작용하면서 균형을 유지해 온 물질이다.

살균작용은 물론이고 바이러스도 불활성화 시키며 수처리에서는 탈색과 탈취를 비롯해 부분적으로는 난분해성 COD를 제거할 수도 있다.

현재 수처리 단위조작으로서 오존처리를 이용하는 방법이 정수장, 하수처리장 및 수영장에서 이루어지고 있으며, 많은 응용기술 및 장비 등이 개발되어 사용되고 있다.

수처리 방법의 하나인 오존의 장단점은 다음과 같다.

① 장점

- 전기가 있으면 필요에 따라 필요한 양만큼 제조할 수 있다.
- 직접반응에서는 고분자가 저분자화되어 반응산물로서 저급지방산 등을 얻는 경우가 많은데, 자연 속에서 분해되어 버린다.
- 난분해성 유기물 등의 소수성 물질을 친수화하고 생물 분해성을 높여 자연 친화적이며 고도수질이 요구되는 경우, 전처리로서 충분히 가능하다.
- 직접반응으로서 살균, 탈색, 탈취, 투명도 개선에 효과적이다.
- 오존 자체는 분해되어 산소가 되며 다른 잔류성 이온은 발생하지 않는다.

② 단점

- 접촉에 의해 반응하므로 특정대상물만을 제거하기는 어렵다.
- 직접반응으로 제거가 가능한 유기물의 양에는 한계가 있다.
- 유기물을 감소시키기 위한 간접반응 촉진에는 과산화수소와 자외선 등 다른 산화제와 에너지가 높은 물질을 함께 사용해야 한다.
- 오존가스의 발생비용이 높고, 오존가스 자체는 독성물질이다.

수처리 분야에서 오존처리의 목적과 이용방법은 다음과 같다.

① 병원성 미생물, 일반세균, 바이러스, 조류 등의 살균
② 착색, 착취 성분의 분해를 통한 투시도, 투명도, 탁도개선 효과 및 맛의 개선
③ 응집특성 개선을 통한 이용 미생물군의 활성화 및 슬러지의 침강성 개선
④ 무기물, 유기물의 산화 및 분해(저분자화)
⑤ 난분해성 물질, 유독물, 유해물의 무해화와 생물분해성 개선
⑥ 염소소독의 부산물인 THM전구물질의 저감

1) 정수처리에의 적용

오존에 의한 유기고분자의 저분자화는 단순히 무생명체인 유기물을 저분자화하는 것이 아니라 수중의 미생물과 유기물에도 작용한다.

따라서 기존 염소에 의한 살균과 같은 효과를 나타낼 수 있다. 또한 탈색, 탈취 등의 기능도 있어 정수처리에 적용이 가능하다.

2) 하수처리에의 적용

하수처리에서의 오존 이용은 기본적으로 고도처리에 적용하기 위한 것이다.

따라서 우선 직접반응으로 탈색, 탈취, 살균, 난분해성 유기물의 이분해화 등의 기능을 이용할 수 있고, 간접반응을 통한 유기물의 무기화 등을 적용할 수 있다.

하수처리에서는 많은 유기물을 방류수 수질기준으로 낮추기 위해 미생물을 이용한다. 미생물은 생물로서 존재하는 동안 노폐물과 사멸된 고형유기물을 수중에 잔존시키기 때문에 정화하는데 한계가 있다. 따라서 물리, 화학적 처리방법을 병용하는데 이때 고도처리 시설로서 오존의 간접반응을 적용하여 처리한다.

3) 중수도처리시설에의 적용

주방의 오수나 잡배수 등을 이용하는 중수도 처리시설에서 높은 수질의 중수를 확보하기 위해 고도처리시설로서 이용하고 있다.

이를 위해서 오존산화시설을 설치하여 처리수중의 용존 유기물은 물론이고 색도, 취기, 세균류 등을 제거하고 있다.

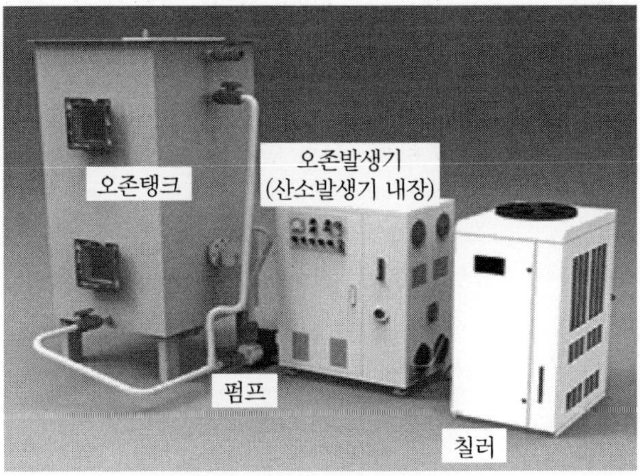

그림 20.2 오존 장치 설계

오존의 강한 산화력(전위차 : 2.07V)은 모든 유기물을 CO_2와 H_2O로 완전 분해할 수 있는 이론적 특성에도 불구하고 실제로는 대다수의 유기물과 반응이 느리거나, 혹은 어떤 유기물과는 전혀 반응을 하지 않는 경우가 있다. 반면에 오존의 분해 부산물인 OH radical은 오존 자체보다 높은 전위차(3.08 V)를 가지며 거의 모든 유기물과 매우 빠른 속도로 반응한다. 오존에 의한 유기물 제거는 오존 분자에 의해 직접적으로 유기물을 제거할 수 있는 직접 경로와 오존의 분해 생성물인 OH-radical에 의해 제거되는 간접 경로를 들 수 있는데, OH radical은 오존보다 훨씬 큰 산화력을 가지며 유기물과의 반응도 거의 비선택적이다. 따라서 오존을 수처리에 운용할 경우 처리수에 오존 분자와 반응성이 강한 물질이 많이 존재한다면 반응이 직접 경로에 의하여 진행되도록 하고, 오염물질과 오존의 반응이 상대적으로 느릴 경우 간접경로로의 특성을 살려 OH radical의 생성을 증가시킬 수 있도록 조건을 조성하는 것이 효율적이다.

오존의 분해속도는 pH에 의해 크게 영향을 받는데 이것은 수산화기(OH^-)에 의하여 오존이 스스로 분해될 수 있는 특성을 가지기 때문이다. 즉, 오존은 산성에서는 비교적 안정하나 알칼리성으로 갈수록 분해속도가 빨라지게 된다. 그러나 OH radical 의 생성면에서 보면, pH를 증가시킬수록 오존의 분해가 가속화되어 더욱 많은 OH radical이 생성되지만, pH를 높인다고 반드시 높은 정상 상태의 OH radical 농도를 유지할 수는 없다. 그 이유는 pH를 높임에 따라 OH radical의 소모 반응이 더 증가될 수 있기 때문이다. 즉, 오존 및 높은 pH AOP에서 중요한 것은 수질 조성에 따른 OH radical의 농도이다.

산업폐수의 특성(생분해도, TOC, pH, 화학구조, 알칼리도 등)에 따라 오존 주입 공정을 single stage와 multi stage로 선택해 적용하면 더 좋은 효과를 얻을 수 있다. 일부 염색 폐수에 대한 실험에 의하면 single stage보다는 two stage가, two stage보다는 three stage 방식에서 TOC 제거효과가 좋은 것으로 나타났다. multi stage 방식의 오존처리 공정에서는 우선 첫 단계에서 산성 또는 중성 pH조건에서 오존과 직접 반응성이 강한 유기물만 제거될 수 있도록 조건을 만들고 과다한 오존의 주입은 피해야 한다. 다음 단계에서는 OH라디칼에 의한 유기물의 제거가 이루어질 수 있도록 하며 pH를 알칼리 조건으로 하여 오존 분해를 가속화하는 것이 바람직하다.

20.3 Perexone법

과산화수소(peroxide)와 오존(ozone)을 함께 사용하기 때문에 peroxone이라고 명명된 AOP산화법이다. 과산화수소는 약산성 상태로 공급되어 pH 6 이상에서 분해가 많이 일어나며 OH radical이 많이 생성되어 pH가 상승함에 따라 분해속도가 급격히 증가된다. 과산화수소는 약산으로 다음과 같이 해리된다.

$$H_2O_2 \leftrightarrow H^+ + HO_2^-$$

HO_2^-는 오존과 반응성이 뛰어나 다음과 같이 두 가지 radical을 생성하고

$$HO_2^- + O_3 \rightarrow O_3^- \cdot + HO_2 \cdot$$

이 중 $O_3^- \cdot$는 다음의 반응을 거쳐 OH radical을 생성하며

$$O_3^- \cdot + H^+ \rightarrow HO_3 \cdot$$
$$HO_3 \cdot \rightarrow OH \cdot + O_2$$

$HO_2 \cdot$도 다음과 같이 OH radical을 생성하게 된다.

$$HO_2 \cdot \rightarrow H^+ + O_2^- \cdot$$
$$O_2^- \cdot + O_3 \rightarrow O_3^- \cdot + O_2$$
$$O_3^- \cdot + H^+ \rightarrow HO_3 \cdot$$
$$HO_3 \cdot \rightarrow OH \cdot + O_2$$

따라서 위 반응을 종합하면 다음과 같다.

$$2O_3 + H_2O_2 \rightarrow 2OH \cdot + 3O_2$$

오존과 과산화수소는 서로 반응이 매우 느리지만 HO_2^-가 발생하면 오존분해가 활발히 일어나게 된다.

오존과 과산화수소 투입비는 공정효율에 큰 영향을 미치는데, 과산화수소 농도가 낮으면 오존분해가 원활하지 않아 radical 생성이 저해되고 반면에 높으면 과산화수소가 오히려 scavenger로 작용해 역효과를 일으킨다.

$$H_2O_2 + OH \cdot \rightarrow HO_2 + H_2O$$

20.4 UV광분해법

자외선은 태양으로부터 지구에 도달하는 빛의 일부분으로 눈에 보이지 않은 빛이며, 사람의 피부를 태우거나 살균작용을 일으킨다.

자외선은 그림 20.3과 같이 가시광선보다는 짧은 파장을 갖고 있으며 X광선보다는 긴 파장을 갖고 있다. 자외선은 파장에 따라 UVA, UVB, UVC, 진공자외선(vacuum UV)으로 구분되는데 이러한 각각의 영역에 따라 특성이 상이하다.

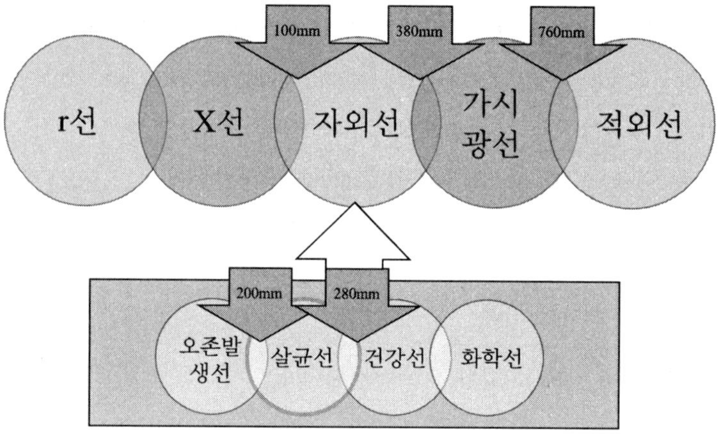

그림 20.3 UV 파장 범위

1) UV-A (320 ~ 400 nm)

Black light라고도 하며 실내에서 선 태닝을 하거나 푸른 조명을 할 때 사용된다. 오존층에 흡수되지 않으며, UV-B에 비하여 에너지량은 적지만 피부를 그을릴 수 있다. 피부를 태우는 주역은 UV-B이지만 UV-A는 피부를 벌겋게 만들 뿐 아니라 피부 면역 체계에 작용하여 피부 노화에 따른 장기적 피부 손상을 일으킬 수 있다.

자외선이 인체에 도달하면 표피층 아래로 흡수되는데, 이 해로운 광선에서 피부를 보호하기 위하여 인체 면역 작용이 발동한다.

그 예로 일부 세포는 자외선에 노출될 때 멜라닌이란 검은 색소를 생성하는데 그것이 자외선의 일부를 흡수한다.

또한 Tio_2 등의 광촉매가 활성화될 수 있는 에너지원으로 사용할 수 있어 최근에는 광촉매를 이용한 수처리, 대기처리에 사용되고 있다.

2) UV-B (280 ~ 320 nm)

대부분은 오존층에 흡수되지만, 일부는 지표면에 도달한다. 지구에 극소량이 도달하는 UV-B는 파장영역이 0.28 ~ 0.34 μm에 해당하는 자외선이다. UV-B는 동물체의 피부를 태우고 피부 조직을 뚫고 들어가며 때로는 피부암을 일으키며, UV-B는 피부에서 프로비타민 D를 활성화시켜 인체에 필수적인 비타민 D로 전환시키기도 한다.

강한 홍반작용을 나타내는 자외선 파장은 260 nm와 290 nm이고, 320 nm 이상의 파장에서는 홍반작용이 거의 없다.

자외선이 흡수되면 2 ~ 5시간 후에 히스타민 호성물질이 유리되어 모세혈관을 확장시킨다. 자외선 조사량이 너무 많을 때에는 모세혈관의 투과성이 증대되고 조직의 부종이 생기며, 수포현상과 박피현상이 생긴다.

3) UV-C (200 ~ 280 nm)

살균선이라고 하며 DNA와 단백질 그리고 오존이 잘 흡수하는 파장이다. UV-C는 염색체 변이를 일으키고 단세포유기물을 죽이며, 눈의 각막을 헤치는 등 생명체에 해로운 영향을 미치지만, 이 범위의 자외선은 성층권의 오존에 의해 거의 모두 흡수된다.

UV-C가 살균자외선으로 특징되는 것은 세포 내에 존재하는 DNA가 UV-C를 잘 흡수하기 때문이며, 그 중에서도 253.7 nm의 파장이 DNA에 가장 잘 흡수되기 때문에 일반적으로 자외선 살균램프는 253.7 nm의 파장을 가장 효과적으로 방사할 수 있도록 설계되어 있다.

지구의 오존층이 얇아지거나 구멍이 나는 것의 문제가 꾸준히 제기되고 있는데, UV-C와 같은 자외선이 지상에 도달하면 생태계에 치명적인 해를 줄 수 있는 것도 그 이유 중의 하나이다.

4) Vacuum UV (100 ~ 200 nm)

진공자외선이라고 하는데 이는 파장이 너무 짧아 흡수성이 높고 투과력이 매우 낮다.

특히 185 nm의 파장은 산소를 오존으로 바꾸는 성질이 있기 때문에 저농도의 오존을 발생시킬 때 사용 등을 제거하는데 응용되기도 한다.

자외선에 의한 살균은 DNA에 대한 광산화 효과이며, 전문용어로 비활성화(inactivation)라는 단어를 사용한다. 반면 자외선에 의해 비활성화된 미생물이 햇빛에 노출되면 다시 활성화되는 것을 지칭하는 용어로서 광회복효과(recovery)라 한다. 이러한 광 회복효과 때문에 미생물별 자외선 조사량을 미리 고려해야 확실한 살균 및 소독효과를 볼 수 있다.

자외선으로 소독을 하던 산화를 시키던 일정한 수준의 에너지가 연속적으로 피조사체에 조사되어야 하는데 이때 조사량에 많은 영향을 주는 것은 투과력과 온도이다. 특히 자외선은 파장이 매우 짧기 때문에 투과력에 제한을 받는다. 또한 물질에 따라 선택적으로 투과하기 때문에 어떤 재료를 사용하느냐도 매우 중요하다. 실제로 깨끗한 물보다 공기가 투과력이 낮을 수 있는데 그것은 먼지와 습기에 의한 자외선의 흡수와 산란 때문이다. 또한 주변온도가 너무 높거나 낮으면 조사량이 떨어지는데 표준램프를 사용한다면 설계 시 꼭 고려하여야 할 변수이다.

자외선을 이용한 소독효과의 특징은 다음과 같다.

일반적으로 254 nm 또는 200～400 nm을 이용하여 미생물을 살균한다.

잔류성이 없어 생태계 피해를 최소화 할 수 있으며, 염소부산물의 생성이 없다. 수질이 탁한 경우 처리효율이 저하되며, 사고 발생 시 수은의 누출이 문제될 수 있다.

자외선의 유기물 제거하는 효과도 뛰어나다. 유기물의 광분해 제거속도는 유기물이 UV에너지를 흡수하는 흡수성 및 분해수율 등이 주 변수로 작용한다. 따라서 UV를 흡수하는 흡수성, 즉 물흡광계수가 크고 광분해 수율이 클수록 분해가 효과적이다.

자외선 공정의 적용한 사례로는 음용수 살균, 하·폐수 처리, 수영장 수질 관리, 초순수 공정에 적용됨으로써 산업체 현장에서 사용하며 적용범위가 널리 사용되고 있다.

① UV 광분해법 장점

- UV와 동시에 산화물질을 사용하거나, 두 가지 산화물질(O_3, H_2O_2)을 동시에 사용할 때만이 유기탄소를 이산화탄소로 완전 분해함으로써 수처리 및 난분해성 산업폐수에 고도산화를 적용시킬 때의 큰 장점이다.
- 오존을 사용하는 방법은 처리효율이 우수하다.

② UV 광분해법 단점

- 오존방법은 비용이 많이 들고 과산화수소에 비해 취급이 어려움이 있다.
- 대상 폐수가 탁도나 색도가 높은 경우 투사 시 OH라디칼 형성이 저조해 처리효율이 낮다.

그림 20.4 AOP 고급산화공정 적용사례

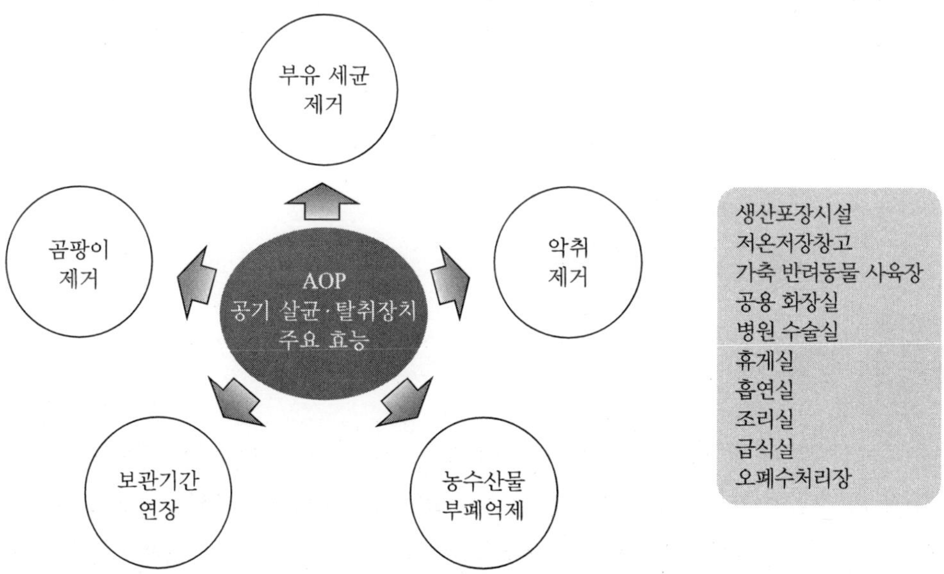

그림 20.5 AOP 공기 살균 · 탈취장치 설치 시 효과

21 재이용설비 운전하기

물은 우리들의 생활이나 산업에 없어서는 안 될 중요한 자원이다. 세계에는 저렴하면서도 끊임없이 물이 공급되고 있다. 수도관에서 깨끗한 물이 나오는 것을 우리들은 당연한 일이라고 생각하고 있지만 지구상의 다른 지역, 예를 들어 건조지대 등과 비교하여 본다면 매우 축복받은 일이다.

그러나 수자원을 축복받고 있는 것처럼 생각되는 우리나라의 물 사정의 향후 전망은 사실상 그다지 윤택하다고는 말할 수 없다. 따라서 향후에는 수돗물을 낭비하면서 사용해서는 안 되며 한 번 사용한 물이라도 안전한 상태로 재이용할 필요가 있다고 생각한다.

21.1 중수도

중수도는 상수도와 하수도의 중간에 위치한다는 뜻에서 비롯된 말로 한 번 사용한 수돗물을 생활용수, 공업용수 등으로 재활용할 수 있도록 다시 처리하는 시설을 말한다.

중수도는 에어컨 냉각용, 청소용, 세차용, 살수용, 조경용, 소방용 등 잡용도에 사용된다. 그래서 중수도를 "잡용수"라고도 한다.

중수도의 장점은 다음과 같다.

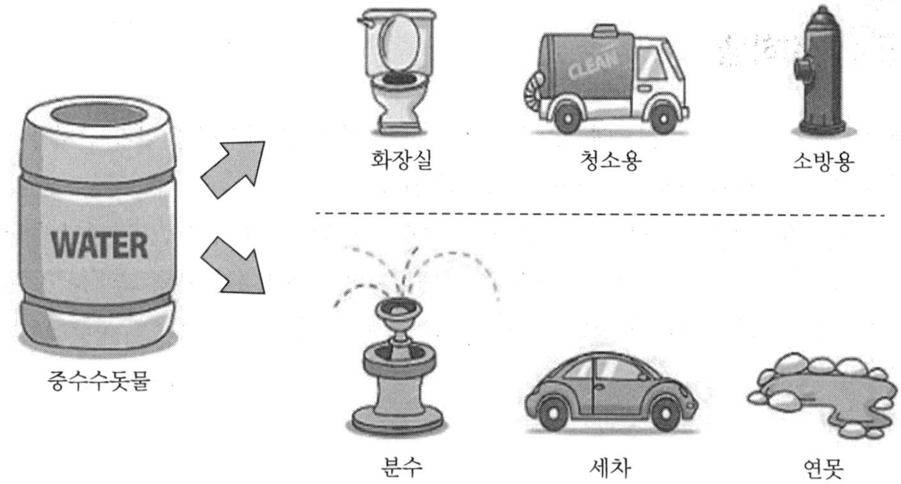

그림 21.1 중수도의 물재활용

수량측면에서 중수도를 설치하면 도심에 작은 댐을 건설하는 효과가 있기 때문에 가뭄 시에도 물걱정을 덜게 되고, 수질측면으로는 중수사용량 만큼 하수량이 줄어 하천의 수질이 좋아지므로 더욱 깨끗한 물을 상수원으로 이용할 수 있다. 그리고 경제적 측면으로 약 20%의 물절약이 가능하며 댐 및 수도건설 비용뿐만 아니라 하수처리장 건설비용 또한 절약이 가능하다.

우리나라와 그 외 나라의 중수도 사례는 다음과 같다.

그림 21.2 중수도 사례

21.2 지하댐

지하댐은 지하수가 움직이는 대수층 안에 인공 물막이 벽인 차수벽을 설치해 지하수를 저장하고 펌프 등을 통해 물을 공급하는 댐을 말한다.

현재 우리나라에서는 농업용수를 공급하기 위해 경상북도 상주의 이안댐, 영일의 남송댐, 충청남도 공주의 옥성댐, 전라북도 정읍의 고천댐, 우일댐 5개소가 운영 중이다. 생활용수 공급용으로는 강원도 속초의 쌍천댐 등 6개가 있다. 이들 댐의 공급 능력은 하루에 약 15만 m^3 정도이다.

지하댐 설치 시 장점은 다음과 같다.

① 새로운 댐 건설에 필요한 대지를 별도로 확보하지 않아도 된다.
② 필요할 때 필요한 곳에 용수를 공급할 수 있다.
③ 홍수가 발생했을 경우 유출량이나 하수를 처리해 바다로 흘려보내는 대신 땅속에 집어 넣는 방법을 사용해 나중에 다양한 방법으로 물을 재활용할 수 있다.
④ 지표면에 댐을 건설할 경우 수몰 지역이 발생할 수밖에 없는데 이로 인해 겪게 되는 환경 파괴나 그 밖의 문제점들을 최소화 할 수 있다.
⑤ 증발로 인해 물 자원이 손실되는 것도 방지해준다.
⑥ 지표면에 건설하는 댐보다 건설비용도 저렴하다.

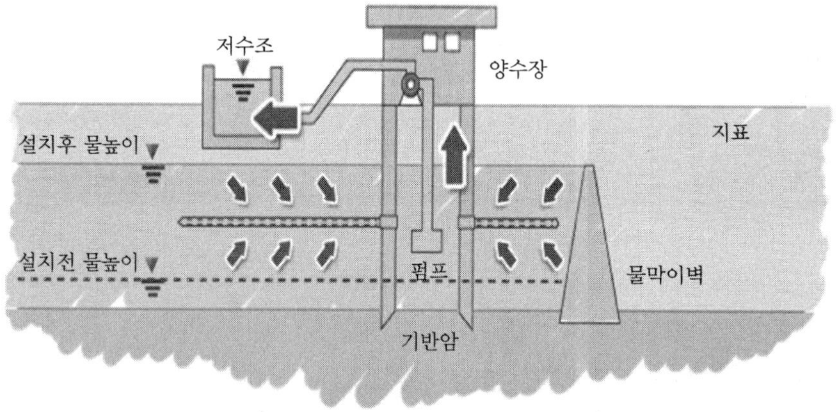

그림 21.3 지하댐 구조

지하댐 설치 시 단점은 다음과 같다.

① 땅속에 있어 이를 유지하고 관리하는 일이 어렵다.
② 한꺼번에 많은 양의 물을 이용하기 어려울 뿐 아니라 관개용으로 직접 사용하기에는 물의 온도가 너무 낮다.

21.3 빗물

빗물을 이용하는 방법은 물 자원을 확보하는 오래된 방법이다.

우리나라에서도 오래 전부터 조상들은 빗물로 세수하고 빨래를 해왔다. 조선시대의 「세조실록」에 의하면 빗물을 농업용수로 사용하기 위해 방죽을 구축했다는 기록이 보이고, 연산군 때는 왕실에서 처마 밑에 물받이 형태의 시설을 설치해 빗물을 받아 이용했다는 기록이 있다. 빗물을 마시는 물로 이용했다는 기록은 이미 고려 시대부터 찾아볼 수 있다.

현재 검출되는 빗물의 오염도는 거의 없는 수준이며 그나마 오염물질은 간단한 여과시설만으로도 대부분 제거되는 수준이다.

그동안 우리나라에서 빗물은 합리적인 수리체계 구축의 측면으로 수리학에서 선행적으로 다뤄져 왔다. 홍수 피해를 입지 않기 위해서 빗물을 어떻게 효율적으로 관리할까 라는 관점이었다.

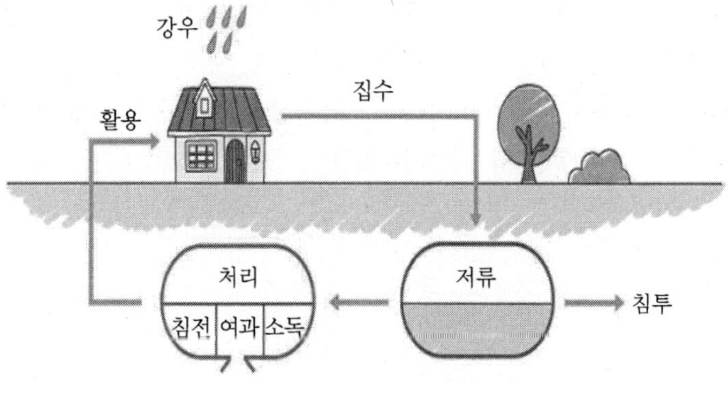

그림 21.4 빗물 이용 구성요소

표 21.1 빗물 이용 구성요소

	**1단계 : 저류** 모아 두었던 빗물의 일부를 땅 속으로 보내는 과정이다.
	**2단계 : 침투** 저장용량이 초과되거나 강수량이 많은 여름철에는 땅속으로 침투시킨다.
	**3단계 : 처리** 모아 두었던 빗물은 그대로 사용하기도 하지만 간단한 여과나 소독이 필요한 경우 처리과정을 거치기도 한다. 처리방법에는 오염 물질들을 가라앉히는 침전과 걸러내는 여과, 미생물을 없애는 소독 등이 있다.
	**4단계 : 활용** 펌프를 사용하여 물을 끌어다가 필요로 하는 화장실, 욕실, 화단 등에서 알맞은 용도로 활용한다.

하지만 요즘 추가적인 물 자원을 확보함으로써 미래의 물 부족에 대응할 수 있을 뿐만 아니라, 하수로 흘러내려갈 빗물을 사용하게 되어 하수도의 부하를 경감하고 상수도 절감 비용 및 정부의 각종 혜택을 받을 수 있다.

표 21.1에 제시한 빗물 이용 시 처리과정을 거치면 재이용이 가능하여 상수관 설비의 어려움이 있는 지역에서 물이용도 훨씬 수월하게 될 것이며 다음과 같은 장점이 있다.

① 비가 많이 내려도 빗물이 하천이나 하수도로 흘러가는 대신 빗물을 모으는 곳에 머무르기 때문에 홍수나 가뭄 등으로 인한 재난을 방지할 수 있다.
② 화장실 세정용수, 조경용수, 청소용수 등을 사용할 수 있다.
③ 빗물을 모으는 과정에서 빗물과 하천으로 흘러 들어가는 오염 물질의 양을 줄일 수 있으므로 쾌적한 도시 환경을 유지할 수 있다.

이제 빗물 문제는 건축과 토목, 그 밖의 환경 분야와 융합적으로 고려하여 설계되는 측면으로 발전하고 있다.

in dex

찾아보기

차

파

하

영문

• 이승석
중앙대학교 화학공학과 졸업
현) 신안산대학교 생명환경공학과 교수

• 박진아
서울과학기술대학교 환경공학과 졸업
성균관대학교 화학공학과 졸업
현) 한국종합환경(주) 수처리분야 책임연구원
현) 신안산대학교 생명환경공학과 겸임교수

수질오염방지기술 정가 22,000원

발 행 2022년 3월 10일 초판 2쇄
저 자 이승석 · 박진아
발행인 정우용
발행처 도서출판 동화기술
경기도 파주시 광인사길 201(문발동, 파주출판도시)
Tel (031)955-4211~6 donghwapub@nate.com
Fax (031)955-4217 www.donghwapub.co.kr
(등록) 1977년 12월 19일/9-16호

ISBN 978-89-425-9274-6